SPSS(PASW)를 활용한

사회과학 통계분석

고종욱 | 류 철 공저

도서출판 그린

머 리 말

통계는 우리의 일상생활에서 편리하고 간결한 정보전달과 의사소통의 수단으로 기능하고 있을 뿐만 아니라, 대학에서 학문 탐구의 기초가 되는 중요한 방법론적 도구로 활용되고 있다. 이러한 이유 때문에 통계분석은 대학에서 이공계 학생은 물론 인문·사회계 학생들도 배워야 할 중요한 교과목으로 자리 잡고 있다. 그러나 수학이나 숫자에 친숙하지 않은 인문사회계 학생들의 경우 통계분석 과목에 대해 두려움과 거부감을 보이는 경향이 강하다.

필자들이 대학에서 오랫동안 통계분석 교과목을 가르치면서 고민했던 문제 중의 하나는 **어떻게 하면 인문사회계 학생들이 통계분석에 보다 친근하게 접근할 수 있을까** 하는 것이었다. 그러한 고민의 산물이 바로 이 책이다. 이 책에서 필자들은 복잡한 통계이론이나 계산보다는 **통계분석의 밑바탕에 깔려있는 기본원리의 이해와 이를 바탕으로 분석결과를 해석**할 수 있는 통계활용능력의 증진에 초점을 두었다.

이에 덧붙여, 이 책을 집필하면서 주의를 기울였던 또 하나의 관심사는 기초통계를 배우는 학부생은 물론 학위논문을 준비하는 대학원생들에게도 **실질적인 도움이 될 수 있는 실용적인 통계분석 교재를 만드는 것**이었다. 학위논문의 경우 매개변수가 있는 복잡한 인과모형을 분석하거나 특정 변수의 조절효과 등을 검정하는 경우가 매우 많은데, 이에 대한 통계분석방법을 친절하고 상세하게 설명해놓은 교재가 드물다는 판단 때문이었다. 따라서 학위논문 작성에 널리 사용되는 다중회귀분석과 경로분석기법, 그리고 이 기법들의 전제조건이 되는 **여러 가정들의 진단방법과 가정 위반 시의 해결방법 등을 상세하고 충실하게 습득하고 실전에서 손쉽게 응용할 수 있도록 본 교재를 구성하고자 노력**하였다.

본 교재는 **학부생들을 위한 기초통계 과정이나 학위논문을 준비하는 대학원생들을 위한 중급통계 과정을 모두 포괄**하고 있다. 본서는 모두 14장으로 구성되어 있다. 제1장부터 제3장까지는 SPSS 통계패키지의 기본적인 활용방법들을 다루었고, 제4장에서는 통계분석의 기본원리와 핵심개념들을 설명하였다. 그리고 제5장부터 9장까지는 학부에서 가르치는 기초통계들을 다루었고, 제10장에서 제14장까지는 대학원에서 가르치는 중급통계와 학위논문 작성에 필요한 관련 통계분석 기법들을 다루었다.

본서를 집필하는데 활용한 통계패키지는 SPSS 17.0이다. 물론 최근에 SPSS 19.0까지 출시되어 있지만, 현재 가장 많이 사용되고 있는 버전이 SPSS 17.0이기 때문이다. SPSS 17.0보다 최근의 버전이거나 아니면 과거의 버전이든, 이용방법과 기능에는 거의 차이가 없기 때문에 본서를 이용한다고 해서 SPSS 통계패키지의 활용방법을 배우는 데 별다른 문제는 없을 것이다.

그리고 본서에서는 독자들이 통계분석기법들을 적용하고 해석하는 능력을 키우도록 하기 위해서 다양한 데이터 파일들을 활용하였는데, 이 **파일들은 도서출판 그린의 홈페이지(www.greenpress.co.kr)에서 다운로드**받을 수 있다. 이 데이터 파일들을 이용해서 본서의 안내를 따라 반복적으로 실습을 한다면 자연스럽게 통계에 친숙해지면서 활용능력이 갖추게 될 것이다.

이상과 같은 필자들의 노력에도 불구하고 본서는 아직 미흡한 점이 많다. 독자들이 실습을 통해서 스스로 익힐 수 있는 보다 많은 기회를 가질 수 있도록 보다 다양한 종류의 데이터 파일과 다양한 유형의 연습문제를 제공하지 못한 점이 못내 아쉽다. 또한 사회과학에서 널리 사용되고 있음에도 불구하고 지면의 제약 상 다루지 못한 통계분석기법들도 있다. 비록 부족한 점이 많지만 독자들에게 유익한 책으로 널리 활용되었으면 하는 것이 필자들의 작은 바람이다.

어려운 출판계 사정에도 불구하고 본서의 출판을 흔쾌히 허락해주신 도서출판 그린의 윤덕우 사장님과 박문수 차장님, 그리고 본서가 완간되기까지 많은 수고를 아끼지 않으신 편집부 직원들께 깊은 감사를 드린다.

2011년 7월

저자 일동

Contents

contents

contents

contents

CHAPTER 01

SPSS(PASW) 개관

1.1 SPSS(PASW) 17.0 개관

SPSS(Statistical Package for the Social Sciences)는 1965년 Stanford대학교 정치학과와 정치학연구소에서 교육 및 연구용으로 개발하여 처음으로 사용되었다. 이렇게 제한된 목적으로 이용되던 것이 1970년 Chicago대학교의 전국여론연구센터(National Opinion Research Center)에서 설문조사나 시장조사와 같은 표본조사 자료분석을 위하여 발전되면서 상품화되기 시작되었다. 그 후 개발이 계속되면서 개인용 컴퓨터에서 사용할 수 있도록 수정된 것이 SPSS PC+이다. 이때만 해도 PC의 운영체계가 DOS였기 때문에 SPSS를 이용한 통계처리는 작업자가 직접 필요한 프로그램을 작성하여 수행해야만 했다.

1980년대에 개인용 컴퓨터의 발전에 따라 컴퓨터의 운영체계가 DOS에서 Window로 바뀌면서 윈도우용 프로그램으로 개발된 것이 SPSSWIN(SPSS for Windows)이다. SPSSWIN은 DOS용에 비하여 수화년에 다양한 메뉴와 편리한 도구상자를 사용함으로써 매우 강력한 통계분석기능과 자료관리 체계를 제공하게 되었다.

1990년대에는 컴퓨터 환경의 급속한 발전에 따라 SPSS 6.0 version이 탄생하였고, 이후 버전이 지속적으로 업그레이드되면서 2009년 현재 버전 17.0이 개발되기에 이르렀다. 특히 SPSS 10.0 이후로는 기존의 버전들에 비하여 일반 사용자들이 데이터 파일의 활용과 분석기능을 보다 편리하게 사용할 수 있도록 개선되었다.

SPSS 17.0에 포함된 특징은 다음과 같다.

- GUI(Graphic User Interface) 환경 하에서 자료를 처리하고 분석할 수 있기 때문에 출력물에 대한 활용도가 높아졌다.

- 다양한 언어(한국어와 영어는 물론 일본어, 중국어 등 11개 언어) 인터페이스를 제공하고 있다(예 : 편집 - 옵션 - 일반).
- SPSS를 중복하여 실행할 수 있기 때문에 동시에 2개 이상의 데이터 파일을 분석할 수 있다.
- 명령문(Syntax)을 이용한 다양한 분석처리 기능을 가지고 있어 이용자가 편리하게 사용할 수 있도록 하였다.

이상과 같은 특징과 더불어, SPSS17.0은 이용자 편의를 높이기 위하여 다음과 같은 여러 개의 창으로 구성되어 있다.

- 데이터 편집기 : 데이터 파일을 열고 통계절차를 수행할 수 있다.
- 출력항해사 : 출력결과를 확인할 수 있다.
- 피벗테이블 : 출력결과의 피벗테이블(Pivot table)을 수정하거나 편집할 수 있다.
- 도표편집기 : 각종 차트나 그림을 수정할 수 있다.
- 텍스트 출력결과 편집기 : 텍스트 출력결과를 수정할 수 있다.
- 명령문 편집기 : SPSS 수행 시에 선택된 내용들에 대한 명령문을 보관하고 수행할 수 있다.
- 스크립트 편집기 : SPSS작업을 자동화시키기 위하여 스크립트(Script)와 OLE(Object Linking and Embedding) 기능을 수행할 수 있다.

1.2 SPSS(PASW) 17.0의 시작과 종료

SPSS를 시작하는 방법에도 일반적인 컴퓨터 프로그램들을 사용하는 것과 마찬가지로 두 가지 방법이 있다. 하나는 바탕 화면에 아이콘을 복사해 놓고 더블클릭하여 시작하는 것이고, 다른 하나는 화면의 [시작] → [모든 프로그램] → [PASW Statistics 17.0]을 클릭하여 시작하는 방법이다.

이상과 같은 방법으로 SPSS가 가동되면 [그림 1-1]과 같은 [작업 선택] 창과 [그림 1-2]와 같은 [데이터 편집기] 화면이 나타난다. [작업 선택] 창에서는 '자습서 실행(U)', '데이터 입력(T)', '기존 쿼리 실행(R)', '데이터베이스마법사를 사용하여 새로운 쿼리 작업(Q)', '기존 데이터 소스 열기(O)', '다른 파일유형 열기(A)'와 같은 작업들을 선택하도록 되어 있는데, '기존 데이터 소스 열기'가 기본으로 설정되어 있다. [작업 선택] 창에서 특정 작업을 수행하려면 해당되는 작업을 클릭한 다음 '확인'을 선택하면 된다. 그러나 별도의 작업을 수행하려면 '취소'를 선택한다. 이와 같이 '확인'이나 '취소'를 선택하면 [데이터 편집기] 화면이 나타난다.

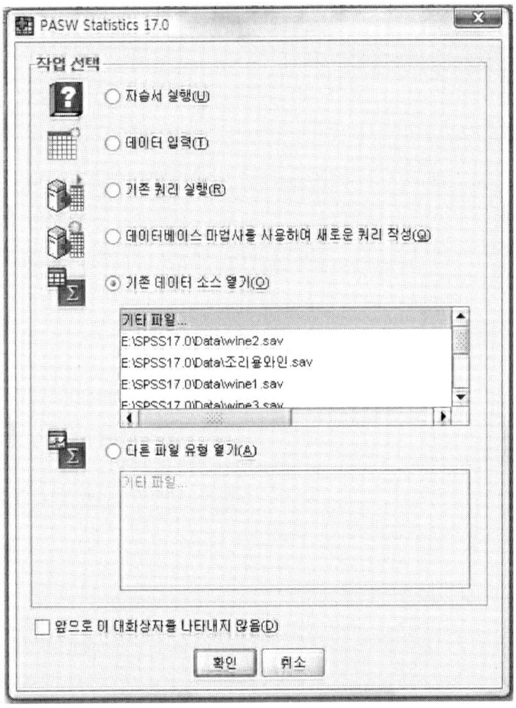

[그림 1-1] PASW Statistics 17.0의 작업 선택 창

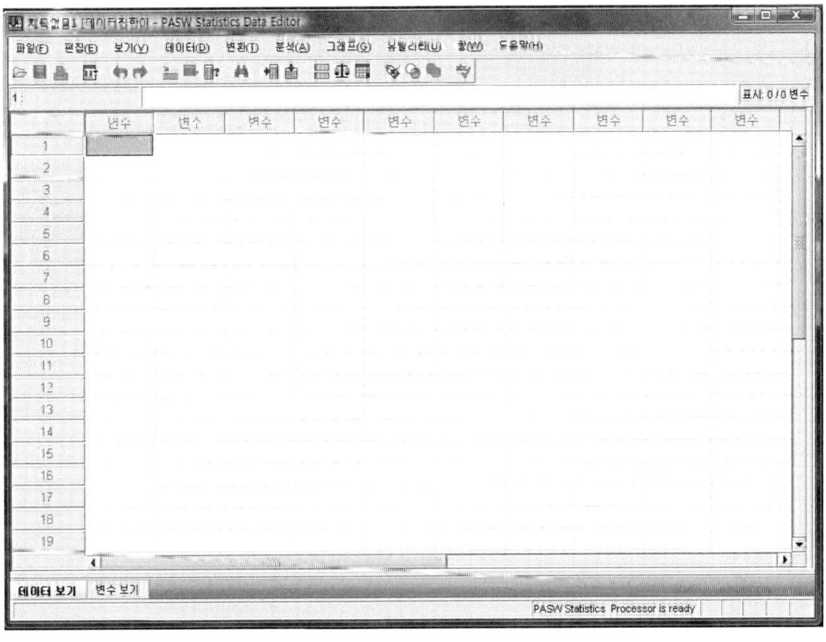

[그림 1-2] PASW Statistics Data Editor

SPSS 17.0을 종료하기 위해서는 주요 메뉴에서 [파일(F)] → [종료(X)]를 선택하거나, 화면의 프로그램 조절창에서 ☒를 클릭하면 된다.

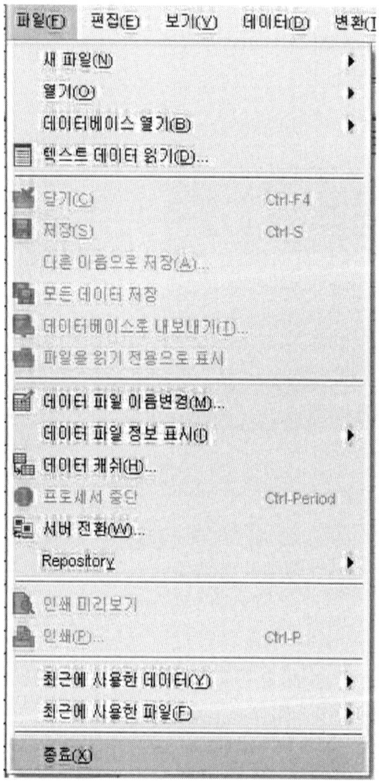

[그림 1-3] 파일 메뉴의 종료

이상과 같은 과정을 거쳐서 SPSS를 종료할 때, 만일 작업자가 현재 작업 중인 파일을 저장하지 않은 상태로 종료하고자 했다면 "변경 내용을 다음 데이터 집합에 저장할까요?"를 묻는 대화상자가 나온다.

이 때 유의할 점은 SPSS를 종료하기 전에 현재 작업 중인 파일을 현재의 파일 이름으로 저장할 것인지, 아니면 새로운 파일 이름으로 저장할 것인지를 미리 결정한 후 종료 절차를 수행하는 것이 좋다는 것이다.

일반적으로 통계처리는 원자료(source data)를 근거로 하여 여러 차례 데이터 파일의 변환 과정을 거치면서 다양한 통계결과를 도출해 보게 된다. 그래서 작업을 하기 전에 자료 변환작업의 체계와 변환시켰을 경우의 파일 이름들을 미리 정리해 두는 것이 편리하다. 그리고 작업 중인 파일은 반드시 새로운 이름으로 저장하고, 새로운 파일 이름과 내용을 간략히 메모해 두는 습관을 가지는 것이 좋다. 이러한 습관은 원자료를 훼손시키지도 않을 뿐더러, 파일관리나 작업내용을 파악하는데도 매우 유용하다.

1.3 SPSS(PASW) 17.0 메뉴의 이해

1 주화면의 내용

SPSS 17.0의 주화면은 [그림 1-4]에서 보는 바와 같이 제목표시줄, 주요 메뉴, 도구상자, 데이터입력창, 데이터 창, 시트탭, 상태표시줄 등으로 구성되어 있다.

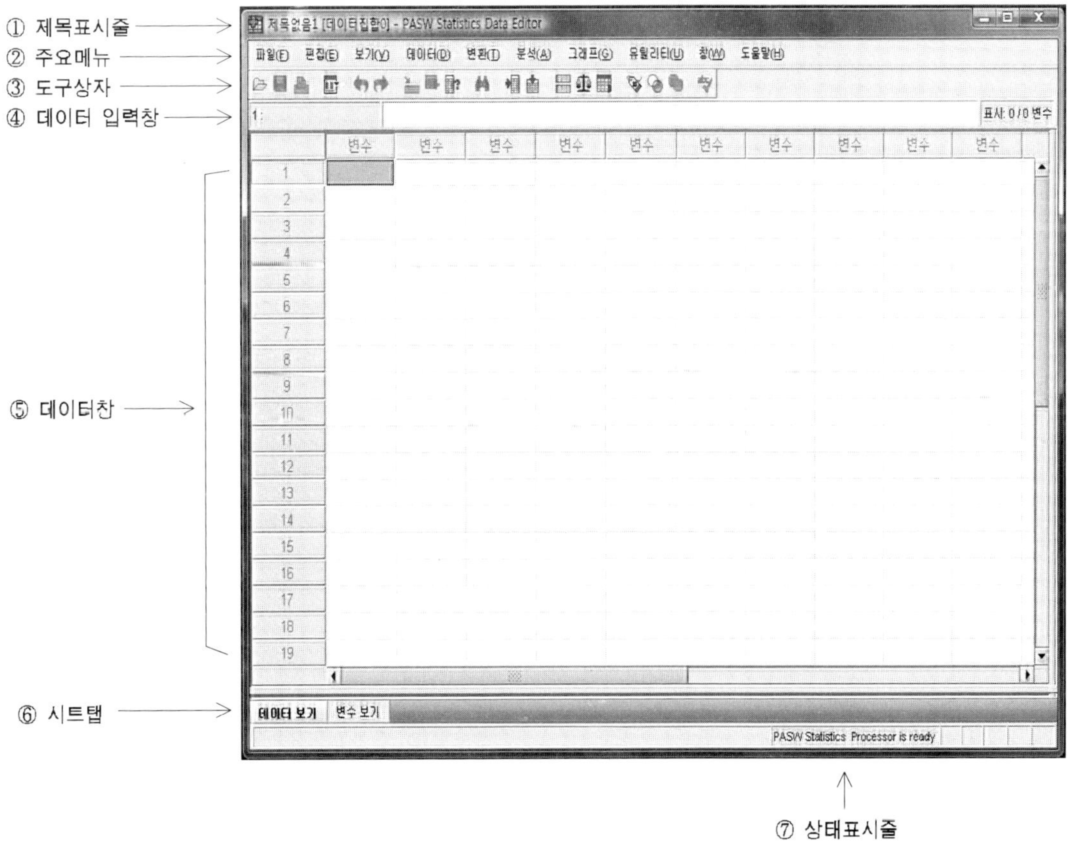

[그림 1-4] 주화면의 구성

(1) 제목표시줄(title bar)

현재 작업하고 있는 데이터 파일의 이름과 종류를 표시한다. 새로운 데이터 파일이 작성될 때는 '제목없음1[데이터집합0]'과 같이 표시된다.

(2) 주요 메뉴(menu bar)

프로그램을 실행하는데 필요한 대부분의 명령들이 나열되어 있는 곳이다. 주요 메뉴에는 파일(F), 편집(E), 보기(V), 데이터(D), 변환(T), 분석(S), 그래프(G), 유틸리티(U), 추가기능(O), 창(W), 도움말(H)이 있다.

(3) 도구상자(tool bar 혹은 icon bar)

주요 메뉴에서 자주 이용하는 기능들을 사용하기 편리하도록 아이콘으로 제공한 부분이다. 클릭만 하면 해당 명령이 그대로 실행된다.

(4) 데이터 입력창

현재 선택된 셀의 위치와 해당 데이터 값을 표시해 주는 창이다. 새로운 데이터 값으로 바꾸고자 할 경우에는 기존의 데이터 값을 수정한 다음 새로운 데이터 값을 입력하고 [Enter↵] 키를 치면 된다.

만일 해당 데이터 값의 일부만을 변경시키고자 할 경우에는 바꾸고자 하는 숫자로 커서를 옮긴 다음 수정한 후 [Enter↵] 키를 치면 수정이 된다. 또한 해당 데이터 값을 두 번 클릭하여 활성화시킨 다음에 마우스나 방향키로 수정하려는 부분으로 이동, 수정한 후 [Enter↵] 키를 쳐도 된다. 이러한 방법은 해당 셀에서 직접 실행해도 된다.

(5) 데이터 창

각 행(row)에 있는 케이스와 각 열(column)에 있는 변수들로 구성된 데이터 파일을 나타내는 창이다. 셀(cell)은 각 케이스의 해당 변수에 대한 데이터 값을 입력하는 곳이다.

각 셀에 데이터 값을 입력하는 방법에는 두 가지가 있다. 첫 번째 방법은 해당 셀로 마우스나 방향키로 커서를 옮긴 다음 직접 데이터 값을 입력하는 것이다. 두 번째로는 데이터 입력창을 이용하여 입력하는 방법이 있다.

새로운 데이터 값을 입력할 때 유의해야 할 점은 기존의 자료가 있는 경우 새로운 데이터 값을 입력한 후 Enter↵ 키를 치면 새로운 데이터 값으로 수정되어 그 이전의 값은 없어진다는 점이다. 그래서 수정 작업을 할 때는 반복적으로 확인을 하는 습관을 갖는 것이 좋다.

(6) 시트탭

시트탭은 '데이터 보기'와 '변수 보기'의 두 개의 탭으로 구성되어 있다. 데이터나 변수들의 상태를 보고싶을 때 해당 탭을 클릭하면 된다.

(7) 상태표시줄

상태표시줄은 현재 데이터 창에 있는 데이터 파일의 상태를 보여준다. 만일 상태표시줄을 보이지 않게 하거나 다시 보이도록 하려면 [보기(V)] 메뉴에서 '상태표시줄(S)'을 선택한 다음 "✔"표가 생기도록 하거나, 없애 버리면 바뀌게 된다.

2 주요 메뉴의 이해

SPSS17.0의 주요 메뉴는 프로그램을 실행하는데 필요한 명령들이 나열되어 있는 메뉴바(menu bar)에 표시되어 있다. 주요 메뉴에는 파일(F), 편집(E), 보기(V), 데이터(D), 변환(T), 분석(A), 그래프(G), 유틸리티(U), 창(W), 도움말(H)이 있다.

주요 메뉴는 기능면에서 크게 세 부분으로 나누어 볼 수 있다. 하나는 데이터 파일의 관리와 변환을 위한 기능으로 ① 파일(F)에서부터 ⑤ 변환(T)에 이르기까지의 메뉴들이다. 다음은 통계분석과 활용을 위한 부분으로 ⑥ 분석(S)과 ⑦ 그래프(G) 메뉴가 여기에 해당된다. 마지막으로 Window의 편리한 이용을 위한 메뉴들로 ⑧ 유틸리티(U)에서부터 ⑩ 도움말(H)까지의 메뉴들이다.

(1) 파일(File)

데이터 파일을 작성하거나 파일관리와 관련된 기능들이 담겨있는 메뉴이다. [파일(F)] 메뉴는 [그림 1-5]에서 보는 바와 같이 새 파일, 파일 열기, 텍스트 데이터 일기, 데이터 파일 이름변경, 데이터 파일 정보표시, 인쇄, 최근 사용한 데이터, 프로그램 종료하기 등과 같은 기능들로 구성되어 있다.

(2) **편집**(Edit)

[편집(E)] 메뉴는 입력되어 있는 데이터 파일을 편집하는 기능들을 담고 있는 메뉴이다. 즉, 현재 [PASW Statistics Data Editor]에 있는 데이터 파일의 일부를 잘라 내거나, 복사하기, 붙여넣기, 지우기, 변수 삽입, 케이스 삽입 등을 수행할 수 있도록 해준다([그림 1-6] 참조).

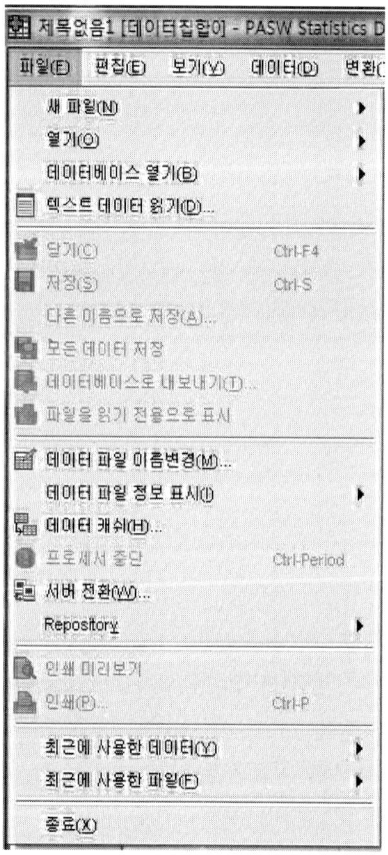

[그림 1-5] 파일 메뉴

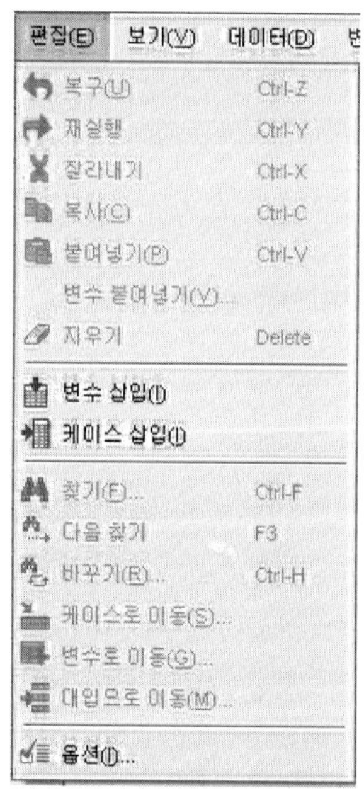

[그림 1-6] 편집 메뉴

(3) **보기**(View)

[보기(V)]는 [그림 1-7]에서 보는 바와 같이 주화면에 상태표시줄이나 도구모음, 메뉴 편집기, 글꼴, 격자선, 변수값 설명 등을 나타낼 것인가의 여부를 선택하기 위한 메뉴이다. 통계분석 시 보기메뉴를 적절히 잘 조정하면 화면을 보다 효과적으로 활용할 수 있다.

(4) 데이터(Data)

[데이터(D)] 메뉴는 파일의 결합 및 분할, 새로운 변수나 케이스의 삽입, 특정의 케이스로 이동하거나 날짜 및 변수 정의하기, 다중응답 변수로 정의하기, 데이터 파일 복사하기 등과 같이 데이터 파일의 변환이나 수정과 관련된 기능들을 담고 있는 곳이다([그림 1-8] 참조). 변환된 데이터 파일은 사용자가 저장하지 않는 한 임시파일로 이용될 뿐이며, 기존에 저장되어 있는 데이터 파일에는 영향을 미치지 않는다.

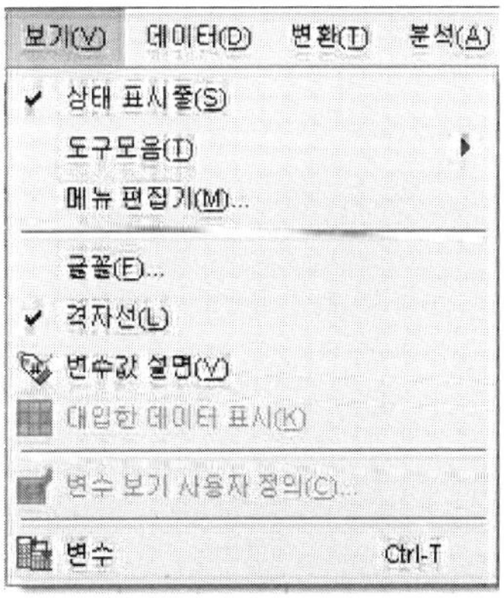

[그림 1-7] 보기 메뉴

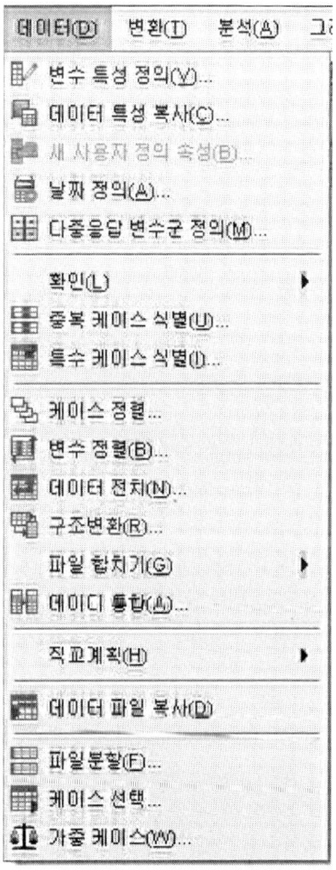

[그림 1-8] 데이터 메뉴

(5) 변환(Transform)

[변환(T)] 메뉴는 데이터 파일에서 선택된 변수의 값을 변환하거나, 기존의 변수값을 이용하여 새로운 변수값을 계산하기 위한 변수계산, 같은 변수로 코딩변경, 자동 코딩변경, 난수생성기와 같은 기능과 결측값을 특정의 숫자나 부호로 지정하기 위한 결측값 대체 기능을 갖고 있다([그림 1-9] 참조).

(6) **분석**(Analysis)

[분석(A)] 메뉴는 [그림 1-10]과 같이 데이터 파일을 이용하여 분석하고자 하는 각종 통계분석기법들이 나열되어 있다. 이 메뉴에는 보고서의 표현형식과 관련된 옵션, 기술통계, RFM분석, 평균비교, 일반선형모형, 상관분석, 회귀분석, 비모수검정 등과 같은 통계분석 절차들이 담겨져 있으며, 통계검정을 할 때 주로 사용된다.

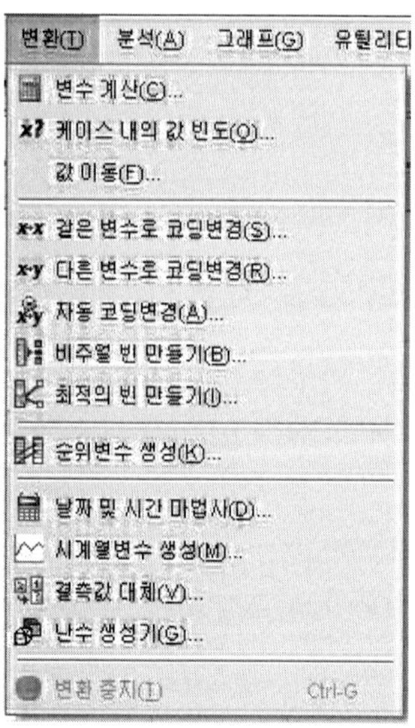

[그림 1-9] 변환 메뉴

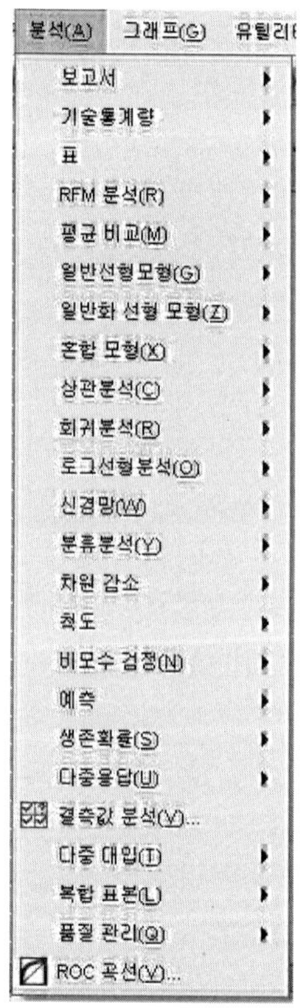

[그림 1-10] 분석 메뉴

(7) **그래프**(Graphs)

[그래프(G)] 메뉴는 통계분석 결과에 대한 시각적 효과를 높이기 위하여 사용되는 막대그래프, 선그래프, 영역그래프, 원그래프 등과 같은 각종 그래프를 선택할 수 있는 기능을 담고 있는 메뉴이다([그림 1-11]). 특히 SPSS 17.0에서는 이러한 기능들을 "레거시 대화상자"에 담아놓아 사용하기에 매우 편리하게 되어 있다.

(8) **유틸리티**(Utility)

[유틸리티(U)] 메뉴는 특정 변수나 파일에 대한 정보를 알려고 하거나, 변수군을 정의하거나 메뉴편집기를 변경하고 하고자 할 때 이용되는 기능들을 담고 있다.

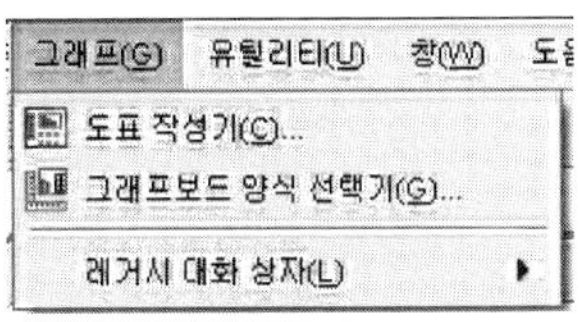

[그림 1-11] 그래프 메뉴

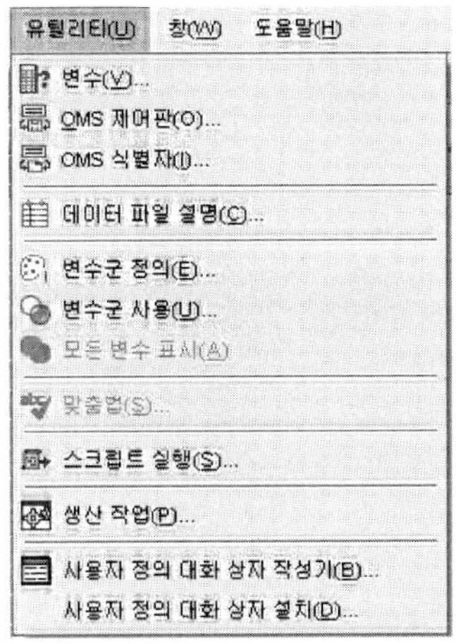

[그림 1-12] 유틸리티 메뉴

(9) **창**(Window)

SPSS에서 사용되는 있는 창에는 시스템 특성의 선택에 사용되는 애플리케이션(Application) 창, 통계분석의 결과를 나타내는 출력결과(Output) 창, 분석할 데이터 파일을 보여주는 있는 데이터 편집기 창(현재 우리가 학습하고 있는 창), 그래프를 수정하거나 저장하는 도표 뷰어 창, 대화상자들을 통하여 처리된 프로그램의 내용들과 명령문의 내용들을 보여주는 신텍스(Syntax) 창 등 5가지가 있다.

[그림 1-13] 창 메뉴]

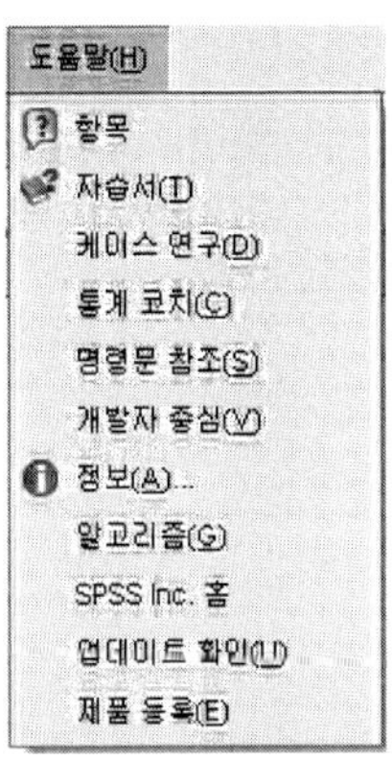

[그림 1-14] 도움말 메뉴

[창(W)] 메뉴는 이와 같이 현재 SPSS에서 이용되는 창들의 속성을 배열하거나 선택할 수 있도록 해주는 기능을 담고 있다.

(10) 도움말(Help)

[도움말(H)]에는 SPSS의 효과적 이용을 도와주는 항목, 자습서, 케이스 연구, 통계코치 등과 같은 메뉴가 포함되어 있다. 특히 도움말이 [그림 1-15]와 같이 대화식, 메뉴식으로 되어 있어 사용하기에 편리할 뿐더러 다양한 안내를 받을 수 있도록 되어 있다.

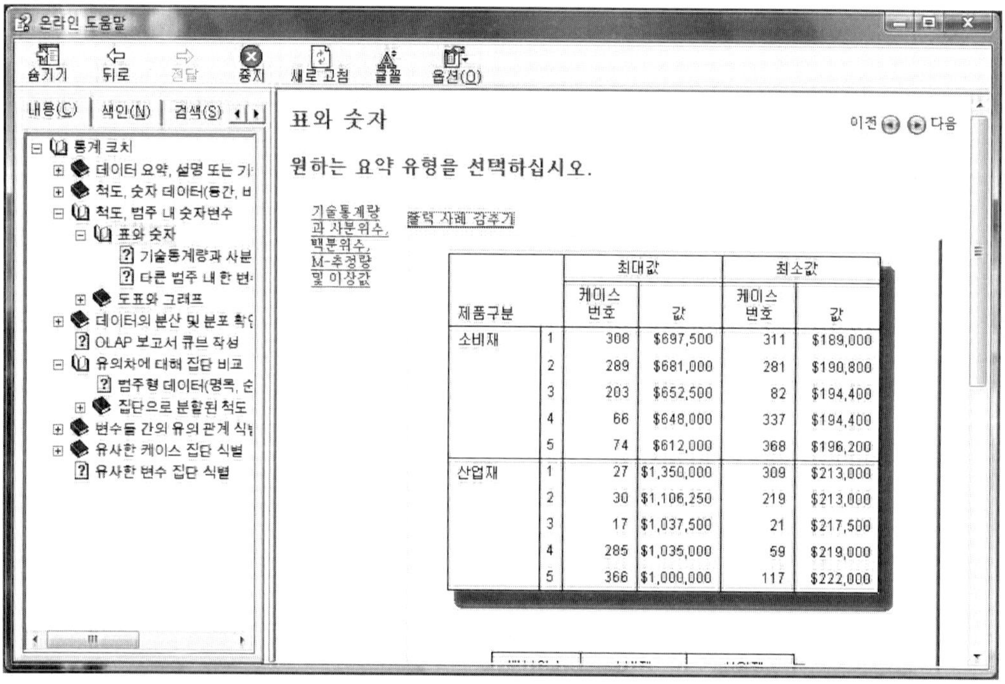

[그림 1-15] 도움말

3 도구상자의 이해

도구상자(icon bar)는 주요 메뉴 중에서 특히 자주 사용하는 기능들을 빠르고 쉽게 수행할 수 있도록 아이콘으로 만들어 모아 놓은 곳이다.

[그림 1-16] 도구상자

도구상자의 각 도구(icon)를 보면 활성화되어 있는 아이콘(진한 색깔)과 활성화되어 있지 않은 아이콘(흐린 색깔)이 있다. 활성화된 아이콘은 현 상태에서 바로 사용할 수 있는 기능을 가진 것들이고, 활성화되지 않은 아이콘은 다른 작업과정을 거쳐야만 활성화되어 사용이 가능해지는 것들이다.

만일 화면을 넓게 사용하기 위하여 도구상자를 주화면에서 보이지 않게 하려면 주요 메뉴의 [보기(V)]에서 [도구모음(T)]을 선택한 후에 "데이터 편집기" 앞에 있는 "✔"표를 클릭해서 지우면 된다. 도구상자의 이름과 사용 용도는 다음의 [표 1-1]과 같다.

[표 1-1] 도구상자의 주요 기능

아이콘	메 뉴	설 명
	데이터 열기	이미 만들어진 데이터 파일 열기
	문서 저장	새 문서나 기존의 파일 저장하기
	인 쇄	선택한 데이터 파일을 인쇄하기
	최근 사용한 대화상자 다시 호출	최근 사용한 대화상자 다시 불러오기
	사용자 작업 실행 취소	작업한 데이터 입력이나 데이터 유형 취소하기
	사용자 작업 다시 실행	작업 취소 이전 작업으로 복구하기
	케이스로 이동	해당 숫자의 케이스로 이동하기
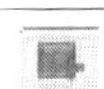	변수로 이동	해당 숫자의 변수로 이동하기
	변수	변수에 대해 정의한 정보 제공하기
	찾기	기록 찾기
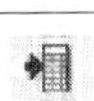	케이스 삽입	데이터 파일에 새로운 케이스 추가
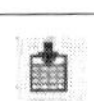	변수 삽입	데이터 파일에 새로운 변수 추가
	파일 분할	정의된 변수에 따라 데이터 파일을 분할
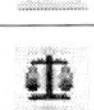	가중케이스	케이스들에 가중치 부여하기
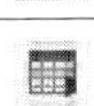	케이스 선택	특정기준에 의해 케이스 set 찾기
	변수값 설명	변수값 설명을 보이게 하거나 감추기
	변수군 사용	변수군 만들기
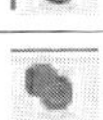	맞춤법 검사	맞춤법 검사 수행하기

데이터 파일의 입력과 편집

2.1 데이터 파일의 작성

조사분석을 위한 데이터 수집이 완료되면 통계분석을 원활하게 할 수 있도록 데이터를 잘 정리하여야 한다. 통계분석에 필요한 데이터를 정리하는 과정은 일반적으로 [그림 2-1]과 같이 세 단계를 거쳐서 이루어진다.

데이터 파일의 Profile 작성 → 코딩시트 작성 → 데이터 입력

[그림 2-1] 데이터 파일의 작성과정

1 데이터 파일의 프로파일 작성

데이터 파일의 프로파일(profile)은 [표 2-1]에서 보는 바와 같이 설문지의 설문내용을 변수명, 문항, 변수값, 응답내용 등으로 요약·정리한 것이다. 그래서 데이터 파일의 프로파일을 통하여 설문의 전체적인 내용과 구성을 일목요연하게 파악할 수 있다.

이러한 데이터 파일의 프로파일은 반드시 데이터의 입력과정에서 작성하는 것은 아니다. 오히려 설문지 작성 시에 프로파일을 작성하는 것이 바람직하다. 왜냐하면 프로파일을 통해서 설문지의 체계와 변수들의 형태는 물론 변수들 간의 관계 등에 대해서 보다 체계적으로 검토할 수 있기 때문이다.

[표 2-1] 데이터 파일의 프로파일

변수명	문 항	변수값	내 용
E1	조리용 와인의 사용이 요리 품질에 미치는 영향은 어떻다고 생각합니까?	1 2 3 4 5	전혀 중요하지 않음 중요하지 않음 보통 중요함 매우 중요함
E2	조리용 와인의 사용이 귀 업장의 요리 평판에 미치는 영향은 어떻다고 생각합니까?	1 2 3 4 5	전혀 중요하지 않음 중요하지 않음 보통 중요함 매우 중요함
E3	조리용 와인의 사용이 귀 업장의 매출에 미치는 영향은 어떻다고 생각합니까?	1 2 3 4 5	전혀 중요하지 않음 중요하지 않음 보통 중요함 매우 중요함
⋮	⋮	⋮	⋮

2 코딩 시트의 작성

코딩 시트(coding sheet)는 설문지의 응답내용들을 데이터 파일에 정확하고 편리하게 입력하기 위하여 응답내용들을 한데 모아 숫자로 기록해 두는 시트이다.

코딩 시트는 특별한 양식이 있는 것은 아니고, 응답자 식별번호(ID)와 변수명에 따른 응답내용을 기재할 수 있도록 작성하면 된다. [표 2-2]는 코딩 시트의 한 예를 보여주고 있다. 여기서 식별번호의 자릿수는 백 명 단위인 경우는 세 자리, 십 명 단위인 경우에는 두 자리로 한다.

근래에는 스프레드 시트를 많이 이용하여 데이터 파일을 작성하기 때문에 코딩 시트를 별도로 작성할 필요는 없다. 다만 텍스트 파일을 작성하여 SPSS에서 불러오고자 할 경우에는 데이터를 정확하게 기록하기 위하여 코딩 시트를 작성하는 것이 바람직하다.

[표 2-2] 코딩 시트

ID \ 변수명	X1	X2	X3	X4	X5	X6	X7	· · ·
001								
002								
003								
⋮								

2.2 데이터의 입력과 저장 및 불러오기

데이터를 입력하고 저장하는 방법에는 흔글이나 MS Word와 같은 텍스트 문서를 이용하는 방법, 엑셀(Excel)과 같은 스프레드 시트를 이용하는 방법, SPSS에 직접 입력하는 방법이 있다.

SPSS 프로그램은 고가이기 때문에 개인적으로 구입하기는 매우 부담스럽다. 그래서 데이터를 입력할 때는 텍스트 문서(흔글, MS word)나 스프레드 시트(Excel, Lotus)를 주로 이용한다. 여기에서는 텍스트 문서로는 흔글을, 스프레드 시트로는 엑셀을 이용하여 설명한다.

1 흔글을 이용한 입력, 저장 및 불러오기

(1) 입력하기

흔글이나 MS word와 같은 텍스트 문서로 데이터를 입력할 때는 코딩 시트에 기록된 내용을 그대로 입력하면 된다. 입력하는 방법에는 [그림 2-1]과 같이 고정형식(fixed column format)으로 입력하는 방법과 자유형식(free field format)으로 입력하는 방법이 있다.

1

```
001129211521
002234211531
003138111531
004126211532
005129211611
```

고정형식

```
001 1 29 2 1 1 5 2 1
002 2 34 2 1 1 5 3 1
003 1 38 1 1 1 5 3 1
004 1 26 2 1 1 5 3 2
005 1 29 2 1 1 6 1 1
```

자유형식

[그림 2-1] 텍스트 문서 입력방법

고정형식으로 입력하는 방법은 변수값을 입력할 때 변수값들 간의 간격을 구분하지 않고 입력하는 방법이다. 이 방법은 변수값들이 대부분 한 자릿수로 이루어졌을 경우에 유용하다. 고정형식으로 입력할 때 유의할 점은 사전에 변수들의 자릿수를 확인한 후에 데이터를 입력해야 오류의 발생을 최소화할 수 있다는 것이다. 예를 들어, 같은 변수값에서 자릿수가 다를 경우에는 003, 058과 같이 작은 자릿수 앞에 '0'을 붙여 자릿수를 같도록 하여야 한다.

자유형식으로 데이터를 입력하는 방법은 변수값을 입력할 때마다 변수값들 사이의 간격을 한 칸씩 혹은 일정 간격으로 구분하여 입력하는 방법이다. 이 방법은 변수값들이 두 자릿수 이상인 경우가 많을 때 유용하다.

어떠한 방법으로 입력하든, 텍스트 파일을 작성할 때는 다음과 같은 점에 유의하여야 한다.

첫째, 마침표(.)나 쉼표(,)를 사용하지 않는 것이 좋다. 마침표나 쉼표를 사용하게 되면 [SPSS 데이터 파일]에서 불러들일 때 이것들을 다시 없애는 절차를 거쳐야 하는 번거로움이 따른다.

둘째, 데이터의 크기가 A4 용지를 넘는 경우에는 용지의 방향을 넓게 설정하여 데이터를 연달아 입력하는 것이 편리하다.

셋째, 각 케이스의 데이터는 항상 첫 번째 칼럼부터 다시 시작해서 입력해야 케이스 간에 구분이 된다.

이상과 같은 고정형식이나 자유형식으로 데이터를 입력하는 방법은 부득이한 경우에 고려해 볼 수 있는 방법이다. 연구대상이나 변수가 많은 경우에는 이러한 방법으로 데이터를 입력하면 오류의 발생가능성이 높고 데이터의 입력내용을 확인하기가 어렵다는 한계가 있다. 그래서 데이터를 입력할 때는 일반적으로 엑셀과 같은 스프레드 시트를 많이 이용한다.

(2) 저장하기

자유형식이든 고정형식이든 간에 훈글로 작성한 데이터 파일을 저장할 때는 저장 화면

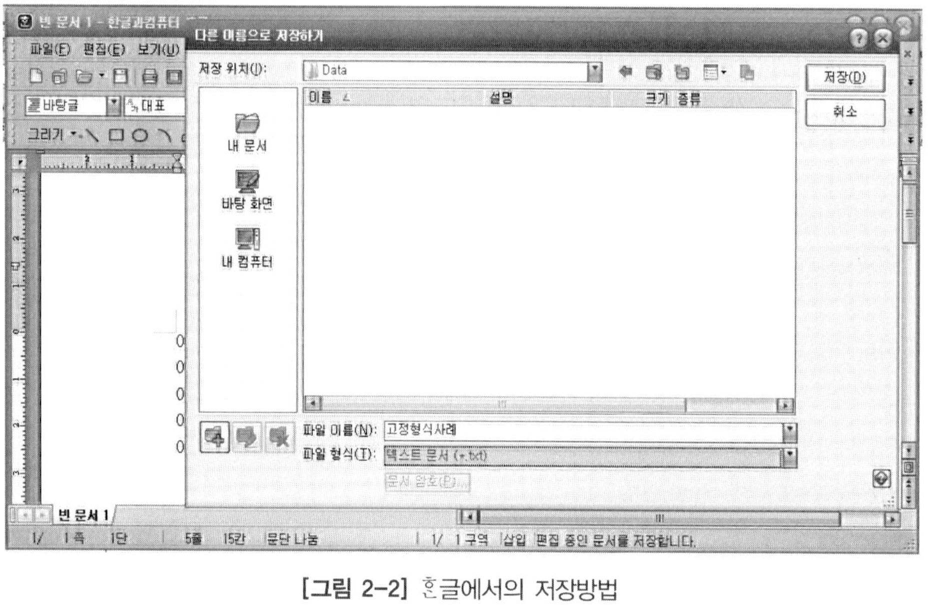

[그림 2-2] 훈글에서의 저장방법

창에서 우선 저장할 [위치]와 [파일이름]을 입력한 뒤 [파일형식]을 선택해야 한다. 이 때 파일 형식은 반드시 "텍스트문서(*.txt)"로 지정하여 저장해야 한다. 그래야 SPSS에서 읽어 들일 수가 있다.

(3) SPSS(PASW) 17.0에서 불러오기와 저장

ⓐ 고정형식 불러오기

고정형식으로 저장한 데이터 파일은 SPSS의 주화면에서 [파일(F)] → [텍스트 데이터 읽기(R)]로 들어가면 [그림 2-3]과 같은 [데이터 열기] 대화상자가 나온다. 여기서 앞에서 텍스트 형식으로 입력한 파일을 선택한 후 [열기]를 누르면 [그림 2-4]와 같은 **[텍스트 가져오기 마법사 6단계 중 1단계]** 대화상자가 나온다.

[그림 2-3] 데이터 열기 대화상자

① **[텍스트 가져오기 마법사 6단계 중 1단계]**는 텍스트 파일이 사전에 정의된 형식과 일치하는가를 확인하는 단계이다. 여기서 기본으로 설정되어 있는 "◉ 아니오" 로 두고 다음 단계로 넘어간다.

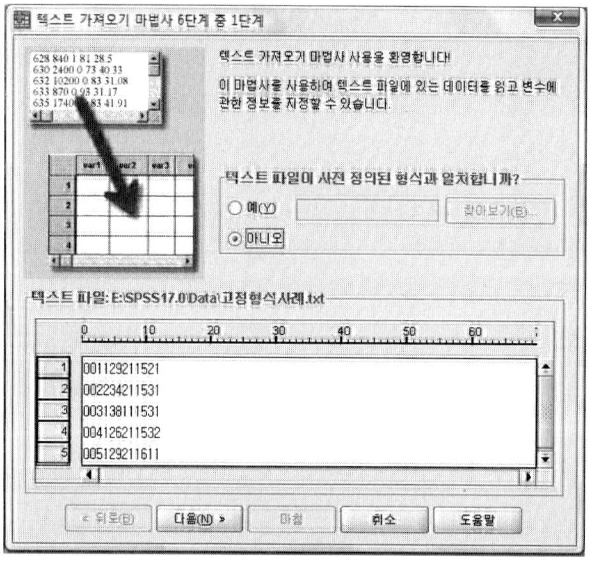

[그림 2-4] 텍스트 가져오기 마법사 6단계 중 1단계 대화상자

② **[텍스트 가져오기 마법사 6단계 중 2단계]**는 [그림 2-5]에서 보는 바와 같이 변수의 배열 상태와 변수이름의 위치를 묻는 단계이다. 우선 변수의 배열에 대한 질문에서 "구분자에 의한 배열"은 코딩 시 측정값들 사이에 쉼표나 탭으로 구분지은 경우에

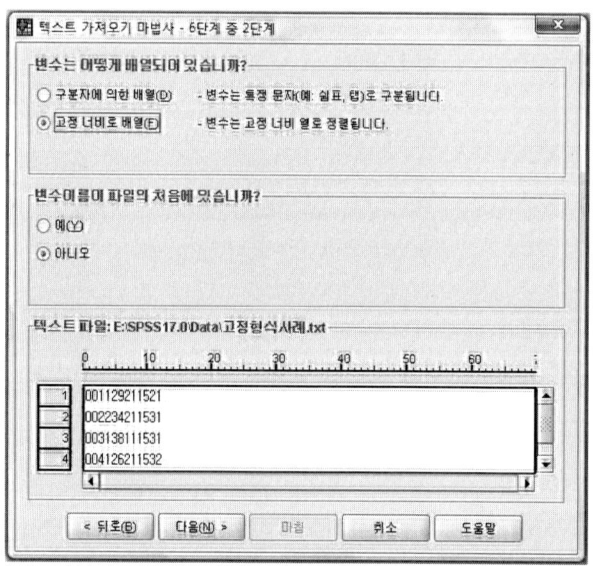

[그림 2-5] 텍스트 가져오기 마법사 6단계 중 2단계 대화상자

선택하는 것이고, "고정너비로 배열"은 연속적으로 코딩을 한 경우에 사용하는 것이다. 우리는 연속적으로 코딩을 하였기 때문에 기본설정된 "◉ 고정너비로 배열"을 그대로 선택한다. 그리고 코딩 시에 변수명을 입력하기 않았기 때문에 "변수이름이 파일의 처음에 있는가"에 대한 질문도 기본설정된 "◉ 아니오"를 선택한다. 그리고 다음 단계로 넘어간다.

③ **[텍스트 가져오기 마법사 6단계 중 3단계]**는 데이터 파일의 형태에 대하여 확인하는 단계이다. 여기에서는 데이터의 케이스가 시작되는 줄과 하나의 케이스가 차지하는 줄 수 및 가져올 케이스의 수를 지정한다. 우리는 첫줄부터 케이스가 시작되고, 각 케이스는 한 줄로 이루어져 있으며, 모든 케이스를 이용하기 때문에 [그림 2-6]과 같이 이미 기본설정된 "1", "1", "◉ 모든 케이스"를 선택하고, 다음 단계로 넘어간다.

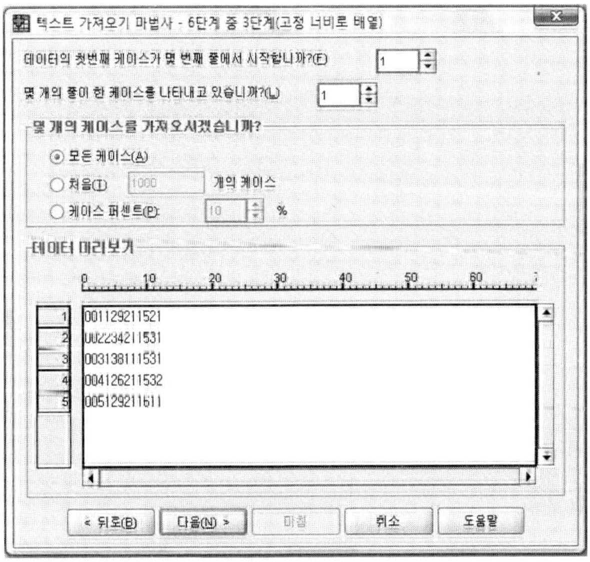

[그림 2-6] 텍스트 가져오기 마법사 6단계 중 3단계 대화상자

④ **[텍스트 가져오기 마법사 6단계 중 4단계]**는 각 변수를 구분하기 위한 단계이다. 우리가 데이터 파일을 자성할 때 지정한 칼럼 위치와 칼럼 수를 확인하면서, 구분하고자 하는 위치에 마우스를 클릭하면 [그림 2-7]과 같이 수직 화살표가 생긴다. 만일 ID 변수가 첫 번째 칼럼부터 세 번째 칼럼까지 입력되어 있다면, 세 번째 칼럼 위의 선

에서 마우스를 한번 클릭하면 수직 화살표가 생기면서 ID 위치가 확정된다.
만일 구분선의 위치를 바꾸려면 해당 구분선 상단의 머리 부분을 마우스로 클릭한 채 변경하고자 하는 위치로 끌어서(drag) 옮기면 된다. 그리고 구분선을 없애려고 하면 해당 구분선 상단의 머리 부분을 마우스로 한번 클릭하면 된다.

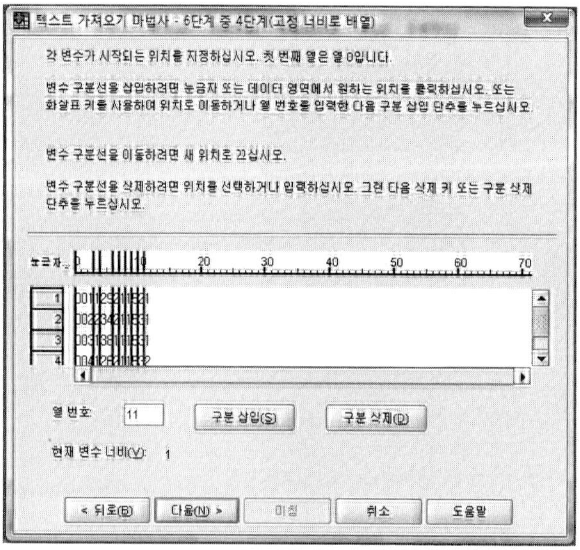

[그림 2-7] 텍스트 가져오기 마법사 6단계 중 4단계 대화상자

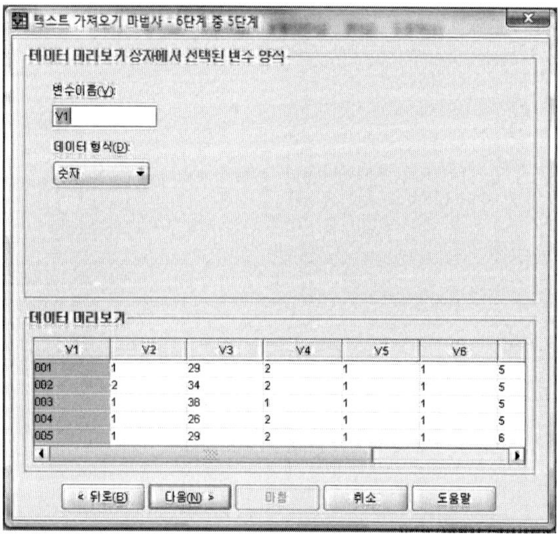

[그림 2-8] 텍스트 가져오기 마법사 6단계 중 5단계 대화상자

⑤ **[텍스트 가져오기 마법사 6단계 중 5단계]**에서는 변수이름과 변수형식을 지정한다. [데이터 미리보기] 상자에서 변수를 지정하면 [그림 2-8]과 같이 [변수이름]과 [데이터 형식]이 활성화된다. 그러면 우리가 지정했던 변수 이름을 입력하고 데이터의 형식을 선택하면 된다. 데이터 형식은 숫자, 문자, 시간, 달러, 콤마, 마침표 등으로 변경할 수 있다.

⑥ **[텍스트 가져오기 마법사 6단계 중 6단계]**는 텍스트 파일의 형식을 저장한 것을 확인하는 단계이다. 우리는 현재 상태의 파일을 그대로 사용하려고 하기 때문에 [그림 2-9]에서 보는 바와 같이 기본설정되어 있는 상태로 [마침]버튼을 누른다. 그러면 [그림 2-10]과 같이 SPSS 제목창에 "제목없음-[데이터 집합1] PASW Statistics Data Editor"라는 내용이 표시되고 데이터 창에 데이터 파일이 열린다.

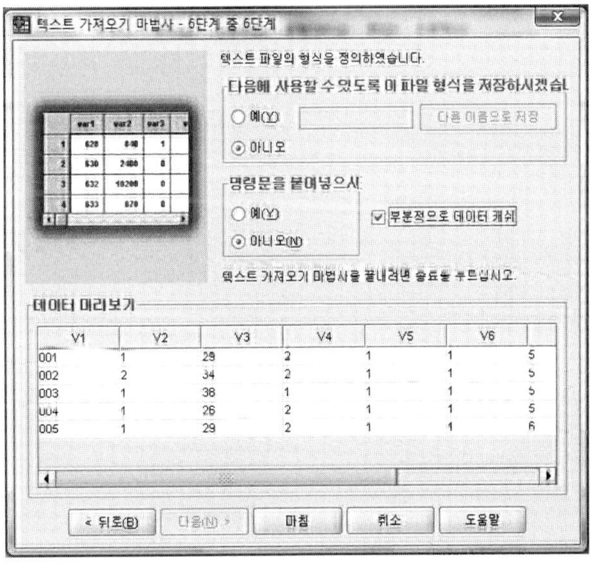

[그림 2-9] 텍스트 가져오기 마법사 6단계 중 6단계

이상과 같은 과정을 거치면서 작성된 데이터 파일은 주요 메뉴에서 [파일(F)] → [저장하기(S)]를 선택한 다음, 저장위치를 지정하고 파일이름을 입력하여 저장한다. SPSS에서 저장된 파일들은 확장자가 .sav로 표시된다.

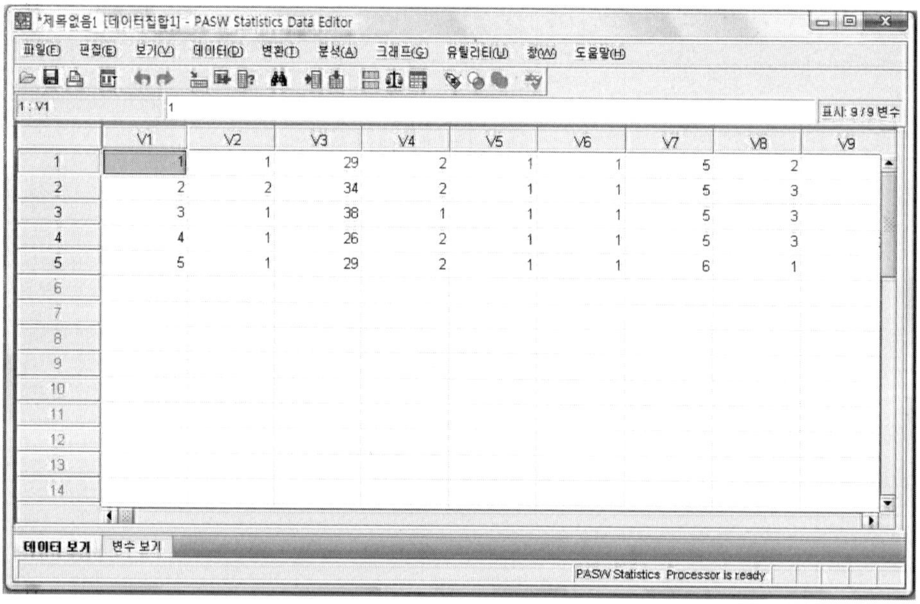

[그림 2-10] 데이터 편집기에 불러온 최종 텍스트 파일

ⓑ 자유형식 불러오기

자유형식으로 저장된 데이터 파일을 SPSS로 불러오는 방법도 고정형식과 마찬가지로 주

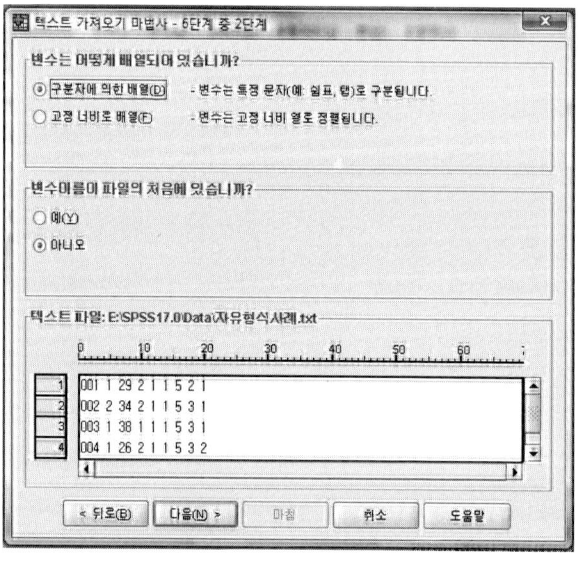

[그림 2-11] 텍스트 가져오기 마법사 6단계 중 2단계 대화상자

화면에서 [파일(F)] → [텍스트 데이터 읽기(R)] 과정을 거쳐서 이루어진다. 다만, 텍스트 가져오기 마법사 6단계 중 2단계와 4단계만 다르다.

① **[텍스트 가져오기 마법사 6단계 중 2단계]**는 변수의 배열 상태와 변수이름의 위치를 묻는 단계이다. 이 단계의 변수의 배열에 대한 질문에서 고정형식의 경우 "고정너비로 배열"을 선택하였는데, 자유형식은 변수들을 일정한 간격으로 배열하였기 때문에 [그림 2-11]과 같이 "구분자에 의한 배열"을 선택하여야 한다.

② **[텍스트 가져오기 마법사 6단계 중 4단계]**는 각 변수의 구분자를 선택하는 과정이다. 앞의 고정형식에서는 구분할 위치를 클릭하여 수직 화살표로 구분하였다. 그런데 자유형식에서는 데이터 파일을 이미 한 칸씩 띄어 작성하였기 때문에, [그림2-12]와 같이 기본설정된 "공백"을 선택한 후 다음 단계로 넘어가면 된다.
텍스트 가져오기 마법사 6단계 중 5단계와 6단계는 고정형식과 같은 내용으로 선택하면 SPSS용 데이터 파일이 완성된다.

[그림 2-12] 텍스트 가져오기 마법사 6단계 중 4단계 대화상자

2 엑셀을 이용한 입력, 저장 및 불러오기

SPSS는 스프레트 시트(Excel, dBASE, MS Acess 데이터 베이스 등)로 작성된 자료 파일들을 편하게 읽을 수 있다. 이 중에서 엑셀은 가장 일반적으로 사용되는 스프레드 시트로 흔글과 같은 텍스트문서를 이용하는 방법보다 훨씬 간단하고 여러 가지 면에서 편리하다.

엑셀의 각 시트(sheet)는 수많은 셀(cell)로 구성되어 있어 각 셀에 직접 변수명이나 데이터 값을 입력할 수 있으므로 입력오류의 확인이 쉽다. 그리고 스스로 자릿수를 맞춰주기 때문에 자릿수를 맞추기 위하여 '001'과 같이 입력하지 않고 '1' 만 입력해도 된다. 또한 데이터 값이 천 단위를 넘는 경우에도 스스로 ' , ' 표시를 해 주기 때문에 큰 숫자의 입력에도 편리하다.

엑셀을 이용하여 데이터 파일을 입력할 때는 [그림 2-13]에서 보는 바와 같이 우선 1행에 ID와 변수명들을 입력한다. 그리고 1열(A열)의 ID 아래에는 ID 번호나 이름을 입력하고, 각 변수명 아래로는 데이터 값을 입력하면 된다.

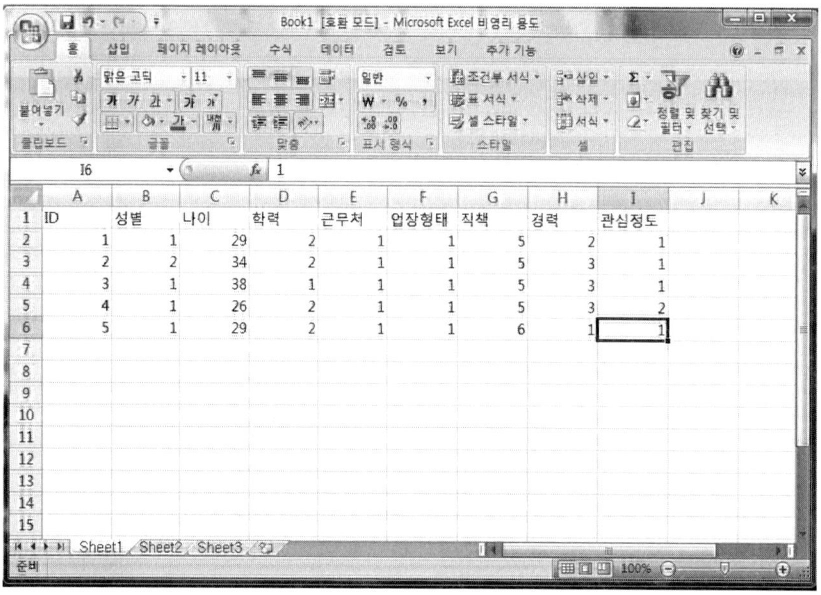

[그림 2-13] Excel을 이용한 입력과 저장

이와 같이 데이터 파일을 모두 입력하고 나면 [파일(F)] → [저장(S)]을 선택한 다음, 저장위치를 지정하고 파일이름을 입력하여 저장을 한다. 파일형식은 이미 설정되어 있는 "Microsoft Excel 통합문서"를 그대로 선택하면 된다. 그런 다음 SPSS를 불러오기에 앞서

엑셀 문서를 종료한다.

엑셀을 이용한 저장이 끝나면, SPSS프로그램을 열고 [그림 2-14]와 같이 [파일(F)] → [열기(O)] → [데이터(A)]를 선택한다. 그러면 [그림 2-15]과 같은 [데이터 열기] 대화상자가 나타나는데, 여기서 [파일유형(T)]으로 "Excel(*.xls, *.xlsx, *.xlsm)"을 선택한다. 그리고 엑셀에서 작성한 파일을 선택한 다음 [열기]를 클릭한다.

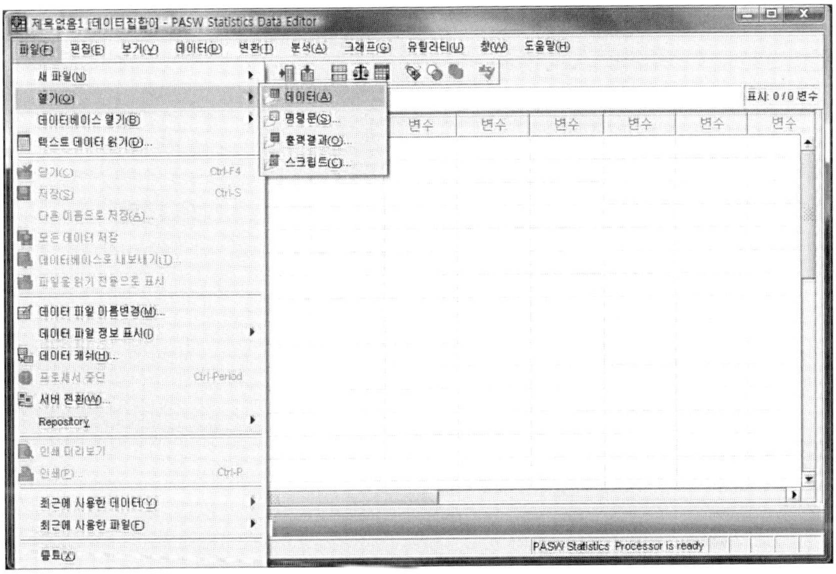

[그림 2-14] Excel로 작성한 데이터 파일 열기

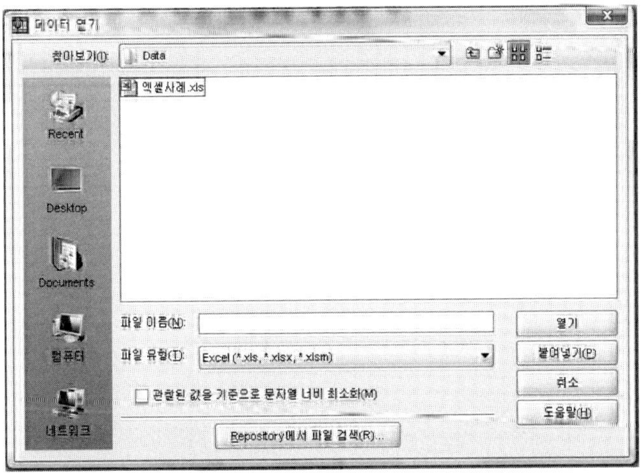

[그림 2-15] 데이터 열기 대화상자

엑셀에서 작성한 파일을 선택한 다음 [열기]를 클릭하면 [그림 2-16]과 같이 [Excel 데이터 소스 열기] 대화상자가 나타난다. 여기서 데이터의 첫 행에 변수이름을 입력했으면 기본설정된 상태로 놓아두고, 변수이름을 입력하지 않았으면 ☑를 클릭하여 "✔"를 없앤 다음 [확인]을 선택한다.

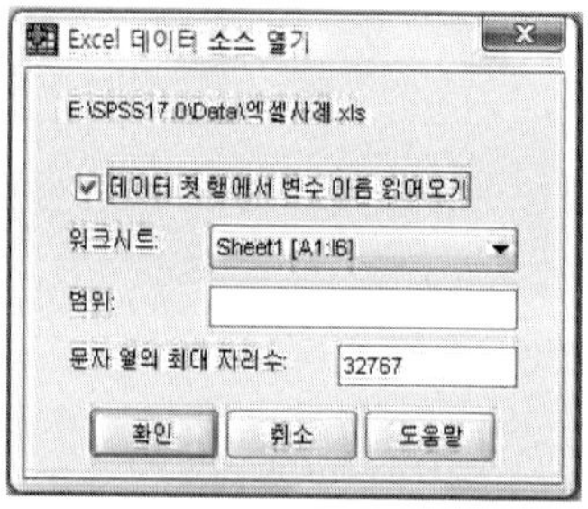

[그림 2-16] Excel 데이터 소스 열기 대화상자

이상과 같은 단계를 거치면 [그림 2-17]과 같은 "제목 없음1[데이터집합]-PASW Statistics Data Editor" 창이 나타난다. 만일 엑셀에서 변수이름을 한글로 입력했다면 한글이름 그대로 인식하게 된다.

이제 엑셀로 작성한 데이터 파일을 "제목없음" 상태로 불러들였으면, SPSS파일로 저장하

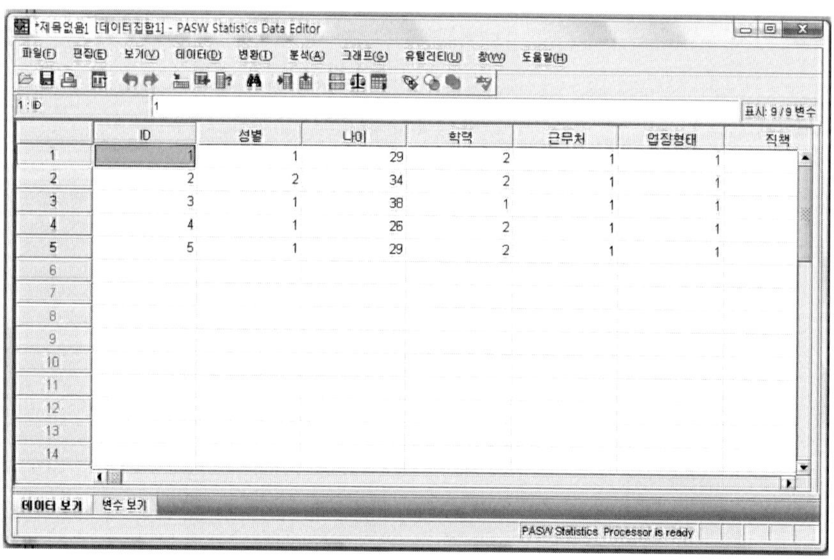

[그림 2-17] PASW Statistics Data Editor 대화상자

여야 한다. 일반적인 저장방법과 마찬가지로 파일이름을 입력하여 [파일(F)] → [다른 이름으로 저장(A)] 과정을 거쳐서 SPSS 데이터파일로 저장한다.

3 SPSS(PASW) 17.0에서의 입력과 저장

SPSS에서 데이터를 입력하는 방법은 엑셀에서 입력하는 요령과 유사하다. 다만, SPSS에서는 데이터를 입력하고 난 다음에 각 데이터에 대한 변수 이름, 유형, 설명, 값 등에 대하여 정의하기 위해서는 [그림 2-18]과 같이 상태표시줄에서 [변수보기]를 클릭한다. 그러면 기본적으로 변수 이름이 "var00001"과 같이 주어져 있다. 여기서 데이터 프로파일을 보고 변수 이름과 변수에 대한 설명, 변수 값에 대한 설명을 입력한다. 참고로 위의 예에서 변수 이름을 입력하고 소수점 이하를 '0'으로 수정한 다음 [데이터 보기]를 클릭하였더니 [그림 2-18]과 같은 데이터 파일이 완성되었다. [변수보기]에서 각 변수들을 정의하는 방법은 다음의 제4장에서 설명한다.

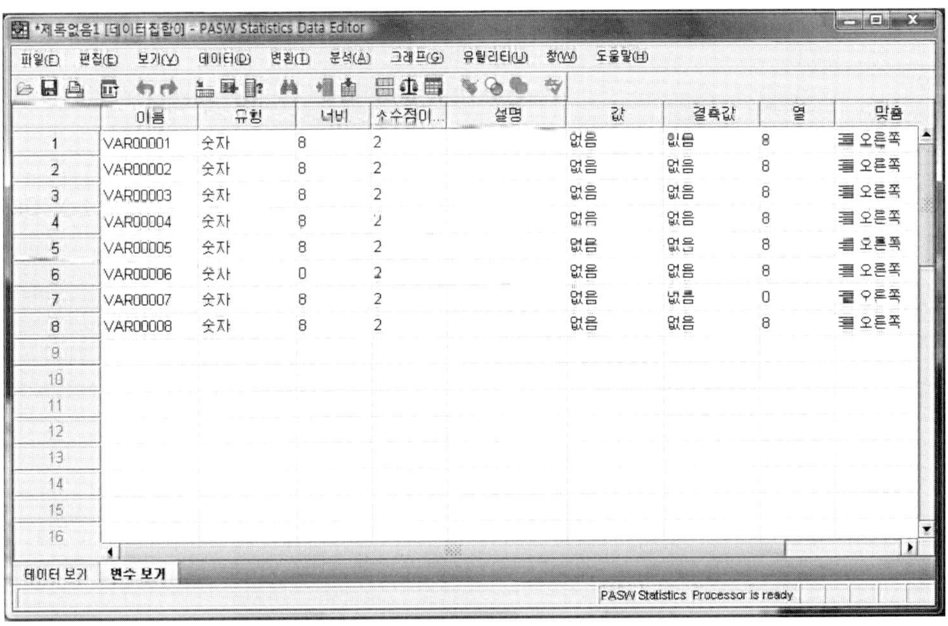

[그림 2-18] PASW Statistics Data Editor의 변수보기

입력을 마치고 나면 저장을 해야 되는데, 앞의 방법들과 마찬가지로 [파일(F)] → [저장(S)]을 선택한 후 파일 위치를 결정하고 파일이름을 입력하면 된다. 이 때 파일형식은 SPSS(*.sav)를 선택하는 것이 좋다.

2.3 셀 이동과 영역 지정 방법

통계분석을 실행하기에 앞서 원래의 데이터 파일을 분석대상이 되는 변수들이나 케이스들끼리 결합하기도 하고, 때로는 새로운 변수나 케이스를 추가하는 경우가 있다. 이와 같은 데이터 파일의 편집을 효과적이고 능률적으로 수행하기 위해서는 우선 데이터 편집 시에 많이 이용하는 기본적인 셀 이동 방법과 영역 지정 방법에 대하여 익혀 둘 필요가 있다. 셀 이동과 영역 지정 방법은 'wine2.sav' 파일을 이용하여 연습하기로 한다.

1 셀 이동 방법

셀이란 가로 줄(열)과 세로 줄(행)이 만나는 부분을 말한다. SPSS의 [데이터 편집기]에서 가로 줄은 변수를 나타내며, 세로 줄은 케이스를 나타낸다. 따라서 각 셀은 케이스에 대한 변수들의 값을 나타낸다.

SPSS의 [데이터 편집기]는 엑셀과 같은 스프레드 시트에서와 마찬가지로 수많은 셀로 구성되어 있다. 그래서 데이터 편집을 보다 효율적으로 하기 위해서는 각 셀 사이를 자유롭게 이동할 수 있어야 한다. 각 셀 사이를 이동하는 방법에는 마우스를 이용하는 방법, 키보드를 이용하는 방법 및 주요 메뉴의 편집창에서 찾기 기능을 이용하는 방법 등 세 가지가 있다.

(1) 마우스를 이용하는 방법

가장 보편적으로 많이 사용하는 방법으로서 화면에서 이동하고자 하는 셀로 마우스 포인터를 이동하여 클릭하면 된다. 한 화면에 있는 데이터들을 자세히 확인하면서 특정 셀로 이동하고자 할 때 유용한 방법이다.

[표 2-3] 키보드를 이용한 셀 간 이동방법

원하는 작업	사용하는 키
셀 아래로 이동	↓ 혹은 Enter↵
셀 위로 이동	↑
케이스의 시작 부분으로 이동	Home
케이스의 끝 부분으로 이동	End
파일의 시작 부분으로 이동	Ctrl + Home
파일의 마지막 부분으로 이동	Ctrl + End
변수의 첫 번째 케이스(행)로 이동	Ctrl + ↑
변수의 마지막 케이스(행)로 이동	Ctrl + ↓
케이스 전체의 선택	Shift + Space Bar
변수 전체의 선택	Ctrl + Space Bar
한 화면 아래(위)로 이동	Page Down(Page Up)
한 화면 오른쪽(왼쪽)으로 이동	Ctrl + Page Up(Page Down)

(2) 키보드를 이용하는 방법

Ctrl 키, Alt 키 및 방향키 등을 이용하여 이동하고자 하는 셀이나 케이스까지 움직이는 방법이다. 주로 화면 단위나 파일 단위로 셀을 이동하고자 할 때 유용하다. 원하는 작업에 따른 주요 키보드의 사용방법은 [표 2-3]과 같다.

(3) 찾기 기능을 이용하는 방법

이 방법은 [편집(E)] 메뉴의 [찾기(F)] 기능을 이용하는 방법으로, 입력오류를 수정하거나 특정의 변수나 데이터 값을 찾을 때 이용되는 방법이다. 자세한 이용방법은 34쪽에서 설명하기로 한다.

2 영역 지정 방법

영역이란 하나 이상의 셀들로 구성된 단위를 의미한다. 통계분석을 위하여 데이터 파일을 편집할 때 일반적으로 이용하는 영역 지정 방법에는 연속적인 영역을 설정하는 경우와 분할된 영역을 지정하는 경우가 있을 수 있다.

(1) 연속적인 영역을 지정하는 방법

연속적인 영역을 설정하는 방법에는 마우스를 이용하는 방법과 Shift 키를 이용하는 방법, 그리고 방향키를 이용하는 방법이 있다.

① 마우스를 이용하는 방법

마우스를 이용하는 방법은 지정하고자 하는 영역의 왼쪽 상단의 첫 번째 셀을 클릭한 후 끝나는 셀까지 마우스를 끌어서 설정하는 방법이다. 이 방법은 주로 일련의 변수들이나 케이스들을 연속적으로 설정할 때와 한 화면 이내에서 영역을 설정할 때 유용하다.

② 방향키를 이용하는 방법

이 방법은 지정하고자 하는 영역의 왼쪽 상단의 첫 번째 셀에서 Shift 키를 누른 채 원하는 위치까지 방향키를 누른 채 이동하면서 영역을 지정하는 방법이다.

③ 마우스와 Shift 키를 이용하는 방법

이 방법은 비교적 넓은 범위의 영역을 지정할 경우에 유용한 방법이다. 먼저 지정하고자 하는 영역의 왼쪽 상단의 첫 번째 셀에서 Shift 키를 누른 채, 지정하고자 하는 마지막 셀에서 마우스를 클릭하면 해당되는 모든 셀들이 선택된다.

(2) 분할된 영역을 지정하는 방법

이 방법은 떨어져 있는 영역을 함께 지정하려는 경우에 사용하는 방법이다. 먼저 지정하려는 변수 이름이나 케이스 번호에 마우스 포인트를 옮긴 후에 Ctrl 키를 누른 채 지정하고자 하는 변수 이름이나 케이스 번호를 마우스로 선택하면 된다. 이러한 과정을 반복하면서 [그림 2-19]와 같이 떨어져 있는 여러 개의 케이스를 선택할 수 있다. 이 방법은 통계분석을 위하여 특정 사례들이나 특정 변수들에 대해 편집을 할 때 많이 이용되는 기능이므로 알아두면 매우 편리하다.

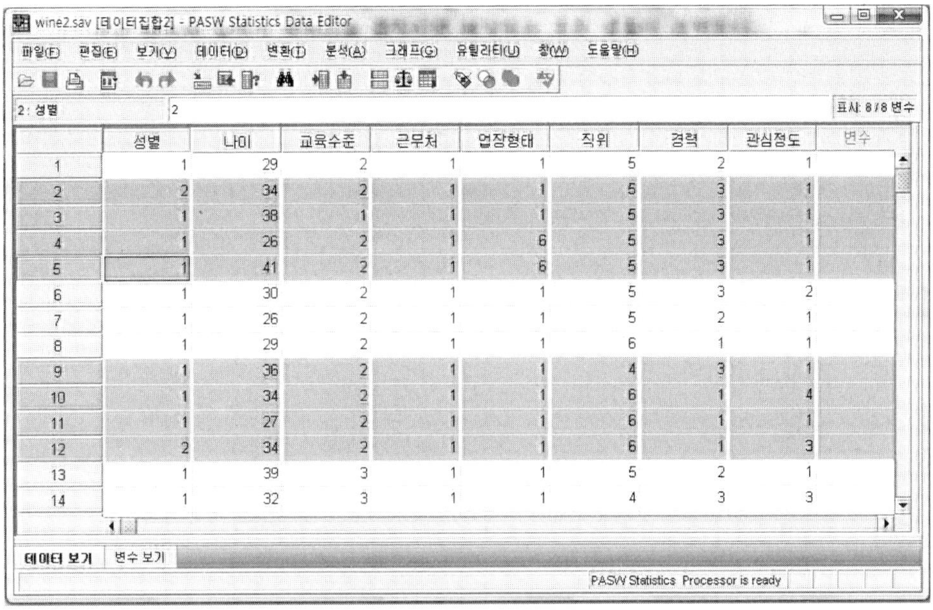

[그림 2-19] 분할된 케이스의 지정

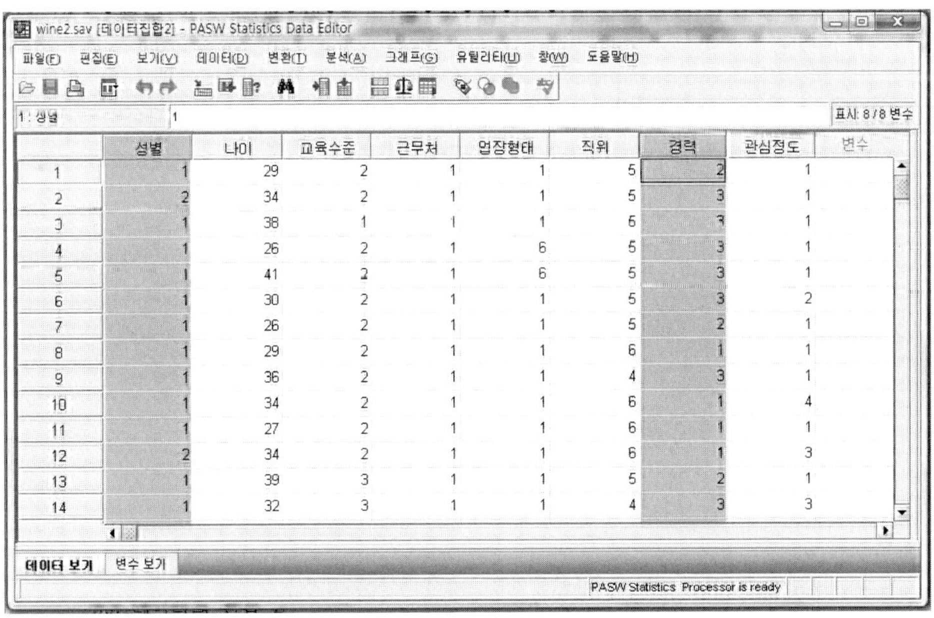

[그림 2-20] 특정 변수의 지정

(3) 특정 변수나 케이스만을 지정하는 방법

일정한 영역이 아닌 특정의 변수나 케이스만을 지정하고자 할 때는 분할된 영역을 지정하는 방법과 마찬가지로 Ctrl 키를 누른 채 지정하고자 하는 변수 이름이나 케이스 번호를 클릭하면 된다([그림 2-19], [그림 2-20] 참조). 이 방법도 통계분석을 위한 데이터 편집을 할 때 많이 이용되는 기능이므로 알아두면 편리하다.

3 찾기 및 입력 오류의 수정

(1) 기능

[찾기(F)]는 입력된 데이터의 오류를 수정하거나 확인하기 위하여 특정의 변수나 데이터 값을 찾을 때 이용하는 기능이다.

통계분석 시 올바른 통계결과를 가져오기 위해서는 통계분석 이전에 데이터 파일에 이상값(outlier)이나 극단값(extream value)이 있는가를 확인해 보아야 한다. 예를 들어, 성별 변수에서 남자인 경우 1, 여자인 경우 2로 입력하도록 하였는데 22라는 잘못된 숫자가 입력되 있는 상태로 빈도분석을 하였거나, 연령이 125세로 입력되어 있는 상태로 나이의 평균값을 구했다면 유용한 결과를 기대할 수가 없다. 그래서 통계처리 이전에 잘못 입력된 값이 있는지의 여부를 확인해 보고, 잘못 입력된 변수나 데이터 값을 찾아 수정해 주어야 한다. [찾기(F)]는 주로 이러한 경우에 유용하게 이용할 수 있는 기능이다.

데이터 파일에 이상값이나 극단값이 존재하는가의 여부는 일반적으로 이산변수인 경우는 빈도분석을 통하여, 연속변수인 경우는 기술통계분석을 실행하여 확인한다.

별도로 제공된 'wine2.sav' 파일을 이용하여 "성별" 변수에 대하여 [분석(A)] → [기술통계량] → [빈도분석(F)]버튼을 차례로 누르면 [그림 2-21]과 같은 빈도분석 대화상자가 나타난다. 여기서 "성별" 변수를 클릭하여 오른쪽에 있는 [변수(V)] 상자로 보내고 [확인]을 클릭하면 [표 2-4]와 같은 결과가 출력된다.

[표 2-4]의 "성별"에 대한 빈도분석 결과를 살펴보면, 총 응답자 152명 중에서 1(남성)이 125명, 2(여성)가 24명이다. 그리고 11이 1명, 22가 1명, 결측값이 1명이 있는 것으로 나타났다. 여기서 성별 변수는 1(남자)과 2(여성)의 두 변수값만을 갖기 때문에 11, 22와 같은 값은 있을 수 없는 숫자이다. 잘못 입력된 사례인 것이다.

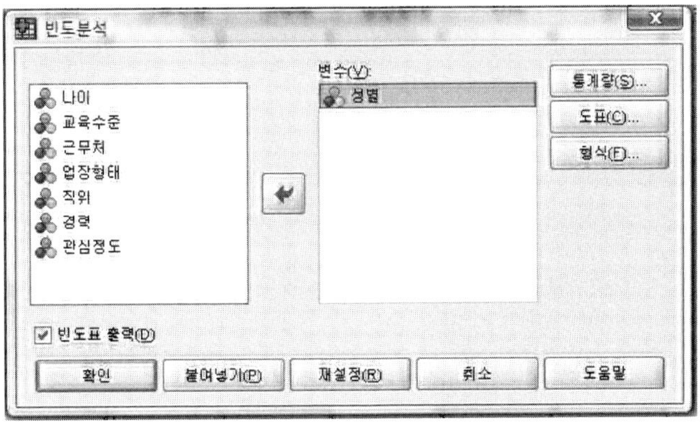

[그림 2-21] 빈도분석 대화상자

[표 2-4] "성별" 변수 빈도분석 결과

		빈도	퍼센트	유효 퍼센트	누적퍼센트
유효	1	125	82.2	82.8	82.8
	2	24	15.8	15.9	98.7
	11	1	.7	.7	99.3
	22	1	.7	.7	100.0
	합계	151	99.3	100.0	
결측	시스템 결측값	1	.7		
합계		152	100.0		

위의 파일을 이용하여 "나이" 변수에 대한 기술통계량도 함께 구해보자. 먼저 [분석(A)] → [기술통계량] → [기술통계(D)]버튼을 차례로 클릭하면 [그림 2-22]와 같은 기술통계 대화상자가 나타난다. 여기에서 "나이" 변수를 클릭하여 오른쪽에 있는 [변수(V)] 상자로 보내고 [확인]을 클릭하면 [표 2-5]와 같은 결과가 출력된다.

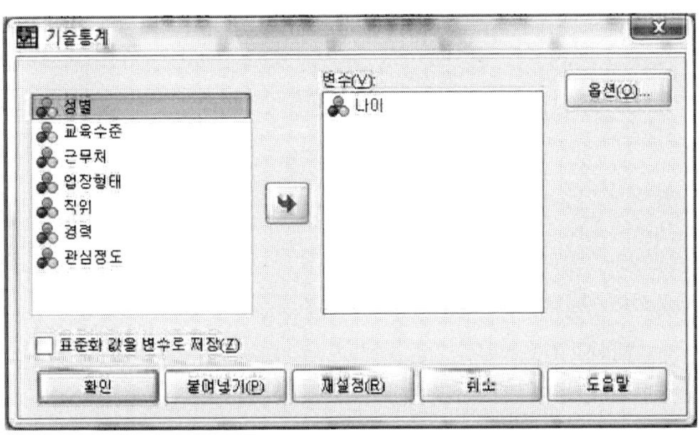

[그림 2-22] 기술통계 대화상자

[표 2-5] "나이" 변수 기술통계 결과

	N	최소값	최대값	평균	표준편차
나이	152	5	137	35.37	10.666
유효수 (목록별)	152				

기술통계의 결과를 보면, 사례수가 152개이고, 최소값이 5, 최대값이 137, 평균이 35.37로 나타났다. 그런데 호텔종사원을 대상으로 한 설문에서 5살이라든가 137살과 같은 값은 있을 수 없는 숫자이다. 일종의 이상값(outlier)으로 잘못 입력된 것이다. 이상과 같은 입력 오류는 해당 값을 찾아내어 수정해 주어야만 한다.

(2) 실행방법

① 빈도분석이나 기술통계분석을 통하여 오류값을 확인한다.
② 오류값이 있는 변수열의 아무 곳에나 마우스 포인터를 이동한다.
③ 주요 메뉴에서 [편집(E)] → [찾기(F)](또는 단축키는 Ctrl +F, 도구상자에서)를 선택한다.
④ [그림 2-23]과 같이 [변수에서 데이터 찾기] 상자가 나오면, [데이터 찾기] 에 찾을 숫자를 기입하고 [다음 찾기]를 클릭한다. 그러면 해당 오류값이 있는 셀로 커서가 옮겨진다. 여기에 수정될 값을 입력한 뒤 엔터 키를 누르면 수정이 된다. 이상과 같은 과정을 거쳐서 "성별" 변수에서는 11 → 1, 22 → 2로 바꾸고, "나이" 변수에서는 5 → 25, 137 → 35로 수정해 보자.

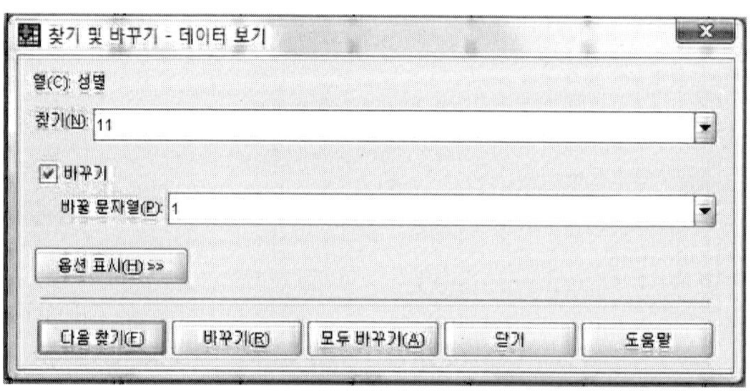

[그림 2-23] 찾기 및 바꾸기-데이터 보기 대화상자

데이터 파일의 변환과 시각화

3.1 변수의 정의

변수의 정의(define variables)란 분석하고자 하는 데이터의 특성에 적합하도록 변수 이름과 변수의 유형, 변수 설명, 결측값, 열 형식 등에 대하여 설명하는 절차를 의미한다.

먼저 별도로 제공된 데이터 파일들 중에서 '변수정의사례.sav' 파일을 [PASW Statistics Data Editor]에 불러들인 다음, 주화면 아래에 있는 [변수보기]를 클릭한다. 그러면 [그림

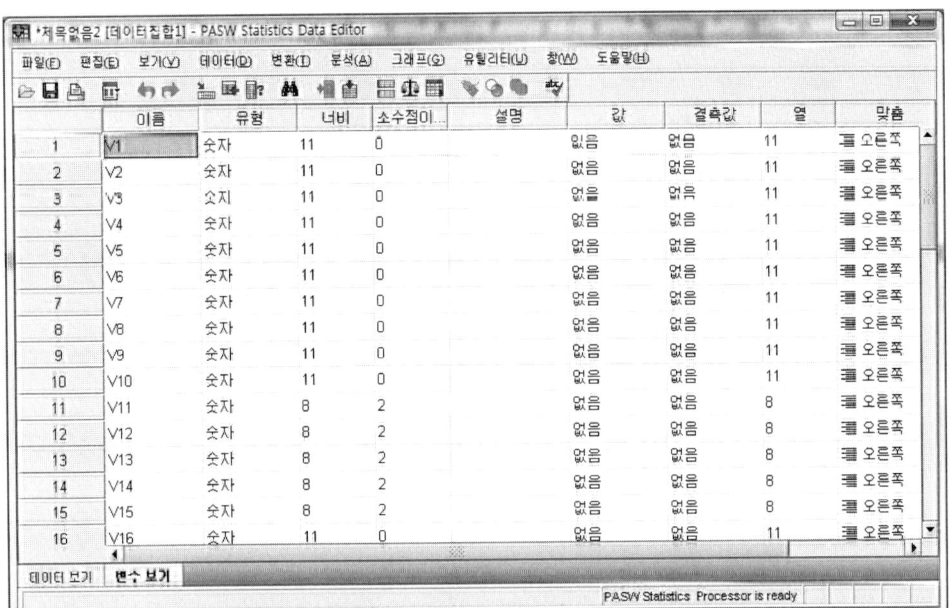

[그림 3-1] PASW Statistics Data Editor – 변수보기

3-1]과 같은 [PASW Statistics Data Editor]가 나타난다. 위의 데이터 파일은 직무특성을 알아보기 위한 조사의 일부로 데이터 파일의 프로파일은 [표 3-1]과 같다.

[표 3-1] '변수정의사례' 프로파일

변수명		문항	변수값
V1	직무특성1	현 직장에서 나는 다양성 있는 일을 한다.	1=전혀 그렇지 않다 2=그렇지 않은 편이다. 3=보통 4=그저 그렇다 5=매우 그렇다
V2	직무특성2	나는 업무 수행 중 다양한 일들을 할 기회를 가지고 있다.	〃
V3	직무특성3	내 업무는 단순하고 반복적이다.	〃
V4	직무특성4	나는 매일 똑같은 상황에서 똑같은 일을 한다.	〃
V5	직무특성5	내가 수행하는 업무는 나의 능력향상에 도움이 된다.	〃
V6	성별	성별	1=남자 2=여자
V7	나이	귀하의 나이는?	
V8	혼인상태	귀하의 혼인 상태는?	1=미혼 2=기혼 3=기타(별거, 이혼)
V9	최종학력	귀하의 최종 학력은?	1=고졸 2=전문대졸 3=대졸 4=대학원 졸
V10	부양가족수	귀하의 현재 부양가족수는?	1=없음 2=1명 3=2명 4=3명 5=4명 6=5명 이상

1 단일 변수의 정의

(1) 변수 이름

[SPSS 데이터 편집기(PASW Statistics Data Editor)]를 보면 변수 이름(variable names)은 "V1, V2, V3, · · · "로 표기되어 있다. 변수 이름을 정의하는 것은 이렇게 임의적으로

'V1', 'V2', 'V3'... 형태로 표기되어 있는 변수 이름에 "직무특성1", "직무특성2", "나이" 등과 같이 고유의 변수 이름을 부여하는 것이다.

변수이름 정의는 [그림 3-2]와 같이 해당되는 셀로 마우스 포인트를 옮긴 다음 셀이 활성화되면 변수이름을 입력하면 된다. 변수이름은 영문이나 한글, 또는 영문과 숫자조합으로 입력할 수 있다.

변수이름은 제2장 2.2에서 훈글을 이용한 텍스트 가져오기 마법사 6단계 중 5단계에서도 정의를 할 수 있다.

[그림 3-2] 변수이름 설정

(2) 변수 유형

변수 유형(type)의 설정이란 변수가 숫자형 변수인지 아니면 다른 유형의 변수인지의 여부 및 자릿수(기본 설정은 소수점을 포함하여 8자리)와 소수점 자릿수(기본 설정은 소수점 이하 두 자리)를 설정하는 절차를 의미한다.

실행방법은 "유형"의 숫자 칸을 클릭하면 ... 버튼이 나타나는데, 이를 누르면 [그림 3-3]과 같은 [변수유형] 대화상자가 나타난다.

[변수유형] 대화상자에서 "너비"와 "소수점 이하 자리수"를 지정하면 자릿수와 소수점을 수정할 수가 있다. 현재 데이터 편집기의 변수들이 "2.00, 1.00 · ·"과 같이 소수점 이하

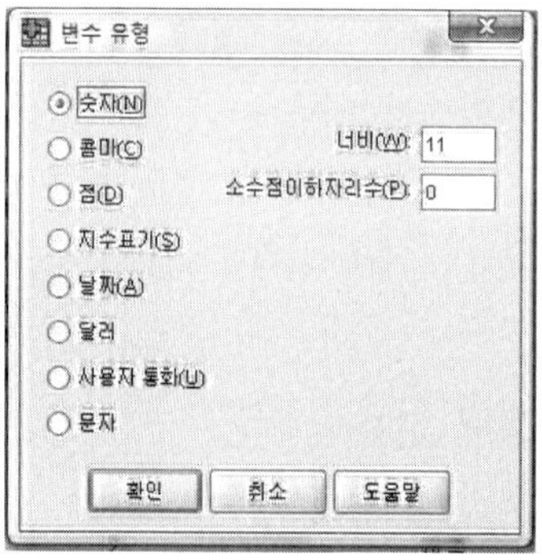

[그림 3-3] 변수유형 대화상자

자리수가 두 자리로 되어 있는데, "소수점 이하 자리수"를 "0"으로 바꾸면 소수점이 없어진다. 변수의 "너비"도 같은 방법으로 수정하면 된다. [변수유형] 대화상자에 있는 키워드의 내용은 [표 3-2]와 같다.

[표 3-2] 변수 유형 대화상자의 내용

키워드	내 용
◉ 숫자(N)	데이터가 숫자인 경우에 지정.
○ 콤마(C)	숫자 데이터의 천 단위마다 자동으로 콤마가 붙여짐.
○ 점(D)	숫자 데이터의 천 단위마다 자동으로 점이 붙여짐.
○ 지수 표기(S)	일반 숫자나 숫자 사이에 문자 표기나 +, -표기를 넣은 경우에 지정(예: 32, 32+15, 135K2, 253E+3 등).
○ 날짜(A)	날짜를 나타내는 경우에 이용.
○ 달러(L)	US 달러를 나타낼 경우로 천 단위마다 콤마가 붙음.
○ 사용자 통화(U)	US 달러 이외의 화폐 단위인 경우에 이용.
○ 문자열(R)	문자나 숫자 및 특수문자 등을 지정.
너비(W)	소수점을 포함한 데이터의 길이(width)를 설정함. 기본값 8은 정수 6자리, 소수 두 자리를 나타내 줌.
소수점이하 자리수(P)	소수점의 자릿수를 설정함. 기본값은 소수 두 자리임.

"너비"와 "소수점이하 자리수"를 변경하는 또 다른 방법으로는 해당 변수값의 셀을 클릭하면 [그림 3-4]와 같이 셀 안에 위·아래 버튼이 나타난다. 이 때 마우스로 위·아래 버튼

을 눌러서 자리수를 수정하면 된다.

"너비"의 기본 설정은 "11"로 되어있다. 그리고 최소 설정은 "1"이고, 최대 설정은 "40"이다. "소수점 이하 자리수"의 기본 설정은 "2"로 지정되어 있다. 변수가 연속변수가 아니면 보기 편하게 소수점을 "0"으로 지정하는 것이 좋다.

	이름	유형	너비	소수점이...	설명	값	결측값	열	맞춤
1	직무특성1	숫자	11	0		없음	없음	11	오른쪽
2	직무특성2	숫자	11	0		없음	없음	11	오른쪽
3	V3	숫자	11	0		없음	없음	11	오른쪽
4	V4	숫자	11	0		없음	없음	11	오른쪽
5	V5	숫자	11	0		없음	없음	11	오른쪽
6	V6	숫자	11	0		없음	없음	11	오른쪽
7	V7	숫자	11	0		없음	없음	11	오른쪽
8	V8	숫자	11	0		없음	없음	11	오른쪽
9	V9	숫자	11	0		없음	없음	11	오른쪽
10	V10	숫자	11	0		없음	없음	11	오른쪽
11	V11	숫자	8	2		없음	없음	8	오른쪽
12	V12	숫자	8	2		없음	없음	8	오른쪽
13	V13	숫자	8	2		없음	없음	8	오른쪽
14	V14	숫자	8	2		없음	없음	8	오른쪽
15	V15	숫자	8	2		없음	없음	8	오른쪽
16	V16	숫자	11	0		없음	없음	11	오른쪽

[그림 3-4] 변수의 자리수 수정

참고로 각종 대화 상사에 있는 원 모양(○)과 사각형 모양(□)의 차이에 대하여 살펴보자. 각 대화상자 안에 있는 선택상자(check box)에서는 일반적으로 원 모양(○)과 사각형 모양(□)으로 된 옵션을 선택하게 되어 있다. 그런데 두 모양의 성격이 다르다. 원 모양(○)은 해당 옵션들 중에서 하나만 선택하는 것으로 클릭할 경우 ◉와 같이 표시된다. 그리고 사각형 모양(□)은 해당 옵션들 중에서 동시에 여러 가지를 선택할 수 있는 것으로 클릭할 경우 ☑ 와 같이 표시된다. 기본 설정된 경우는 해당 옵션에 이미 ◉나 ☑ 표시가 되어 있다.

(3) 변수 설명

변수 설명(labels)이란 변수 이름에 대하여 설명을 해주는 절차를 말한다. 예를 들어, "직무의 다양성"을 묻는 문항에 대하여 [데이터 편집기] 대화상자의 변수 이름에 "직무특성1"이라고 정의를 하였다면, 여기에 "직무의 다양성"이라는 설명을 붙여두면 변수의 내용을 쉽게 확인할 수 있을 뿐더러 통계처리결과에서도 이 명칭이 나타나기 때문에 편리할 수가 있다.

변수 설명은 [그림 3-5]와 같이 해당 셀에서 설명내용을 입력해 나가면 된다. 변수 이름에 대한 설명은 한글의 경우 60자, 영문의 경우는 120자까지 가능하다.

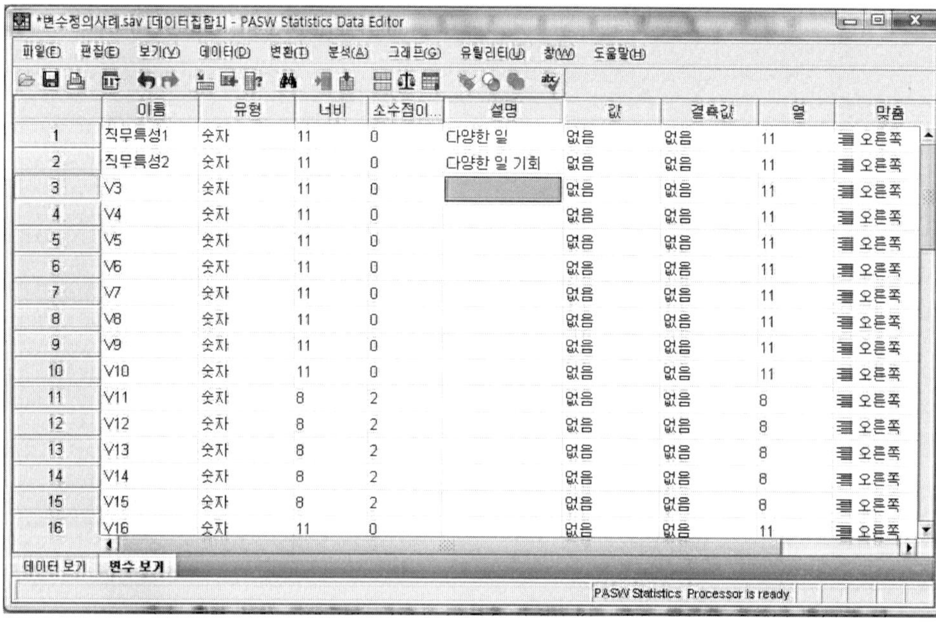

[그림 3-5] 변수설명

(4) **변수값 설명**

변수값(values) 설명은 변수에 대한 응답 번호값이나 측정값에 대한 설명을 부여하는 것이다. 변수값을 지정하는 방법은 우선 해당 변수의 변수값 셀로 마우스 포인트를 옮긴 다음 클릭을 한다. 그러면 버튼이 나타나는데, 이를 누르면 [그림 3-6]과 같은 [변수값 설명] 대화상자가 나타난다.

"직무특성1" 변수의 응답범주값들은 "1=전혀 그렇지 않다, 2=그렇지 않은 편이다. 3=보통, 4=그저 그렇다, 5=매우 그렇다"로 되어 있다. 이러한 변수값에 대한 설명을 하려면 우선 변수값 대화상자의 "변수값"에 "1"을, '변수값 설명'에 "전혀 그렇지 않다"를 입력한다. 그러면 [추가] 버튼이 활성화 된다. 이 때 [추가] 버튼을 누르면 변수값 상자에 1 = "전혀 그렇지 않다"라는 설명이 추가된다. 이러한 방법으로 "직무특성1" 변수의 변수값에 대한 설명을 모두 마치면 [확인] 버튼을 누른다. 만일 변수값 설명이 잘못되었으면 [추가] 버튼 대신에 [변경] 버튼을 이용하여 수정하면 되고, 변수값 설명을 삭제하려면 [제거] 버튼을 이용하면 된다. 만일 입력하는 문장에 대하여 맞춤법을 확인하고자 할 경우 맞춤법 단추를 클릭하여 확인하면 된다.

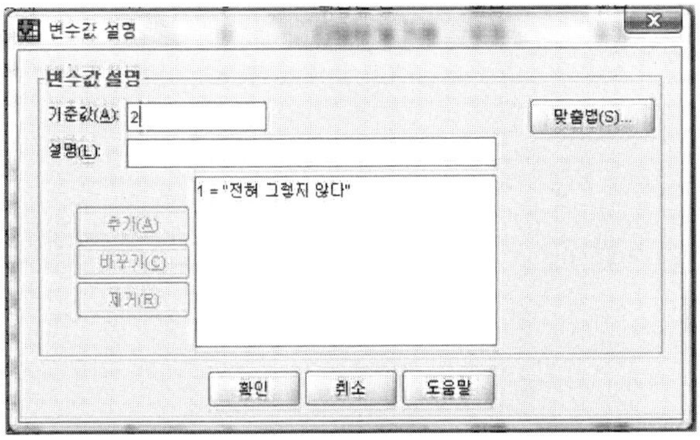

[그림 3-6] 변수값 설명 대화상자

(5) **결측값 지정**

결측값(missing values)이란 조사결과의 값이 없거나 설문에 응답하지 않은 경우를 의미한다. 결측값은 코딩 시에 공백으로 남겨 두거나 특정값(예를 들면, 선다형 문항의 경우 "9"나 "99" 등과 같이 측정값으로 나올 수 없는 값)을 부여한다. 그리고 부여한 특성값이 결측값이라는 것을 인식하기 위하여 통계분석을 하기 이전에 결측값을 정의해 주어야 한다.

SPSS에서 처리되는 결측값에는 시스템 결측값(system-missing value)과 사용자 결측값(user-missing value)이 있다. 시스템 결측값은 데이터가 기록된 셀이 공백인 경우로 보통 점(·)으로 표시되며, 사용자 결측값은 사용자가 결측값이라는 것을 표시하기 위하여 "9"나 "99" 등과 같은 특정값을 부여한 것이다.

결측값 지정은 해당 셀을 클릭하면 ⋯버튼이 나타나는데, 이를 누르면 [그림 3-7]과 같은 [결측값] 대화상자가 나타난다. 여기서 [결측값] 대화상자의 내용에 따라 정의하고자 하는 방법을 선택하면 된다.

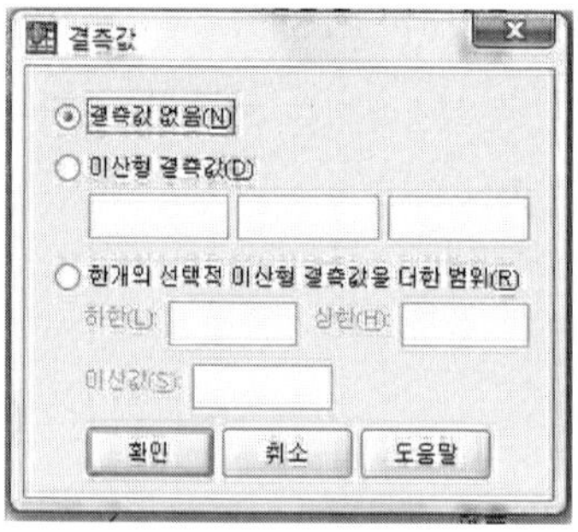

[그림 3-7] 결측값 대화상자

(6) 열 지정

열 지정(column format)은 해당 변수열의 크기를 결정해 주는 것이다. 이제까지의 실행 방법과 마찬가지로, 셀을 클릭하여 위·아래 버튼을 이용해 지정하면 된다. 기본 설정은 8이며, 최소 설정은 1, 최대 설정은 255이다.

(7) 정렬 방식

정렬방식(align)은 변수값을 셀의 어느 위치에 설정할 것인가를 지정하는 것이다. 기본 설정은 오른쪽으로 되어 있고, 왼쪽 정렬이나 가운데 정렬로 변경할 수 있다.

(8) 측도

측도는 변수의 측정방법을 지정해 주는 것으로, 해당 셀을 클릭한 다음 확장버튼을 이용하여 스케일, 순서척도, 명목척도 중 하나를 선택할 수 있다.

2 여러 변수의 동시 정의

이제까지 설명한 단일 변수 정의 방법은 데이터 파일에서 한 변수 씩 정의를 해 나가는 방법이다. 그러나 대부분의 설문지들은 변수값이 동일한 문항들을 많이 가지고 있다. 이러한 경우 여러 변수들을 한꺼번에 정의해 주는 것이 편리하다. 이와 같이 변수값과 그에 대한 설명이 동일한 변수들에 대하여 일괄적으로 정의하고자 할 때 이용하는 방법이 바로 여러 변수 동시 정의하기이다. 특히 이 방법은 설문지를 이용한 조사연구인 경우에 응답 항목이 동일한 형태가 많기 때문에 보다 유용하게 사용할 수 있다.

여러 변수들에 동일한 속성을 부여하기 위해서는 일단 한 개의 변수 속성을 입력한 뒤 마우스의 오른쪽을 클릭하여 복사한 다음, 이를 다른 변수(들)에 붙여넣기를 하면 된다.

예를 들어, 앞에서 연습한 '변수정의사례.sav' 파일에서 "V1"부터 "V5"까지 변수값이 똑같다. 그러면 먼저 [그림 3-8]과 같이 "V1"의 변수값을 설정한 다음, 마우스의 오른쪽을 눌러 보기 창이 나타나면 복사를 선택한다. 또는 {Ctrl + C}나 [편집(E)] 메뉴에서 [복사(C)]를 선택하여 해당 셀의 속성을 복사해도 된다.

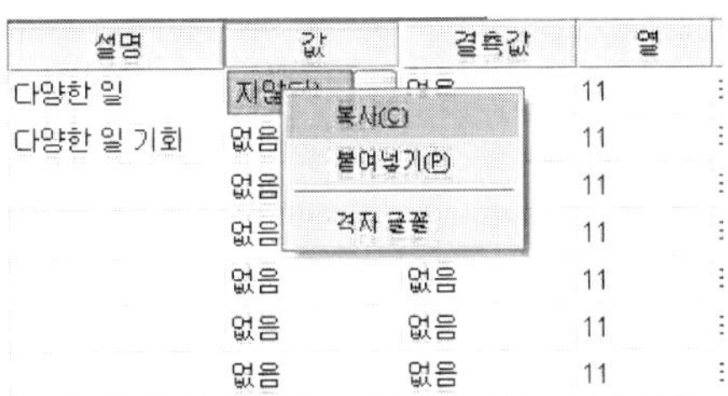

[그림 3-8] 변수값 속성 복사

다음에는 [그림 3-9]와 같이 동일한 변수값 속성을 부여하고자 하는 변수들의 영역을 설정한다. 그리고 마우스 오른쪽을 눌러 보기 창이 나타나면 "붙여넣기"를 선택한다. 복사할 때와 마찬가지로 {Ctrl + V}나, [편집(E)]메뉴에서 [붙여넣기(P)]를 선택하여도 된다. 그리고 만일 하나의 다른 변수에만 동일한 속성을 부여하고자 하면, 해당 셀로 이동한 다음에 위와 같은 방법으로 복사를 실행하면 된다.

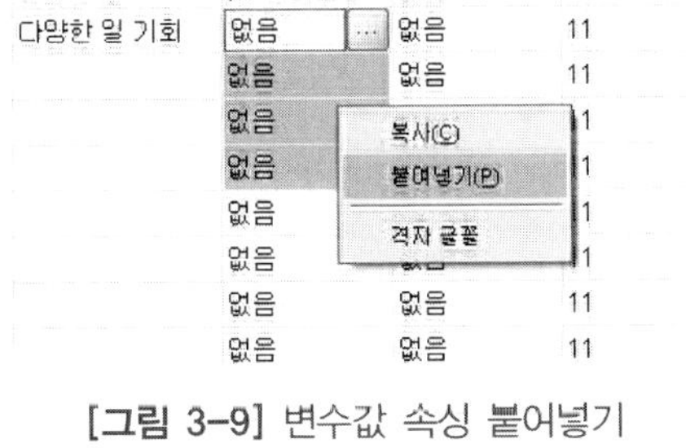

[그림 3-9] 변수값 속성 붙여넣기

3.2 데이터 파일의 결합

데이터 파일의 결합(merge)은 두 개의 데이터 파일을 하나의 데이터 파일로 묶는 절차를 말한다. 데이터 파일을 결합하는 방법은 두 가지 방법이 있다. 하나는 변수이름이 다른 두 개의 데이터 파일을 결합하는 방법(변수 합치기)이고, 다른 하나는 변수 이름이 같으나 케이스가 다른 두 개의 데이터 파일을 결합하는 방법(케이스 합치기)이다.

1 변수 합치기

(1) 기능

변수 합치기(add variables)는 케이스는 동일하지만 변수들이 다른 두 개 이상의 데이터 파일을 하나의 데이터 파일로 결합하는 경우에 이용하는 절차이다. 이 기능은 일반적으로 변수가 여러 개인 데이터 파일을 결합하는 경우에 이용된다.

별도로 제공된 'wine1.sav', 'wine2.sav', 'wine3.sav' 데이터 파일의 내용은 아래의 [표 3-3]과 같다. 즉 'wine1.sav' 파일은 변수 "F1"부터 변수 "Eft6"까지 있는 152개의 케이스를 갖고 있는 파일이고, 'wine2.sav' 파일은 똑같은 케이스들에 변수만 "성별"에서 "관심정도"까지 담겨진 파일이다. 그리고 'wine3.sav' 파일은 모든 변수들을 포함하고 있는 134개의 케이스로 구성된 것이다. 그래서 wine1.sav와 wine2.sav를 가지고 변수 합치기를 하고, 이렇게 합쳐진 파일과 wine3.sav를 더하여 케이스 합치기를 연습해 보자.

[표 3-3] "wine1.sav", "wine2.sav", "wine3.sav" 파일의 구성

	F1	F2	··	Eft5	Eft6	성별	나이	··	관심정도
1									
2		wine1.	sav				wine2.sav		
⋮									
152									
1									
2				wine3.	sav				
⋮									
134									

(2) 실행방법

① 먼저 변수 합치기를 하려는 데이터 파일 중에서 하나의 데이터 파일을 불러온다. 'wine1.sav' 파일과 'wine2.sav' 파일을 합치기 위하여 먼저 데이터 편집기에 'wine1.sav'를 불러 들인다.

② 그리고 다음과 같은 절차로 실행하면 [그림 3-10]과 같은 [변수추가 wine1.sav] 대화상자가 나타난다.

> 데이터(D) → 파일 합치기(G) → 변수추가(V)

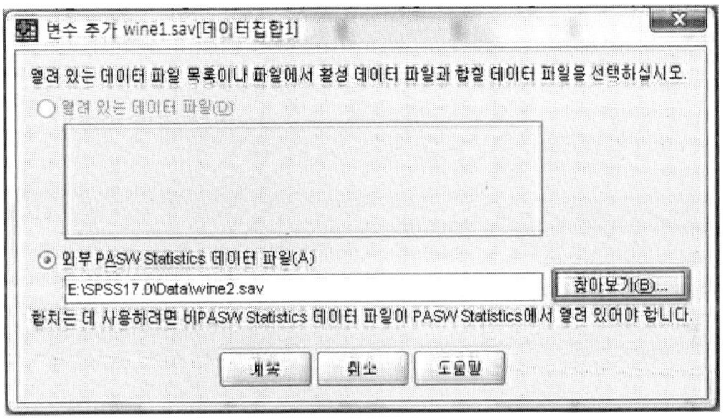

[그림 3-10] 변수추가 wine1.sav 대화상자

③ 기본설정되어 있는 [◉ 외부 PASW Statistics 데이터 파일(A)] 상자에 [찾아보기(B)] 단추를 이용하여 'wine2.sav'를 불러들인다. [찾아보기] 상자에서 추가할 데이터 파일이 있는 위치를 지정하고 해당 파일을 선택한 후 [열기]를 클릭한다. 그리고 [계속] 단추를 누르면 [그림 3-11]과 같은 [변수 추가 위치] 대화상자가 나온다.

④ [변수 추가 위치] 대화상자의 오른쪽에 있는 [새 활성 데이터 파일(N)] 상자에는 기존의 데이터 파일 변수들은 (*) 표시가 붙어 나타나고, 결합하고자 하는 데이터 파일의 변수들은 (+)가 표시되어 나타난다. 즉 두 개의 데이터 파일이 결합된 후의 변수들을 나열한 것이다.

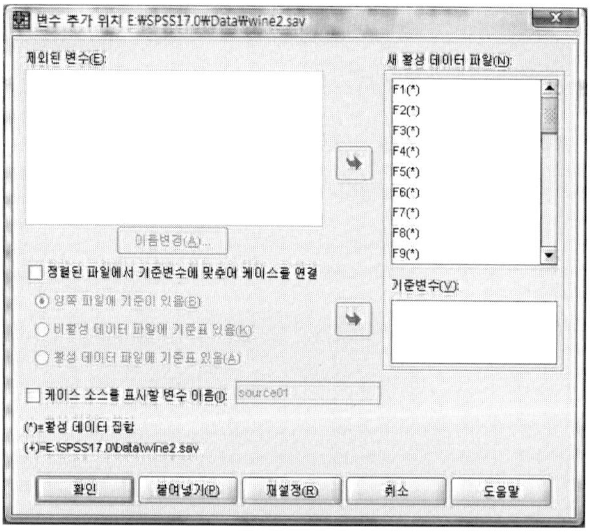

[그림 3-11] 변수 추가 위치 대화상자

⑤ 한편 왼쪽의 [제외된 변수(E)] 상자에는 새 데이터 파일에 결합할 수 없거나 추가할 필요가 없는 변수들이 나타난다. 이런 경우 변수의 내용을 검토한 후에 이상이 없으면 [확인] 단추를 누른다. 그러면 출력결과 창에 변수합치기가 완료되었다는 "EXECUTE"가 나타난다. 그리고 [그림 3-12]와 같이 변수 합치기를 한 데이터 파일이 생성된다. 이렇게 변수가 합쳐진 데이터 파일은 [파일(F)] 메뉴에서 'wine12.sav'라는 다른 이름으로 저장하기 바란다.

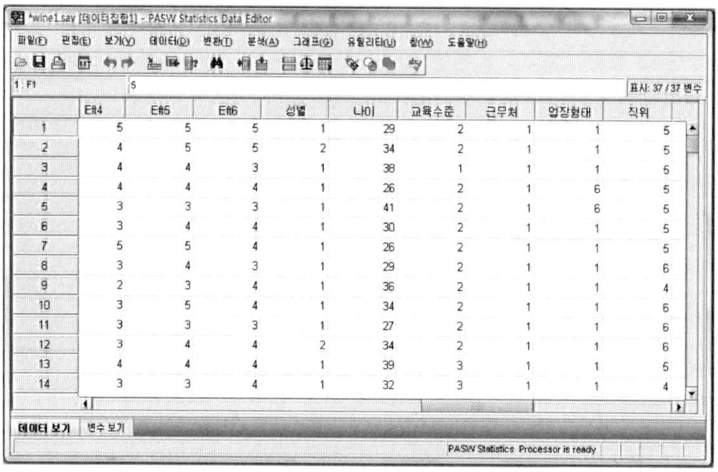

[그림 3-12] 변수 합치기 결과 데이터 파일

2 케이스 합치기

(1) 기능

케이스 합치기(add cases)는 변수들은 같으나 케이스들이 다른 두 개의 데이터 파일을 결합하는 절차이다. 예를 들어, 설문지의 분량이 너무 많아 여러 명이 나누어 코딩 작업을 하였을 경우 각기 다른 데이터 파일들을 하나로 결합하고자 할 경우가 있다. 이런 경우에는 케이스가 서로 다른 여러 개의 데이터 파일들을 합쳐서 하나의 데이터 파일로 만들어야 한다.

앞에서 변수합치기를 한 다음 다른 이름으로 저장했던 'wine12.sav' 파일과 'wine3.sav' 파일을 합치기 할 경우가 케이스 합치기에 해당된다. 이와 같이 변수가 같은 여러 개의 데이터 파일을 하나의 파일로 결합하고자 할 때에 유용한 방법이 케이스 합치기 기능이다.

(2) 실행방법

1) 변수 이름이 같은 경우

① 먼저 합치기를 하려는 데이터 파일 중에서 하나의 데이터 파일을 불러와서 [PASW Statistics Data Editor]에 올려놓는다(케이스의 추가 작업은 현재 작업 중인 데이터 파일에 다른 SPSS 데이터 파일을 추가하는 것이기 때문에 결합하고자 하는 데이터 파일들 중에서 하나는 이미 열려 있어야만 한다). 'wine12.sav' 파일과 'wine3.sav' 파일을 합치기 위하여 먼저 [데이터 편집기]에 'wine12.sav' 파일을 불러들이자.

② 그리고 다음과 같이 실행한다.

데이터(D) → 파일 합치기(G) → 케이스추가(C)

그러면 [그림 3-13]과 같은 [케이스 추가] 대화상자가 나타난다.

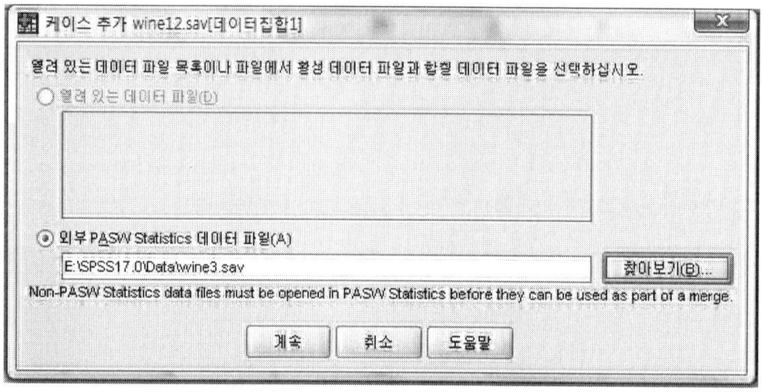

[그림 3-13] 케이스 추가 wine12.sav 대화상자

③ 기본설정되어 있는 [◉ 외부 PASW Statistics 데이터 파일(A)] 상자에 [찾아보기(B)] 단추를 이용하여 'wine3.sav' 파일을 불러들인다. [찾아보기] 상자에서 추가할 데이터 파일이 있는 위치를 지정하고 해당 파일을 선택한 후 [열기]를 클릭한다. 그리고 [계속] 단추를 누르면 [그림 3-14]와 같은 [다음에서 케이스 추가] 대화상자가 나온다.

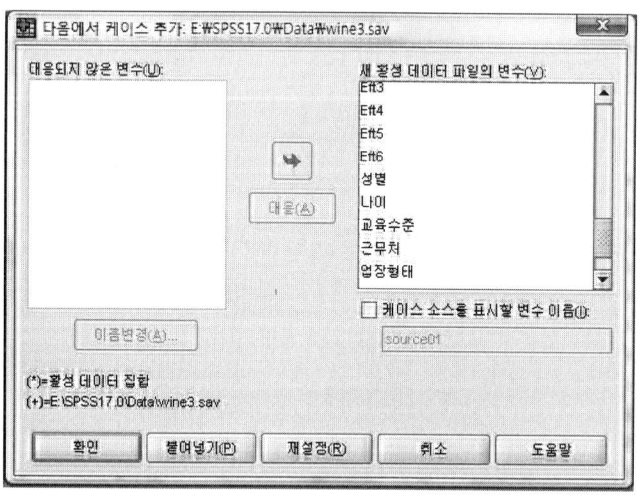

[그림 3-14] 지정한 파일로부터 케이스 추가

④ 현재 대응되지 않는 변수가 없기 때문에 [확인]을 누르면 출력결과 창에 케이스 합치기가 완료되었다는 "EXECUTE"가 나타난다. 그리고 [그림 3-15]와 같이 케이스가 합쳐진 파일이 나타난다.

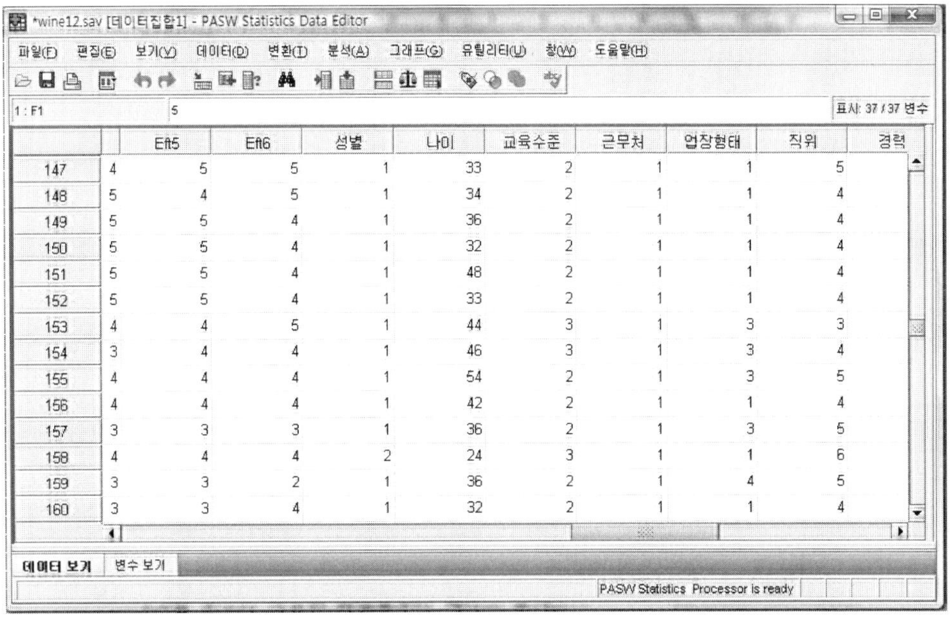

		Eft5	Eft6	성별	나이	교육수준	근무처	업장형태	직위	경력
147	4	5	5	1	33	2	1	1	5	
148	5	4	5	1	34	2	1	1	4	
149	5	5	4	1	36	2	1	1	4	
150	5	5	4	1	32	2	1	1	4	
151	5	5	4	1	48	2	1	1	4	
152	5	5	4	1	33	2	1	1	4	
153	4	4	5	1	44	3	1	3	3	
154	3	4	4	1	46	3	1	3	4	
155	4	4	4	1	54	2	1	3	5	
156	4	4	4	1	42	2	1	1	4	
157	3	3	3	1	36	2	1	3	5	
158	4	4	4	2	24	3	1	1	6	
159	3	3	2	1	36	2	1	4	5	
160	3	3	4	1	32	2	1	1	4	

[그림 3-15] 케이스 합치기 결과

2) 변수 이름이 다른 경우

실제로는 동일한 변수들인데 여러 명이 코딩작업을 하였기 때문에 서로 다른 변수 이름으로 코딩된 경우도 있을 수 있다. 이와 같이 동일한 변수들의 이름이 다르게 코딩된 파일들을 합치는 방법은 다음과 같다. 참고로 우리가 여기서 사용할 "wine4.sav" 파일은 "wine3.sav" 파일과 동일한데 다만 "성별" 변수가 "gender", "나이" 변수가 "age", "교육수준" 변수가 "edulev"로 다르게 입력되었다. 여기서는 "wine12.sav" 파일과 동일한 3개의 변수이름이 다르게 입력된 다른 "wine4.sav" 파일을 합치기해 보자.

①에서 ③까지는 위와 같은 방법으로 실행한다. 다만, 여기서 [그림 3-16]과 같이 [대응되지 않은 변수(U)] 상자의 내용이 다르게 나타난다.

④ [대응되지 않은 변수(U)] 상자에 [그림 3-16]과 같이 변수 이름이 다른 6개의 변수가 나타나면, 각기 다른 6개의 변수가 사실상 서로 동일한 변수인가를 확인해야 한다. 그리고 동일한 변수인데 이름만 다른 것이라면, 이름이 다른 두 변수를 서로 대응시켜 주어야 한다.

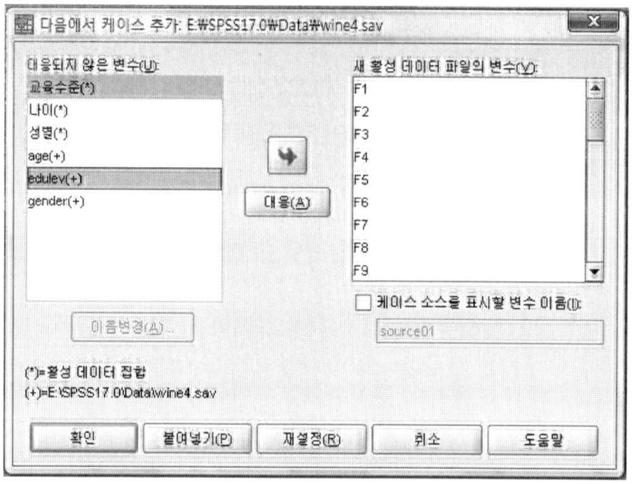

[그림 3-16] 다음에서 케이스 추가 대화상자 1

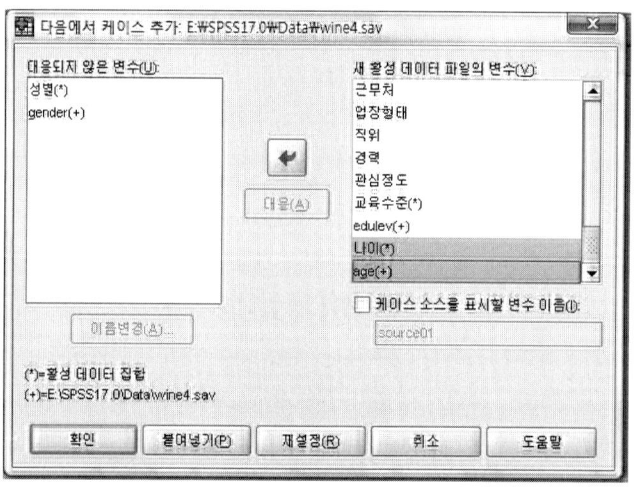

[그림 3-17] 다음에서 케이스 추가 대화상자 2

이런 경우 "교육수준(*)"을 마우스로 선택한 다음, Ctrl 키를 누른 채 마우스로 "edulev(+)"을 선택한다(두 변수의 색이 까맣게 반전된다). 그런 다음에 [대응(A)] 단추를 누르면, 두 변수는 [활성 데이터 파일의 변수(V)] 상자에 [그림 3-17]과 같이 "교육수준(*)", "edulev(+)"의 형태로 입력된다. 이렇게 대응되는 변수들을 모두 오른쪽 상자로 이동한 다음 [확인]을 누르면, 두 파일의 케이스들이 합쳐진 파일이 나타난다. 이렇게 케이스가 합쳐진 데이터 파일은 [파일(F)] 메뉴에서 다른 이름으로 저장하여 이용하면 된다.

3.3 데이터 파일의 변환

1 일부 케이스의 선택

(1) 일부 케이스를 선택하는 이유

통계분석을 하다 보면 현재 사용하고 있는 데이터 파일에서 일정한 조건에 해당하는 케이스만을 대상으로 분석하고자 할 때가 있다. 예를 들어, 전체 케이스 중에서 특정 지역의 응답자만을 별도로 추출해 분석하거나 연구대상을 남자와 여자 집단으로 구분하여 비교연구를 할 때, 또는 현재의 데이터 파일에서 일정 비율만을 무작위로 분석대상으로 선택하려고 하는 경우이다. 이와 같이 케이스 선택은 데이터 파일에서 연구자의 분석 목적에 맞는 케이스들만을 선택하려고 할 때 활용하는 방법이다.

(2) 실행방법

일부 케이스를 선택하는 방법에는 특정 조건을 만족하는 케이스를 선택하는 방법과 케이스의 무작위 표본추출방법, 시간 또는 케이스 범위를 기준으로 선택하는 방법, 필터변수 사용방법 등 네 가지가 있다. 본서에서는 이 중에서 특정 조건을 만족하는 케이스를 선택하는 방법만을 설명한다. 나머지 방법은 이 방법과 거의 비슷하기 때문에 혼자서 충분히 학습할 수가 있을 것이다.

우리는 여기서 'winc3.sav' 파일을 이용하여 케이스를 선택하는 방법을 연습한다. 'wine3.sav' 파일의 "나이" 변수에서 40세 이상인 게이스만을 선택하려고 한다.

① 먼저 [PASW Statistics Data Editor]에 'wine3.sav' 파일을 불어온 다음, 주요 메뉴에서 다음과 같이 실행한다. 그러면 [그림 3-18]과 같은 [케이스 선택] 대화상자가 나타난다.

> 데이터(D) → 케이스 선택(혹은 도구상자에서 선택)

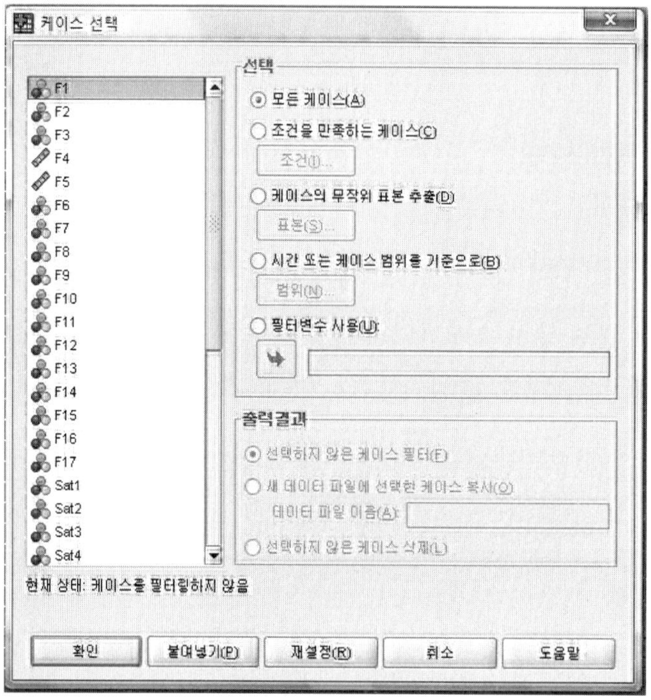

[그림 3-18] 케이스 선택 대화상자

② [케이스 선택] 대화상자에는 기본설정으로 "◉ 모든 케이스(A)"가 지정되어 있다. 여기서 "○ 조건을 만족하는 케이스"를 선택하고 바로 아래에 있는 [조건(I)] 버튼을 누른다.

③ [그림 3-19]와 같이 [케이스 선택: 조건] 대화상자가 열리면, 왼쪽의 변수상자에서 "나이" 변수를 마우스로 클릭한 다음 오른쪽 상자로 옮긴다. 그리고 계산기를 이용하여 ">=40"을 입력한다. 이 때 직접 키보드를 이용해서 입력해도 된다. 그러면 입력 내용은 [그림 3-19]와 같이 계산기 위의 상자에 나타난다. 그런 다음 [계속]을 누른다.

④ [케이스 선택] 대화 상자가 다시 열리면 [그림 3-20]과 같이 [조건(I)] 버튼 옆에 ③ 단계에서 입력하였던 "나이>=40"이라는 조건식이 표시되어 있다. 이상이 없으면 [확인]을 누른다. 그러면 출력결과 창에 케이스 선택이 완료되었다는 "EXECUTE"라는 메시지가 나타난다.

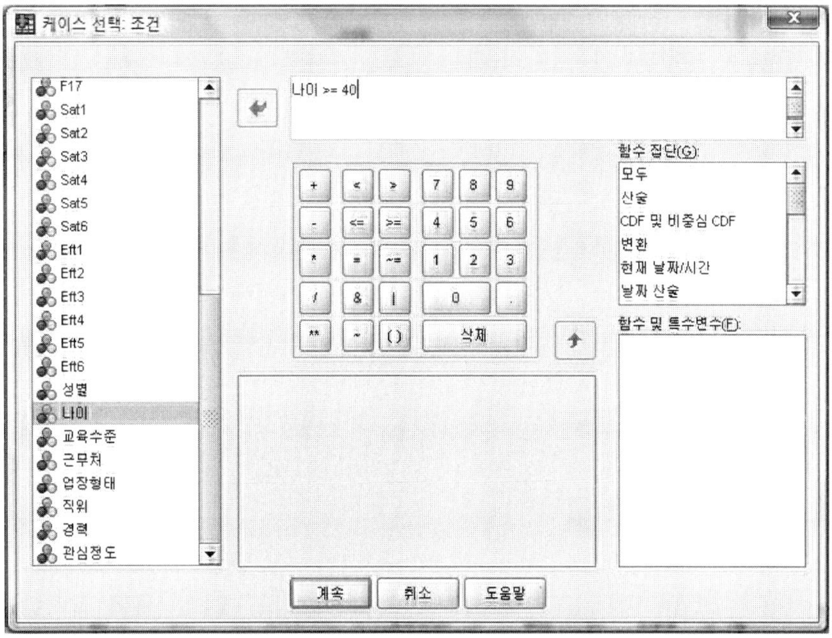

[그림 3-19] 케이스 선택 : 조건

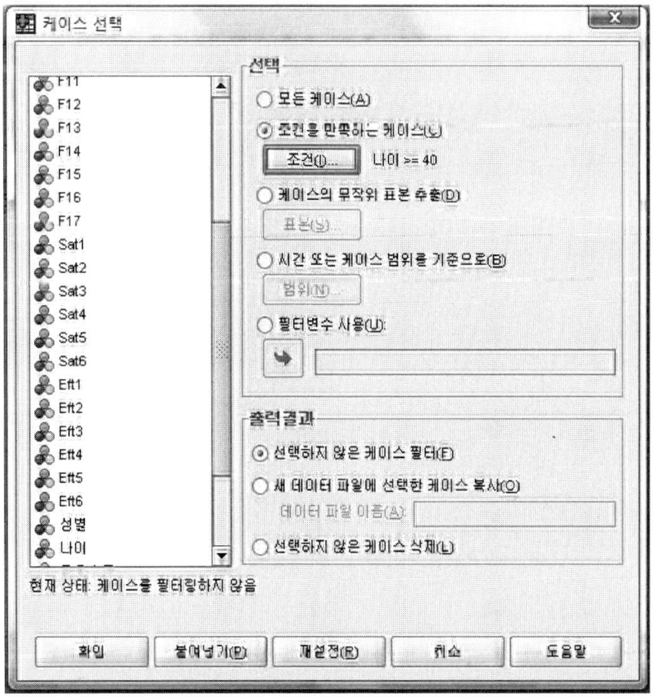

[그림 3-20] 케이스 선택 조건 확인

⑤ [PASW Statistics Data Editor] 창에는 [그림 3-21]과 같이 연령이 40세 이상인 케이스만이 선택되어 나타난다. 여기서 제외된 케이스들은 맨 왼쪽에 있는 행 번호에"/" 표시가 되어 있고, 자동적으로 "filter_$"라는 이름의 새로운 변수가 추가된다. 그리고 조건을 만족하여 선택된 케이스의 셀에는 "1", 조건을 만족하지 않는 케이스의 셀에는 "0"으로 표기된다.

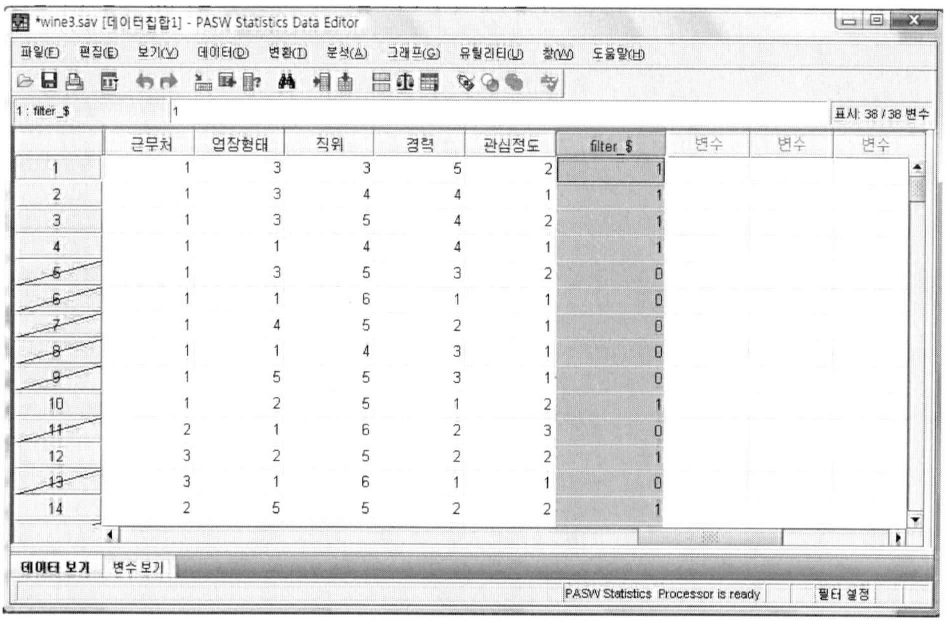

	근무처	업장형태	직위	경력	관심정도	filter_$	변수	변수	변수
1	1	3	3	5	2	1			
2	1	3	4	4	1	1			
3	1	3	5	4	2	1			
4	1	1	4	4	1	1			
5	1	3	5	3	2	0			
6	1	1	6	1	1	0			
7	1	4	5	2	1	0			
8	1	1	4	3	1	0			
9	1	5	5	3	1	0			
10	1	2	5	1	2	1			
11	2	1	6	2	3	0			
12	3	2	5	2	2	1			
13	3	1	6	1	1	0			
14	2	5	5	2	2	1			

[그림 3-21] 케이스 선택된 데이터 파일

참고로 이상과 같이 케이스를 선택하여 특정의 통계분석을 하고 난 다음 데이터 파일을 케이스 선택 이전 상태로 환원하고자 하면, [데이터(D)] → [케이스 선택을 하여 재설정(R)] 단추를 누르면 된다.

2 변수계산

(1) 변수계산의 필요성

변수계산은 기존의 데이터 파일에 있는 변수들을 계산하여 새로운 변수를 생성하거나 변환시키는 방법을 말한다.

예를 들어, 기업에서 발표하는 재무정보에는 매출액과 당기순이익에 대한 정보가 있다. 그런데 연구자는 매출액 1원당 얼마의 순이익을 올렸는가(매출액이익률)를 이용하여 분석을 하려고 한다. 이 비율은 발표되지 않기 때문에 연구자가 직접 계산하여 새로운 변수로 만들어야만 한다. 이와 같이 기존의 데이터 파일에 있는 변수들을 계산하여 새로운 변수를 만들어 내는 방법이 바로 변수계산 절차인 것이다.

(2) 변수계산 대화상자

1) 주요 내용

변수계산 대화상자에는 [그림 3-22]와 같이 [대상변수(T)], [숫자표현식(E)] 상자와 변수상자, [함수집단(E)] 선택상자, 계산대, [함수 및 특수변수(F)] 상자가 있다.

[대상변수(T)]는 계산된 변수값을 받아들이는 변수를 가리키며, 연구자가 적절한 변수이름을 새롭게 만들어서 입력하면 된다.

[숫자표현식(E)]은 대상변수의 값을 계산하기 위한 수식을 나타내는 곳이다. [변수계산] 대화상자의 왼쪽에 있는 변수들과 계산대에 있는 각종 연산자와 함수를 이용하여 수식을 입력한다. 이 때 키보드를 이용해도 된다.

[집단함수(E)]는 SPSS에서 사용할 수 있는 산술함수나 통계함수, 분포함수, 확률변수함수 등과 같은 함수들이 나열되어 있는 곳이다.

2) 계산대의 이용

[변수계산] 대화상자에 있는 계산대(calculator pad)에는 수, 산술연산자 및 관계연산자가 표시되어 있다. 마우스를 이용하여 필요한 숫자나 연산자를 클릭하면 [변수계산] 대화상자의 오른쪽에 있는 [숫자표현식(E)] 상자에 그대로 나타난다.

SPSS에서 사용할 수 있는 산술연산부호와 관계연산부호는 [표 3-4]와 같다. 산술연산부호는 변수계산에 이용되는 부호를 나타낸 것이고, 관계연산부호는 두 값을 비교하기 위하여 사용되는 기호들이다.

계산대를 이용하여 복잡한 수식을 계산하는 경우에는 계산 순서에 유의하여야 한다. 계산 순서는 함수가 먼저 계산되고 난 후에 지수가 계산되고, 다음으로 곱셈과 나눗셈이 계산되고, 마지막으로 덧셈과 뺄셈이 계산된다. 물론 괄호 안에 있는 식이 우선 계산된다.

[표 3-4] 계산대의 연산부호

산술 연산 부호			관계 연산 부호		
기호	의미	예	기호	의미	예
+	덧셈	a+b	>	-보다 크다	x〉y
−	뺄셈	a-b	<	-보다 작다	x〈y
*	곱셈	a*b	> =	-보다 크거나 같다	x+26〉=30
/	나눗셈	a/b	< =	-보다 작거나 같다	x+6〈=15
**	제곱	ab	=	-와 같다	x=52
( )	수식의 괄호		~ =	-와 같지 않다	x~=0

(3) 변수계산 실행방법

① [PASW Statistics Data Editor] 창에 "wine3.sav" 파일을 불러들인 다음, 주요 메뉴에서 다음과 같이 실행한다. 그러면 [그림 3-22]와 같은 화면이 나타난다.

> 변환(T) → 변수 계산(C)

우리는 여기서 "Eft1", "Eft2", · · · "Eft6" 여섯 변수에 대한 평균값을 구하려고 한다. 이 때 계산식은 "(Eft1+Eft2+Eft3+Eft4+Eft5+Eft6)/6"이 된다. 그리고 이렇게 계산된 평균값에 대하여 "영향력평균"이라는 새로운 변수로 만들려고 한다. 변수계산은 두 가지 방법으로 할 수 있다. 하나는 계산식을 이용하는 방법이고, 다른 방법은 함수식을 이용하는 방법이다. 여기서는 계산식을 이용한 변수계산을 해보기로 하겠다.

② [변수계산] 대화상자가 열리면 [대상변수(T)] 상자에 계산된 변수값을 받아들일 새로운 변수의 이름을 입력한다. 우리는 "영향력평균"이라고 입력하였다. 다음에는 먼저 부호를 사용하기 위해 계산대에서 괄호(( )) 를 클릭하여 [숫자표현식(E)] 상자로 보

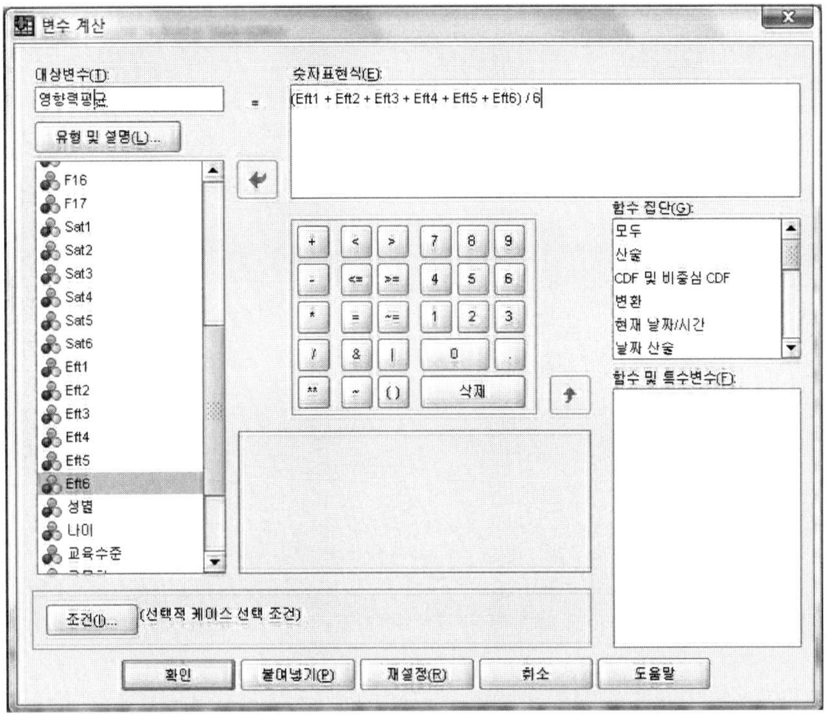

[그림 3-22] 변수계산 대화상자

낸다. 그리고 왼쪽의 [변수] 상자에서 “Eft1”을 지정한 다음, 마우스로 방향 버튼을 눌러 [숫자표현식(E)] 상자 안으로 보낸다. 다음에는 다시 계산대에서 “+” 기호를 선택해서 [숫자표현식(E)] 상자로 보낸다. 이렇게 반복하면서 [그림 3-22]와 같은 계산식을 만든다. 이러한 과정이 번거로우면 바로 키보드를 이용하여 [숫자표현식(E)] 상자에 직접 계산식을 입력하여도 된다. 그런 다음 [확인] 버튼을 누른다. 그러면 출력결과 창에 변수계산이 완료되었다는 “EXECUTE"라는 메시지가 나타난다.

③ 그리고 [PASW Statistics Data Editor] 창에 [그림 3-23]과 같이 새로운 변수인 “영향력평균”과 각 케이스에 해당되는 변수값이 계산되어 나타난다.

한편, 계산식이 다소 복잡한 경우에는 함수식을 이용하는 것이 편리할 경우도 있다. 다만 함수식에 대한 이해는 도움말을 많이 참고하여야 한다.

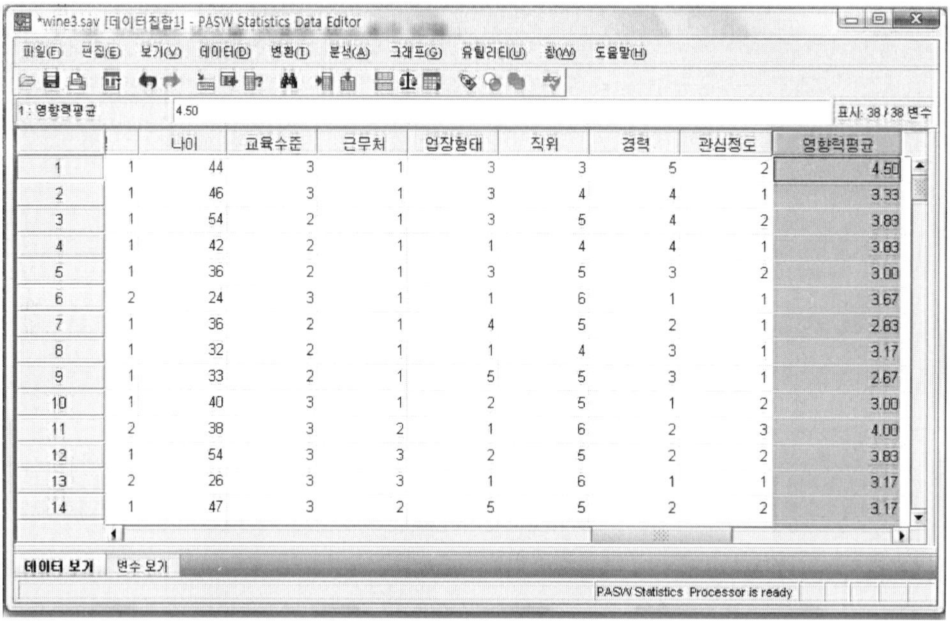

[그림 3-23] 변수계산 결과

3 변수의 코딩변경

(1) 변수 코딩변경의 필요성

변수의 코딩변경(recoding)이란 기존의 변수값들을 필요에 따라 다시 분류하는 것을 말한다. 예를 들어, 연령의 경우 실제 나이로 분석하는 경우도 있지만, 경우에 따라서는 20대, 30대와 같은 범주로 다시 분류하여 사용할 필요가 있는 경우도 있다. 이와 같이 코딩변경은 변수값들의 범주를 다시 분류하고 결합하는데 유용하게 사용된다.

코딩변경 방법에는 같은 변수로 코딩을 변경하는 경우와 새로운 변수로 코딩을 변경하는 경우가 있다. 같은 변수로 코딩을 변경하는 방법은 자칫 기존의 변수가 가지고 있는 정보 내용을 손상시킬 수 있기 때문에 새로운 변수로 코딩을 변경하는 방법을 추천한다. 여기서는 'wine3.sav' 파일과 'wine2.sav' 파일에 있는 "나이" 변수를 가지고 설명하기로 하겠다.

(2) 변수 코딩변경 방법

1) 같은 변수로 코딩변경하기

① 먼저 [PASW Statistics Data Editor]에 'wine3.sav' 파일을 불러온다. 그리고 다음과 같이 실행한다.

변환(T) → 같은 변수로 코딩변경(S)

[같은 변수로 코딩변경] 대화상자가 열리면 [그림 3-24]와 같이 코딩변경시킬 변수인 "나이"를 선택하여 [숫자변수(V)] 상자로 이동시킨다. 그러면 대화상자 하단부의 [기존값 및 새로운 값(O)] 버튼이 활성화된다.

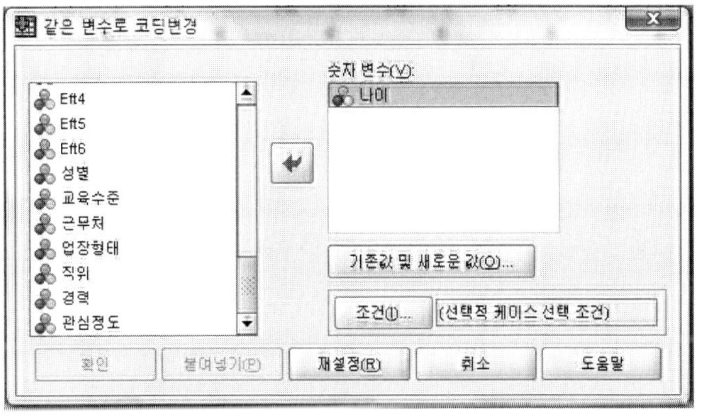

[그림 3-24] 같은 변수로 코딩변경 대화상자

② 활성화된 [기존값 및 새로운 값(O)] 버튼을 누르면 [그림 3-25]와 같은 [같은 변수로 코딩변경: 기존값 및 새로운 값] 대화상자가 나타난다. 여기서 [기존값] 상자는 예를 들어 변수 "나이"의 현재 값들을 의미하는 것이고, [새로운 값] 상자는 변수 "나이"의 값들을 코딩변경 했을 때 가지게 될 값을 말한다.

[그림 3-25] 대화상자에 있는 선택 항목들의 내용은 [표 3-5]와 같다.

③ 다음은 'wine3.sav' 파일에서 "나이" 변수값을 코딩변경하려고 할 때, [기존값] 상자와 [새로운 값] 상자에 입력하는 방법이다. [그림 3-25]와 [표 3-6]을 참고하여 실행해 보기 바란다.

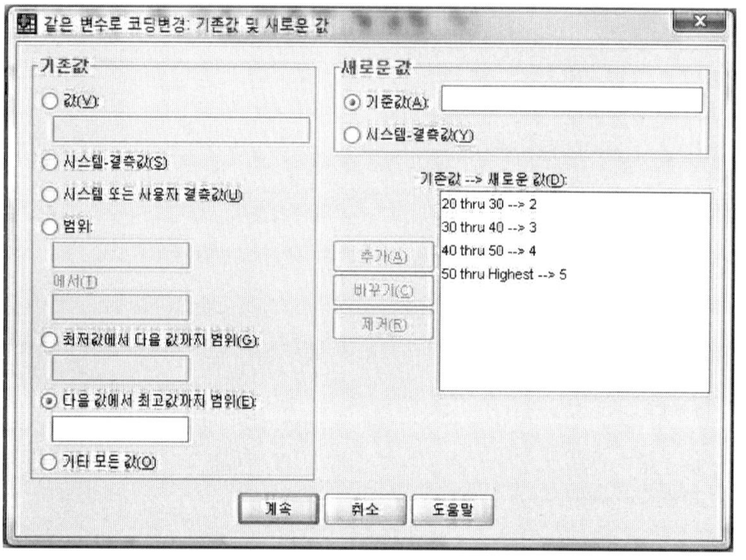

[그림 3-25] 같은 변수로 코딩변경: 기존값 및 새로운 값 대화상자

[표 3-5] 같은 변수로 코딩변경 대화상자의 주요 선택 항목

주요 선택 항목		내 용
기존값	○ 값	하나의 변수 값을 지정한다.
	○ 시스템 결측값	데이터의 무응답값을 지정한다.
	○ 시스템 또는 사용자 결측값	이미 지정한 무응답값을 다시 지정한다.
	○ 범위(N)	변수 값의 범위(~부터 ~까지)를 지정한다 (예 : ~이상~미만).
	○ 범위(G)	지정한 변수 값의 최소값에서 특정한 값까지 지정한다 (예 : ~미만).
	○ 범위(E)	지정한 변수 값의 특정한 값에서 최대값까지 지정한다 (예 : ~이상).
	○ 기타 모든 값	기타 명시되지 않은 모든 값을 지정한다.
새로운 값	◉ 값	변수 값을 입력한다.
	○ 시스템 결측값	시스템 무응답치를 말한다.

[표 3-6] 같은 변수로 코딩변경 입력과정

리코딩할 내용	[기존값] 상자	[새로운 값] 상자
20세 이상 30세 미만 →"2"	◉ 범위에 "20"과 "30"입력	"2" 입력 후 [추가]
30세 이상 40세 미만 →"3"	◉ 범위에 "30"과 "40"입력	"3" 입력 후 [추가]
40세 이상 50세 미만 →"4"	◉ 범위에 "40"과 "50"입력	"4" 입력 후 [추가]
50세 이상 →"5"	◉ 다음 값에서 최고값까지 범위에 "50"입력	"5" 입력 후 [추가]

④ 이상과 같은 절차를 모두 마치고 나면, 다시 [같은 변수로 코딩 변경] 대화상자가 나타난다. 만일 또 다른 변수에 대해서도 코딩변경을 하려면 위와 같은 방법으로 계속해 나가고, 그렇지 않으면 [확인] 버튼을 누른다. 그러면 출력결과 창에 코딩 변경이 완료되었음을 알리는 "EXECUTE"가 나타난다. 그리고 데이터 파일은 [그림 3-26]과 같이 "나이" 변수가 코딩변경 된 값으로 표기되어 나타난다.

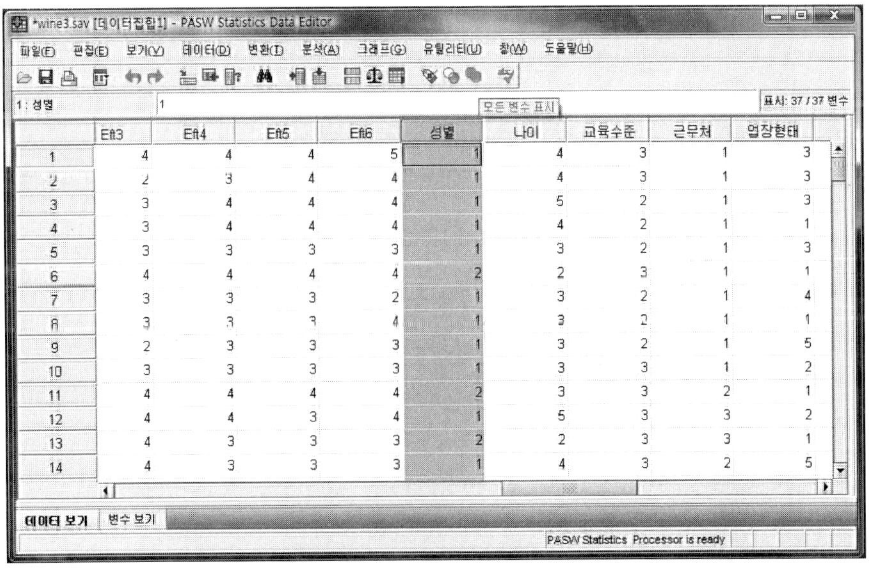

[그림 3-26] 코딩변경된'wine3.sav'데이터 파일

[그림 3-26]에서 보는 바와 같이 같은 변수로 코딩변경을 하고 나면, 변수이름은 그대로 있지만 변수값은 코딩변경한 값으로 바뀐다. 만일 이 상태로 저장을 하면 원래의 데이터 파일 대신에 코딩변경된 데이터 파일이 남게 된다. 따라서 원래의 데이터 파일을 보존하기

위해서는 각별히 주의를 하여 다른 이름으로 저장을 하든지, 아니면 처음부터 새로운 변수로 코딩변경을 해야 한다. 앞에서도 거듭 설명하였지만 코딩변경 작업은 새로운 변수로 코딩 변경하는 것을 권장한다.

(2) 새로운 변수로 코딩변경하기

위와 같이 같은 변수 이름으로 코딩변경을 하고 나면 기존의 변수값이 바뀌게 되어 기존의 정보가 손실될 수도 있다. 그래서 가능하면 기존의 정보를 그대로 보존하면서 다른 변수를 생성하는 방법이 바람직하다.

이번에는 'wine2.sav' 파일을 가지고 "나이" 변수를 "세대별"이라는 새로운 변수로 코딩을 변경하기로 하자. 먼저 [PASW Statistics Data Editor]에 'wine2.sav'파일을 불러와 다음과 같이 실행한다.

변환(T) → 다른 변수로 코딩변경(R)

① [새로운 변수로 코딩변경] 대화상자가 나타나면, 코딩변경할 변수인 "나이"를 선택하여 가운데의 [숫자변수(V)] 상자로 옮긴다. 그런 다음 오른쪽 [출력변수] 상자의 [이름(N)]에 코딩변경된 새로운 값들을 받아들일 새로운 변수 이름인 "새대별"을 입력하고 [바꾸기(C)] 버튼을 클릭한다. 그러면 [그림 3-27]과 같이 가운데 상자에 "나이 → 세대별"이 만들어진다. 여기서 대화상자 아래에 있는 [기존값 및 새로운 값(O)] 버튼을 누른다.

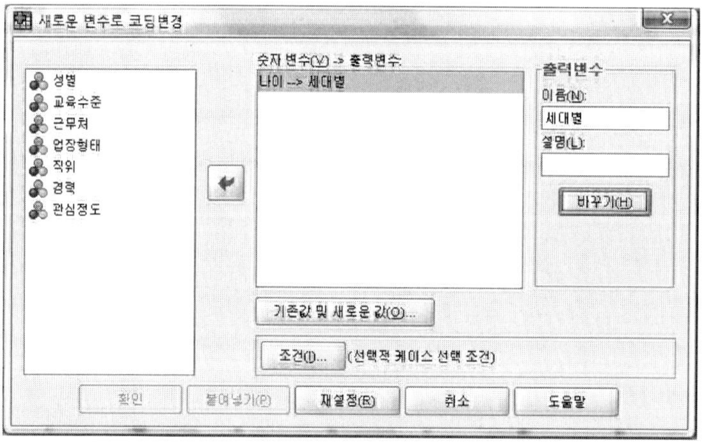

[그림 3-27] 새로운 변수로 코딩변경 대화상자

② [새로운 변수로 코딩변경: 기존값 및 새로운 값] 대화상자가 나타나면 같은 변수로 코딩변경하기의 ③ 단계와 같이 입력을 마친 뒤 [계속] 버튼을 누른다.

③ 다시 [새로운 변수로 코딩 변경] 대화상자가 나타나면 더 이상 추가 작업이 없으므로 [확인] 버튼을 누른다. 그러면 출력결과 창에 코딩 변경이 완료되었음을 알리는“EXECUTE"가 나타난다. 그리고 [그림 3-28]과 같이 “나이” 변수는 그대로 있으면서 데이터 파일의 오른쪽 끝에 “세대별”이라는 변수가 새롭게 생기게 된다. 이렇게 코딩변경된 파일은 다음 연습을 위하여 “wine22.sav”라는 이름으로 저장을 해두자.

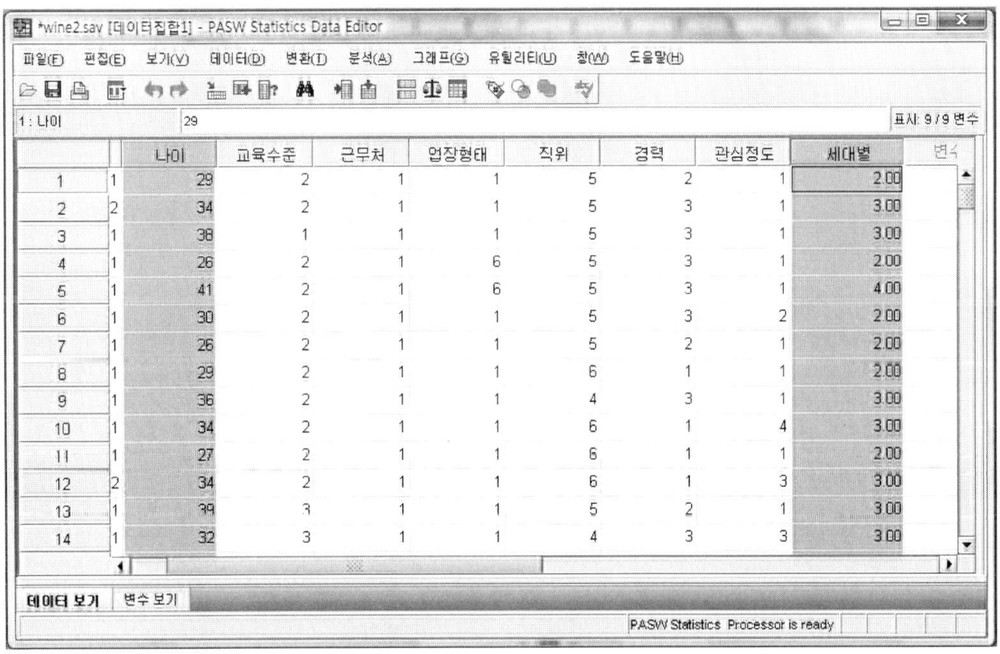

		나이	교육수준	근무처	업장형태	직위	경력	관심정도	세대별
1	1	29	2	1	1	5	2	1	2.00
2	2	34	2	1	1	5	3	1	3.00
3	1	38	1	1	1	5	3	1	3.00
4	1	26	2	1	6	5	3	1	2.00
5	1	41	2	1	6	5	3	1	4.00
6	1	30	2	1	1	5	3	2	2.00
7	1	26	2	1	1	5	2	1	2.00
8	1	29	2	1	1	6	1	1	2.00
9	1	36	2	1	1	4	3	1	3.00
10	1	34	2	1	1	6	1	4	3.00
11	1	27	2	1	1	6	1	1	2.00
12	2	34	2	1	1	6	1	3	3.00
13	1	39	3	1	1	5	2	1	3.00
14	1	32	3	1	1	4	3	3	3.00

[그림 3-28] 새로운 변수로 코딩변경된 데이터 파일

3.4 분석결과 시각화와 활용

1 분석결과의 시각화

분석결과를 시각화하는 작업은 출력결과 창에 나타난 피벗테이블이나 차트를 편집하는 과정이다. 이 기능은 연구자가 통계분석을 마친 다음 분석결과에 대한 시각적 효과나 이해력을 높이기 위하여 차트나 도표를 다시 작성할 때 유용하다.

여기서 먼저 앞 절에서 저장한 'wine22.sav' 파일을 [PASW Statistics Data Editor]에 불러들인 다음 [변수보기]에서 "세대별" 변수의 [소수점이하 자리수]를 '0'으로 바꾸자.

그리고 [분석(A)] → [기술통계량] → [빈도분석(F)]을 클릭하여 [빈도분석] 대화상자를 연다. 왼쪽 변수상자에서 "세대별" 변수를 클릭하여 오른쪽의 [변수(V)] 창으로 옮긴다. 오른쪽 도표(C) 단추를 클릭한 다음 [도표유형] 상자에서 "막대도표"를 [선택]한 후 [계속] → [확인] 버튼을 누른다. 그러면 출력결과 창에 [표 3-7]과 [그림 3-29]와 같은 피벗테이블과 막대도표가 나타난다.

[표 3-7] "세대별" 빈도분석 결과표

		빈도	퍼센트	유효 퍼센트	누적퍼센트
유효	2	37	24.3	24.5	24.5
	3	83	54.6	55.0	79.5
	4	28	18.4	18.5	98.0
	5	3	2.0	2.0	100.0
	합계	151	99.3	100.0	
결측	시스템 결측값	1	.7		
합계		152	100.0		

① 피벗 테이블 내용을 변경하려면 출력결과 창에 있는 테이블 위로 마우스 포인트를 옮겨 놓고 두 번 클릭을 한다. 그러면 [서식 도구 모음] 상자가 나타난다. 이 [서식 도구 모음] 상자를 이용하여 피벗 테이블을 수정한다.

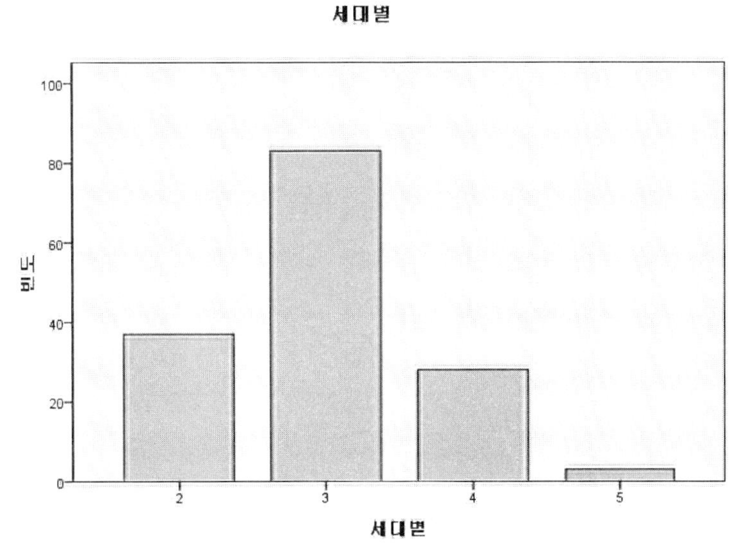

[그림 3-29] "세대별" 빈도분석 결과 차트

그리고 추가적으로 행과 열을 바꾼다거나 주석을 달고자 할 때는 [서식 도구 모음] 상자의 왼편에 있는 피벗 트레이 도구상자를 클릭하면 [그림 3-30]과 같은 피벗 트레이가 나타난다. 이 트레이를 이용하여 피벗 테이블을 수정한다.

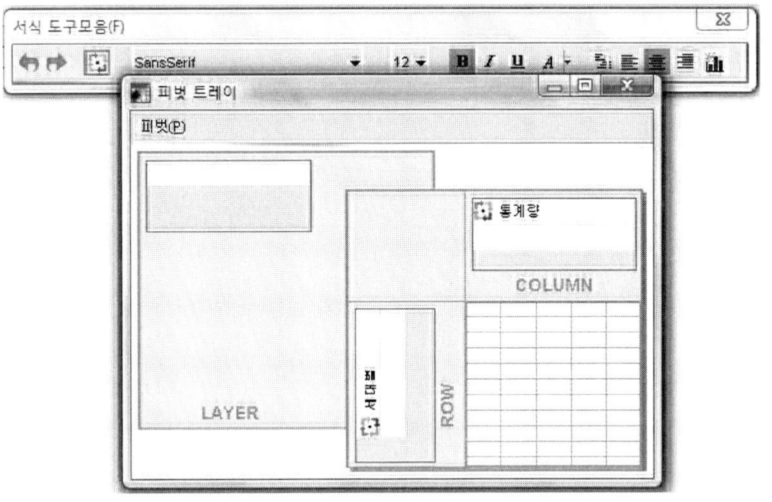

[그림 3-30] 서식도구모음과 피벗 트레이

② 차트의 변경도 ①의 방법과 같이 도표 위에 마우스를 올려놓고 더블 클릭을 한다. 그러면 [그림 3-31]과 같은 [도표편집기] 대화상자가 나타난다. 여기서 기본적인 변경작업을 한다. 추가적으로 크기, 색, 유형 등과 같은 속성을 변경하고자 할 경우에는 [도표편집기] 안의 표에서 수정하고자 하는 부분을 더블 클릭하면 [그림 3-32]와 같은 [특성] 창이 나타난다. 이 [특성] 창을 이용하여 각종 출력결과 그래프를 효과적으로 표현할 수가 있다.

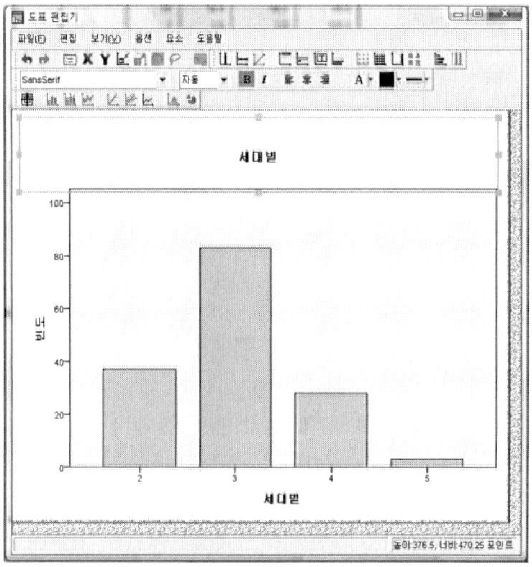

[그림 3-31] 도표 편집기 대화상자

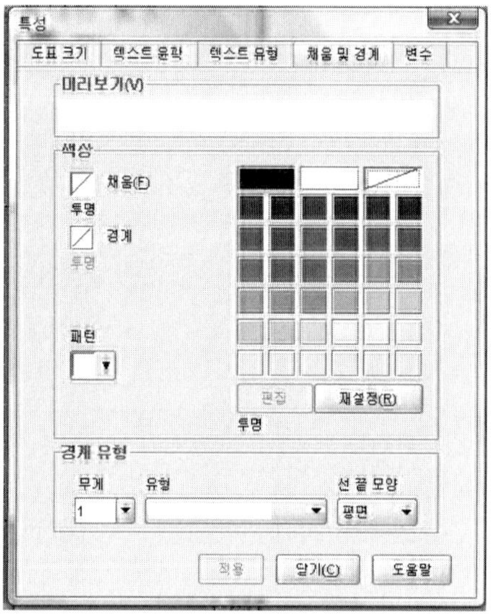

[그림 3-32] 특성 창

2 분석결과의 저장과 활용

통계분석결과를 저장하고 불러오는 방법에는 인터넷 문서를 이용하는 방법, 텍스트 문서를 이용방법, SPSS 파일을 그대로 이용하는 방법과 복사하여 골라 붙이는 방법이 있다. 여기에서는 일반적으로 가장 많이 활용되는 인터넷 문서를 이용하는 방법과 텍스트 문서를 이용방법에 대하여 설명한다.

(1) 인터넷 문서로 저장하기와 불러오기

인터넷 문서로 저장하는 방법은 세 가지 측면에서 유용한 면이 있다. 첫째는 SPSS 프로그랩이 없는 작업환경에서도 흔글이나 MS Word를 이용하여 분석결과물을 프린트할 수 있다는 점이다. 둘째는 출력물 전체를 워드프로세서에서 읽어 들이려 하는 경우에 이용할 수 있는 방법이다. 셋째는 인테넷이나 흔글에서도 도표가 그대로 남아 있어 재편집이 가능하다는 것이다.

출력결과 창 : 파일(F) → 내보내기(E)

인터넷 문서로 저장하기 위해서는 위와 같은 순서로 실행하면 [그림 3-33]과 같은 [내보내기 출력결과] 대화상자가 나타난다. 여기서 [내보내기 출력결과] 상자에서 [유형(I)]과 [파일이름(F)]을 지정하고 [그래픽] 상자에서 [유형(Y)]을 설정하고 확인을 누른다. 인터넷 문서로 저장된 파일의 형식은 (∗.htm)이다. 우리가 위에서 연습한 "세대별" 변수에 대한 빈도분석 결과를 "output22.htm"로 저장해 놓자.

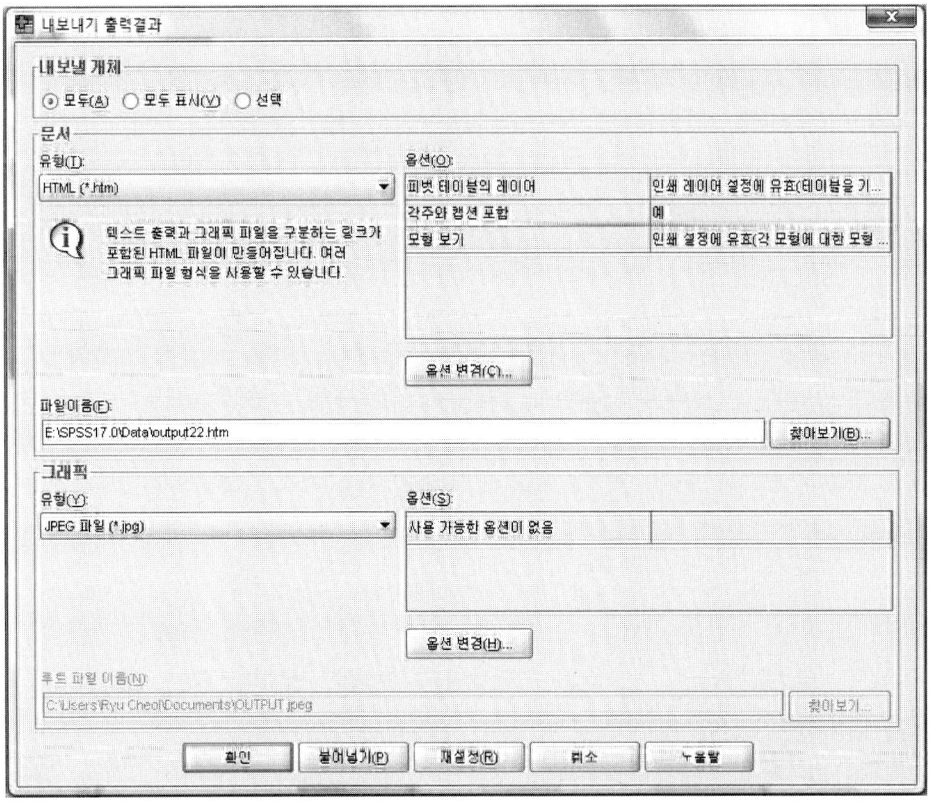

[그림 3-33] 내보내기 출력결과 대화상자

인터넷 문서로 저장된 파일(*.htm)을 흔글로 불러오려면 다음과 같은 순서로 수행한다. 그리고 우리가 앞에서 저장해 두었던 "output22. htm"이 있는 위치를 지정해 주고, 파일이름과 파일형식을 선택한 다음 [열기]를 누르면 된다. MS Word에서는 파일형식이 "웹 페이지"로 되어 있다.

흔글 메뉴: 파일(F) → 불러오기(O) → 파일형식에서 인터넷문서(*.htm)선택

아래의 [표 3-8]의 출력물은 인터넷 문서로 저장된 것을 불러온 것이다. 여기서 표를 클릭하면 표 주변이 활성화되는데, 이는 편집이 가능하다는 것을 의미한다. 인터넷 문서를 불러오는 방법은 여러 개의 표를 한꺼번에 불러와 편집할 때 유용한 방법이다.

[표 3-8] 인터넷 문서로 가져온 출력물

세대별					
		빈도	퍼센트	유효 퍼센트	누적퍼센트
유효	2	37	24.3	24.5	24.5
	3	83	54.6	55.0	79.5
	4	28	18.4	18.5	98.0
	5	3	2.0	2.0	100.0
	합계	151	99.3	100.0	
결측	시스템 결측값	1	.7		

(2) 텍스트 문서로 저장하기와 불러오기

텍스트 문서로 저장을 하면 인터넷 문서로 저장하는 방법과 마찬가지로 여러 가지 프로그램과 워드프로세서에서 자유롭게 읽어 들일 수 있다는 장점이 있다. 그러나 텍스트 문서는 기본적으로 문자로 처리된 것이기 때문에 결과물의 도표들이 깨진다는 한계가 있다.

저장 방법은 인터넷 문서로 저장하는 방법과 같으나, 다만 [문서] 창의 [유형(T)]을 "text file(*.txt)"로 설정해야만 한다. 우리가 연습한 "세대별" 변수에 대한 빈도분석 결과는 "output33.txt"로 저장해 놓자.

텍스트 문서로 저장된 결과물을 흔글로 불러오는 방법은 인터넷 문서의 경우와 비슷하다. 다만 파일형식에서 "텍스트 문서(*.txt)"를 선택하는 과정만 다르다.

한글 메뉴: 파일(F) → 불러오기(O) → 파일형식에서 텍스트문서(*.txt)선택

텍스트 문서로 불러오기를 하면 [그림 3-34]와 같이 표가 깨진 상태로 문자와 숫자만 나타난다. 또한 텍스트 파일이기 때문에 차트는 가져오지 못한다.

```
세대별↵
|------------------|----|------|-----------|----------|↵
|                 |빈도|퍼센트|유효 퍼센트|누적퍼센트|↵
|----|-------------|----|------|-----------|----------|↵
|유효|2            |37  |24.3  |24.5       |24.5      |↵
|    |-------------|----|------|-----------|----------|↵
|    |3            |83  |54.6  |55.0       |79.5      |↵
|    |-------------|----|------|-----------|----------|↵
|    |4            |28  |18.4  |18.5       |98.0      |↵
|    |-------------|----|------|-----------|----------|↵
|    |5            |3   |2.0   |2.0        |100.0     |↵
|    |-------------|----|------|-----------|----------|↵
|    |합계         |151 |99.3  |100.0 |    |          |↵
|----|-------------|----|------|-----------|----------|↵
|결측|시스템 결측값|1   |.7    |           |          |↵
|----|-------------|----|------|-----------|----------|↵
|합계              |152 |100.0 |           |          |↵
|------------------|----|------|-----------|----------|↵
↵
```

[그림 3-34] 텍스트 문서로 가져온 출력물

CHAPTER 04

통계이론의 기초

4.1 통계학의 의의

1 통계학의 의의

“어느 기업의 201×년도의 매출액은 ○○○억원이다”라는 표현에 대하여 생각해 보자. 어떤 의미가 있는가? 이 자료는 단순히 매출액이 얼마라는 것 이외에는 다른 의미가 없다. 그러나 이러한 자료를 제품별, 사업부별, 월별 매출액으로 나누어보고, 또 연도별 자료를 추가하여 정리해 보면 그 나름대로 어떤 분포나 경향을 추출해 낼 수 있을 것이다. 그리고 이렇게 추출한 자료를 바탕으로 다음 연도의 예상매출액과 더불어 판매 전략을 수립할 수 있을 것이다.

이러한 통계적 방법은 경제, 경영, 정치, 교육은 물론 농업, 공업에 이르기까지 오늘 날 우리 주변의 거의 모든 분야에서 매우 중요하게 활용되고 있다. 우리가 매일같이 읽는 신문을 보더라도 여러 분야의 각종 통계자료들이 다양하게 실리고 있다. 이와 같이 통계적 방법은 우리 사회 전반에 걸쳐서 광범위하게 이용되고 있는데, 그렇다면 통계학이란 무엇이며 통계적 방법은 어떤 특징을 지니고 있는지에 대하여 알아보자.

통계학(statistics)이란 관심의 대상이 되는 집단에 대한 자료를 수집·정리·분석하기 위한 과학적 방법이며, 이를 근거로 추론을 하고 그 추론을 바탕으로 최적 의사결정을 제시하는데 필요한 이론적 체계라고 말할 수 있다. 즉, 통계학이란 관심의 대상이 되는 집단의 특성을 기술하고(describe), 최적의 의사결정을 도출하기 위해 추론하는(infer) 방법에 관한 학문인 것이다.

그렇다면 우리 생활에서 통계학이 갖는 중요성이나 특징은 무엇인가? 통계학이 가지고 있는 특징은 대략 다음과 같이 네 가지 정도로 요약할 수 있다.

첫째, 통계학은 일반적인 경향과 결론을 추출할 수 있게 해 준다. 앞에서 설명한 바와 같이 통계적 방법에 의하여 비로소 수많은 자료들이 의미 있게 분류되고 또 그 자료들에 근거하여 어떤 추론이 가능하게 되는 것이다.

둘째, 통계학은 관심 대상으로부터 도출한 변수들 간의 인과관계를 밝혀준다. 예를 들어, 물가 인상에 영향을 미치는 요인들에 대하여 분석을 한 결과 환율과 이자율이 물가인상에 가장 많은 영향을 미치는 것으로 밝혀졌다고 가정을 하자. 그러면 이 때 환율과 이자율이 원인이 되어 물가가 인상하는 결과를 가져 왔다는 것을 밝혀낸 것이라고 할 수 있다. 이와 같이 통계적 방법은 변수들 간의 인과관계를 밝혀 주는 역할을 한다.

셋째, 일정한 조건 하에서 사건의 발생을 예측하게 해 준다. 이것은 통계학이 가지고 있는 가장 중요한 역할 중의 하나인데, 통계학은 바로 추론과정을 거치면서 불확실한 미래 상황에 대하여 최적의 의사결정을 내릴 수 있도록 해준다.

넷째, 다수의 자료와 조사결과를 의미 있고 간결한 형식으로 요약해 준다. 우리는 통계적 방법을 통하여 비로소 자료가 가지고 있는 어떤 의미를 찾아낼 수 있을 뿐더러, 그러한 의미를 보다 효과적으로 전달할 수 있다.

2 통계분석기법의 분류

통계는 기본적으로 수리통계와 응용통계로 대별된다. 수리통계(mathematical 또는 pure statistics)는 통계이론, 공식 그리고 법칙을 개발·도출·증명하는 분야이고, 응용통계(applied statistics)는 실제 세계의 문제를 해결하기 위해 통계학의 이론과 공식이나 법칙을 적용하는 분야이다.

여기서 응용통계는 다시 기술통계와 추론통계로 나누어진다. 기술통계(descriptive statistics)는 자료를 수집·정리 및 도표화하여 자료의 특성을 기술하는 방법에 관한 통계이다. 기술통계에서는 자료의 특성을 간단하게 요약하여 전달하기 위해 분포의 모양이나 평균, 분산 등과 같은 특정값을 계산한다. 추론통계(inferential statistics)는 기술통계에서 정리하고 계산된 자료를 근거로 하여 모집단에 관하여 의사결정을 내린다거나, 모집단의 특성을 예측하기 위해 표본의 결과를 이용하는 방법에 관한 통계이다. 우리가 앞에서 통계학의 정의에 대하여 언급을 하면서 통계학이 가지고 있는 두 가지, 즉 기술 기능과 추론 기능에 대하여 지적하였다. 여기서 기술통계가 가지고 있는 특성이 바로 기술기능이고, 추론통계가 가지고 있는 역할이 곧 추론기능에 해당되는 것이다.

추론통계는 다시 모수통계와 비모수통계로 나누어진다.

모수통계(parametric statistics)는 표본에서 얻어낸 통계량으로부터 모집단의 특성을 나타내는 모수를 추정하는 것과 관련된 통계기법이다. 모수통계기법을 적용할 때는 흔히 가정이 필요하며, 주로 연속변수로 측정한 자료를 분석하는데 이용된다. 비모수통계(non-parametric statistics)는 비록 모집단의 특성을 추정하기는 하나 모수와 통계량의 관계를 다루지 않는다. 따라서 가정이 필요하지 않으며 이산변수로 측정된 자료를 분석하는데 이용된다.

한편, 통계분석기법은 독립변수와 종속변수의 측정에 사용된 척도의 측정수준에 따라 그 방법이 달라진다. 변수의 측정수준에 따라 통계분석기법들을 분류하면 [표 4-1]과 같다. 여기서 언급되고 있는 독립변수와 종속변수, 그리고 이산변수와 연속변수의 의미에 대해서는 다음 절에서 상세히 설명하도록 하겠다.

[표 4-1] 통계분석기법의 분류

변수의 수	독립변수	종속변수	분석기법
단일변량	이산	이산	카이제곱분석,
	이산	연속	t 검정, 분산분석, 회귀분석
	연속	이산	Logit 분석, Probit 분석
	연속	연속	상관분석, 회귀분석
다 변 량	이산	이산	로그선형분석
	이산	연속	MANOVA
	연속	이산	로지스틱모형, 판별분석
	연속	연속	중다회귀분석
	독립, 종속변수의 구분이 없음		요인분석, 군집분석

또한 통계분석방법은 분석목적에 따라서도 분류할 수 있는데, [표 4-2]는 분석목적에 따라 통계분석기법들을 분류한 것이다.

[표 4-2] 분석목적별 통계분석기법

분석목적	분석기법
기술통계분석	빈도분석, 기술분석, 교차분석
변수 간 관계분석	상관분석, 회귀분석, t 검정, 분산분석
집단화 분석기법	요인분석, 군집분석

3 용어의 이해

통계학의 정의를 자세히 살펴보면, 앞에서도 설명하였듯이 통계에는 크게 두 가지의 기능이 있다는 것을 알 수 있다. 하나는 자료를 수집·정리·분석하여 집단의 특성을 기술하는 것이고, 또 다른 하나는 불확실한 미래의 의사결정을 위하여 추론하는 것이다. 이러한 통계의 두 가지 기능 중에서 최근에 이르러 점차 기술적 측면보다는 추론기능의 중요성이 커지고 있다. 여기에서는 이러한 추론통계에서 자주 사용하는 용어들에 대하여 간단히 살펴보도록 한다.

(1) 모집단과 표본

모집단(population)은 연구자의 관심대상이 되는 모든 개인이나 사건, 사물의 집합체를 의미한다. 이에 대하여 표본(sample)은 연구대상으로 선택된 모집단의 한 부분 또는 일부를 말한다.

모집단의 모든 구성요소들을 대상으로 전부 조사하는 방법을 전수조사(census)라고 한다. 인구센서스라는 말을 들은 적이 있을텐데, 인구센서스란 우리나라의 경우 10년에 한 번 씩 전 국민을 대상으로 인구분포와 주택에 대하여 조사하는 것을 말한다. 일반적으로 전수조사는 비용과 시간이 많이 소요되기 때문에 사회과학에서는 매우 제한적으로 사용되고 있다. 반면에, 대상모집단 전체에 대하여 완전한 정보의 획득이 불가능하거나 무의미하다고 판단될 때는 모집단으로부터 일부를 추출하여 조사하는 경우가 있는데, 이를 표본조사(Sample survey)라고 한다. 사회과학에서 통계분석의 대부분은 이러한 표본조사에 의해 수집된 자료들을 가지고 수행된다.

모집단에서 표본을 추출하는 것을 표집(sampling)이라고 하는데, 표집방법에는 크게 확률표집방법과 비확률표집방법이 있다. 확률표집방법은 모집단의 구성요소들이 표본으로 선정될 동일한 확률을 갖도록 계획하여 표본을 추출하는 방법으로, 이에는 단순무작위표집(simple ramdom sampling), 계통표집(systematic sampling), 층화표집(stratified sampling), 군집표집(cluster sampling) 등이 있다. 한편, 비확률표집방법은 표집의 편리성, 전문가의 의견 등 임의적인 기준에 근거하여 표본을 추출하는 방법으로 편의표집(convenience sampling), 판단표집(judgmental sampling), 할당표집(quota sampling) 등이 이에 해당한다. 표본의 대표성을 높이기 위해서는 확률표집방법을 사용해서 표본을 추출하는 것이 바람직하다.

표본조사에서는 모집단에서 표본을 추출해서 조사하기 때문에 오차가 생기는데 이를 표본오차(sampling error)라고 한다. 표본오차는 표본을 아무리 크게 해도 전수조사를 하지 않는 이상 존재할 수 밖에 없다. 그러나 표본의 크기를 크게 할수록 표본오차는 줄어든다.

(2) 모수와 통계량

모수(parameter)란 모집단의 특성을 나타내는 값을 말하며, 통계량(statistic)은 표본의 특성을 나타내는 값을 가리킨다. 모수와 통계량을 가리키기 위해서 상이한 통계적 표현들이 사용되는데, 예를 들면 [표 4-3]과 같다.

[표 4-3] 모수와 통계량

	모 수	통계량
평 균	μ	$\overline{X}$
표준편차	σ^2	s^2
분 산	σ	s
상관관계계수	ρ	r
회귀계수	β	b

앞에서 설명한 바와 같이 사회과학 연구는 대부분 표본조사에 근거하여 수행된다. 그러나 우리의 궁극적인 관심사는 표본에서 얻은 자료를 바탕으로 하여 모집단의 특성을 파악하는데 있다. 이처럼 표본의 특성인 통계량에 근거하여 모집단의 특성인 모수를 추정하는데 사용되는 통계가 바로 추론통계이다. 추론통계가 가능하기 위해서는 표본이 모집단을 대표하는 정도, 즉 표본의 대표성이 높아야 하며, 대표성이 높은 표본을 추출하기 위해서는 위에서 언급한 확률표집방법을 사용해야 한다.

(3) 변수와 측정수준

변수(variable)는 값(value)이 각각 다른 사람, 대상 또는 사건의 특성을 말한다. 예컨대, 소득이나 학력은 사람에 따라 다르기 때문에 변수로 간주될 수 있다. 단일한 하나의 속성만 가지면서 변하지 않는 것은 상수(constant)라고 한다. 예컨대, 여성은 단일한 하나의 속성만 가지므로 상수이지만 성별은 남성과 여성의 상이한 두 속성을 가지므로 변수이다.

변수는 변수들간의 상호관계를 기준으로 하여 독립변수, 매개변수, 종속변수로 나뉘거나, 외생변수와 내생변수로 구분된다. 그리고 측정수준에 따라 이산변수와 연속변수로 나뉘어진다.

독립변수(independent variable)는 다른 변수에 영향을 주는 원인변수를 말하며, 종속변수(dependent variable)는 다른 변수의 영향을 받는 결과변수를 가리킨다. 매개변수(intervening variable)는 독립변수와 종속변수 사이에 내재하면서 독립변수의 영향을 받는 한편 종속변수에 영향을 주는 변수를 말한다. 인과모형에서 독립변수는 외생변수(exogenous variable), 그리고 매개변수와 종속변수는 내생변수(endogenous variable)라고 불리기도 한다.

자료를 수집하기 위해서는 일련의 정해진 규칙에 따라 관찰대상을 수치로 나타내주어야 한다. 이를 측정(measurement)이라고 하고 측정에 사용되는 도구를 척도라고 한다. 측정수준에 따라 변수를 명목변수(norminal variable), 서열변수(ordinal variable), 등간변수(interval variable) 및 비율변수(ratio variable)로 분류하는 것이 일반적이다. 그러나 자료분석에 사용될 통계적 분석기법의 선택이라는 측면에서 볼 때 이러한 구분보다는 이산변수(discrete variable)와 연속변수(continuous variable)의 구분이 훨씬 더 유용하다.

이산변수는 그 측정값들이 속성의 종류(kind)나 성질(quality)을 나타내는 변수이며, 연속변수는 그 측정값들이 속성의 크기(magnitude)나 양(quantity)을 나타내는 변수를 가리킨다. 전자의 예로는 황인종=1, 백인종=2, 흑인종=3의 값을 갖는 인종 변수를 들 수 있다. 이 때 인종 변수의 측정값들은 피부색에 따른 인종의 종류를 가리키는 단순한 분류기호일 뿐 다른 의미는 없다. 한편, kg 단위로 학생들의 몸무게를 측정한 체중 변수는 그 측정값들이 몸무게의 크기를 나타내므로 연속변수에 해당한다.

두 변수 유형 간의 근본적인 차이점은 연속변수의 측정값들은 소수점 이하로 표시할 수 있는 반면, 이산변수의 측정값들은 그럴 수 없다는 점이다. 예컨대, 체중 변수의 경우 측정값 65.3kg이 의미를 갖지만, 인종 변수의 경우 측정값 2.3은 아무런 의미를 갖지 못한다. 이산변수의 경우 그 속성들을 어떤 기준에 따라 순서대로 늘어놓을 있느냐 혹은 그렇지 않느냐에 따라 비서열적(non-orderable) 이산변수와 서열적(orderable) 이산변수로 구분된다. 비서열적 이산변수는 인종, 성별, 출생지, 지지정당 등과 같이 서열을 나타낼 수 없는 범주를 가진 변수이다. 서열적 이산변수는 "상류계급", "중산층" 및 "하류계급"의 세 범주로 측정된 사회계급 변수처럼 높은 것에서 낮은 것으로, 아니면 낮은 것에서 높은 것으로 순서대로 늘어놓을 수 있는 범주를 가진 변수를 가리킨다.

4.2 추론통계와 가설검정

1 참입증과 허위입증

어떤 명제(혹은 연구가설)의 타당성을 확인하는 방법에는 참입증접근법(verification approach)과 허위입증접근법(falsification approach)의 두 가지 방법이 있다. 전자는 명제가 참이라는 것을 증명하는 방법이다. 명제가 참이라는 것을 증명한다는 것은 그 명제가 시공을 초월해서 타당하게 적용된다는 것을 보여준다는 것을 의미한다. 이를 위해서는 현재 뿐만 아니라 이미 지나간 과거나 앞으로 올 미래에 관해서도 조사연구를 해야 한다. 그러나 이는 현실적으로 거의 불가능하기 때문에 증명을 명제의 타당성을 입증하는 기준으로 삼는 것은 곤란한 일이라고 할 수 있다.

과하에 있어서 어떤 명제가 참이라는 것을 입증하는 것보다는 허위라는 것을 입증하는게 훨씬 쉽다. 이러한 이유 때문에 가설검정에서는 허위입증접근법을 사용한다. 다시 말해서, 연구가설(혹은 대립가설)과 반대되는 가설(가설검정에서 보통 영가설 혹은 귀무가설이라고 불린다)을 설정하고, 이 가설을 기각하는 방법을 통해서 연구가설을 지지하는 간접적인 방법을 사용한다.

허위입증접근법을 사용한다고 할지라도 명제가 참이라는 것을 증명할 수 있는 것은 아니다. 단지 현재의 연구결과에 근거하여 그 명제가 지지된다는 것을 보여줄 뿐이다. 물론 시간적 간격을 두고 여러 다른 문화권에서 수행된 수많은 연구를 통해서 지지된 명제는 단 하나의 연구에 의해서 지지된 명제보다 더 진리에 가까울 것이다. 이러한 점에서 진리란 점진적으로 다가갈 수 있는 목표라고 볼 수 있다.

2 연구가설과 영가설

가설검정이란 모집단의 특성(모수)에 대해 어떤 가설을 설정하고, 이 가설의 타당성 여부를 표본자료(통계량)로 판단하여 통계적 의사결정을 내리는 추론방법을 말한다. 그리고 통계적 추리란 표본자료에 근거하여 표본이 추출된 모집단의 특성에 대하여 일반화하는 것을 가리킨다.

가설검정과 관련하여 가설에는 두 가지 종류가 있다. 하나는 연구가설(research hypothesis) 혹은 대립가설(alternative hypothesis)이고, 다른 하나는 영가설 혹은 귀무가설(null hypothesis)이다. 연구가설은 이론이나 선행연구에 근거하여 설정된 가설로서 일반적으로 "~ 관계가 있다"라든가, "~ 차이가 있다", 혹은 "~영향을 미친다"라는 식으로 표현되며, 기호로는 H_1으로 표시된다. 가설검정 시 연구가설과 내용이 대립되는 가설을 설정하는데, 이를 영가설이라고 한다. 영가설은 보통 "~관계가 없다"라든가 "~ 차이가 없다", 혹은 "~ 영향을 미치지 않는다"와 같이 부정적으로 표현되며, 기호로는 H_0로 표기한다. 이 두 가설은 상호배타적이며, 동시에 모집단의 모수가 취할 수 있는 모든 가능한 값이 포함되도록 설정된다. 예컨대, 성별과 소득간의 관계를 연구가설과 영가설로 표현하면 다음과 같다.

H_1: **성별과 소득 간에는 관계가 있다**
(혹은 남성과 여성간에는 소득의 차이가 있다)
H_0: **성별과 소득 간에는 관계가 없다**
(혹은 남성과 여성 간에는 소득의 차이가 없다)

가설검정에서 표본자료를 가지고 직접 검정하는 것은 연구가설이 아니라 영가설이다. 앞에서 설명했듯이, 검정결과 영가설이 기각된다면, 간접적으로 연구가설이 지지되는 셈이 되는 것이다. 즉, 영가설이 틀렸다는 것을 보여줌으로써 연구가설이 옳다는 것을 간접적으로 확인하는 방식이 가설검정의 토대를 형성하는 기본논리이다. 이렇듯 가설검정에서 연구가설의 수용은 조건적이다.

3 가설검정과 오류

가설점정에서 표본자료에 근거하여 모집단의 특성을 정확하게 추정하는 것은 매우 어렵기 때문에 오류(error)가 발생하기 마련이다. 이러한 오류에는 제1종 오류(type I error)와 제2종 오류(type II error)가 있다. 전자는 α오류(α error), 후자는 β오류(β error)라고 불리기도 한다.

제1종 오류(혹은 α오류)는 옳은 영가설을 틀렸다고 기각하여 잘못된 결론을 내리는 오류를 말한다. 제2종 오류(혹은 β오류)는 틀린 영가설을 옳다고 잘못 받아들이는 오류를 의미한다. 이를 표로 나타내면 [표 4-4]와 같다.

여기서 α값과 β값은 제1종 및 제2종 오류를 범할 확률을 가리킨다. 특히 제1종 오류를 범한 확률을 유의수준(significance level) 혹은 α수준이라고도 하며, 가설검정 시 일반적으로 그 값을 미리 정해 놓는다. 일반적으로 유의수준으로 .05 혹은 .01이 가장 널리 사용된다.

제2종 오류를 범할 확률은 단지 1의 값에서 제1종 오류를 범할 확률을 뺀 값이 아니고 계산이 매우 복잡하다. 이에 대한 자세한 내용은 다른 통계학 교재를 참고하기 바란다. 제2종 오류를 줄이기 위한 일반적 방법은 표본의 크기를 늘려서 표집오차를 줄이는 것이다.

[표 4-4] 제1종 오류와 제2종 오류의 구분

구 분		모집단에서의 H_0	
		옳음	**틀림**
표본통계량에 근거한 결정	H_0 기각	제1종 오류(α오류)	옳은 결정
	H_0 기각 안함	옳은 결정	제2종 오류(β오류)

4 가설검정의 일반적 절차

가설검정은 일반적으로 다음의 6단계를 거쳐서 이뤄진다.

가설(hypotheses) 설정

↓

유의수준(significance level) 설정

↓

임계값(critical value) 결정

↓

검정통계량(test statistic) 계산

↓

결정(decision making)

↓

결론(conclusion)

[그림 4-1] 가설검정 과정

(1) 가설 및 유의수준 설정

가설검정은 연구가설 및 영가설의 설정으로부터 시작된다. 두 번째 단계에서는 영가설의 기각 여부의 판단기준이 되는 유의수준을 설정한다. 가설 및 유의수준에 대해서는 이미 앞에서 상세하게 설명하였다.

(2) 임계값 결정

임계값이란 두 번째 단계에서 설정한 유의수준에서 영가설 기각에 필요한 검정통계량의 최저값을 가리킨다. 임계량 결정을 위해서는 우선 검정통계량과 관련된 이론적 확률분포를 알아야 한다. 가설검정에 주로 사용되는 이론적 확률분포에는 χ^2분포, t 분포, F 분포 등이 있다.

임계값을 알기 위해서는 유의수준 뿐만 아니라 자유도(degrees of freedom)도 함께 알아야 한다. 왜냐하면, 자유도의 크기에 따라 확률분포의 형태가 달라지기 때문이다. 자유도는 자유롭게 결정할 수 있는 수를 가리키는데, 구체적인 계산방법은 나중에 해당 절에서 설명하기로 하겠다. χ^2분포를 이용한 χ^2검정이나 F 분포를 이용한 F 검정의 경우, 유의수준과 자유도가 주어지면 해당 분포에서 바로 임계값을 확인할 수 있다. 예를 들어, [부표 2]에 있는 χ^2분포에서 유의수준이 .05이고 자유도가 3일 경우 임계값은 7.8147이다.

그러나 t 분포를 이용한 t 검정의 경우 임계값을 결정하기 위해서는 유의수준과 자유도 뿐만 아니라 어떤 검정방법을 사용할 것인가에 대한 정보도 필요하다. 단측검정(one-tailed test)이냐 양측검정(two-tailed test)이냐에 따라 임계값이 달리지기 때문이다. 단측검정은 기각역(critical region)을 확률분포의 한쪽 끝에 두는 검정방법이고, 양측검정은 기각역을 확률분포의 양쪽 끝에 똑같이 두는 검정방법이다.

관계나 영향의 방향이 예측될 때에는 단측검정을 사용하고, 예측할 수 없을 때에는 양측검정을 사용한다. 양측검정보다는 단측검정을 할 때 영가설을 기각할 가능성이 더 높아진다. 따라서 관계나 영향의 방향을 알 때는 단측검정을 하는 것이 좋다. [부표 3]에 있는 t 분포표에서 유의수준이 .05, 자유도가 21이고 단측검정을 할 경우 임계값은 1.721이다.

(4) 검정통계량 계산

넷째 단계에서 표본자료에 근거하여 검정통계량을 계산한다. 주요 검정통계량에는 χ^2검정통계량, t 검정통계량, F 검정통계량 등이 있으며, 검정되는 가설의 성격과 변수들의 측정수준에 따라 그에 적합한 검정통계량을 계산하면 된다. 검정통계량의 구체적 계산방법은 관련 절에서 상세하게 설명하도록 하겠다.

(5) 결정과 결론

다섯째 단계에서 검정통계량과 임계값을 비교하여 영가설 기각 여부를 결정한다. 일반적으로 검정통계량이 임계값보다 크면 영가설이 기각되고, 그렇지 않으며 영가설은 기각되지 않는다. SPSS 프로그램은 주어진 자유도 수준에서 표본자료에서 계산된 검정통계량에 대한 유의확률을 제공해준다. 따라서 두 번째 단계에서 설정한 유의수준과 유의확률을 비교하면 영가설 기각여부를 쉽게 판단할 수 있다. 다시 말해서, 유의확률이 유의수준 .05나 .01보다 작으면 영가설이 기각되고, 그렇지 않으면 영가설이 기각되지 않는다. 이와 관련된 구체적인 내용은 나중에 관련 부분에서 상세하게 설명하기로 하겠다.

영가설의 기각여부에 대한 결정은 바로 연구가설 혹은 대안가설의 채택 여부에 대한 결정으로 이어진다. 영가설이 기각되면 연구가설이나 대안가설이 지지되는 것이고, 영가설이 기각되지 않는다면 연구가설이나 대안가설은 지지되지 않는 셈이 된다. 마지막 단계에서는 이러한 검정결과를 바탕으로 결론을 내리고, 분석결과가 갖는 이론적·학술적 의미를 해석한다.

빈도분포의 작성과 기술

5.1 목적

연구자가 측정도구를 이용해서 조사대상으로부터 자료를 수집하는 주된 이유는 가설에 설정된 변수들 간의 관계를 검정하기 위한 것이다. 그러나 본격적인 가설검정에 앞서 수집된 자료의 특성을 개괄적으로 파악하기 위해서 빈도분포를 작성하고 기술통계를 계산하는 것이 일반적이다. 빈도분포와 기술통계는 자료의 특성을 간결하면서도 생생하게 요약정리해 주는 기능을 가지고 있다.

자료의 특성은 주로 ① 빈도분포, ② 중심경향 및 산포도와 ③ 분포 형태의 측면에서 파악한다. 중심경향은 최빈값, 중위수, 평균을 이용하고, 산포도는 표준편차와 분산, 그리고 분포의 형태는 왜도와 첨도 등의 통계량을 이용해서 파악하는 것이 일반적이다.

SPSS에서는 이산변수나 측정값의 변이가 크지 않은 연속변수의 경우에는 주로 빈도분석 절차를, 그리고 연속변수의 경우에는 기술통계 분석을 이용하여 자료의 특성을 나타내는 통계량을 구한다.

5.2 빈도분포의 작성

빈도분포표(frequency distribution)는 변수의 응답범주와 각 응답범주에 해당하는 관찰빈도수를 나타낸 표이다. 그런데 빈도분포표의 경우 각 범주간의 상호비교 혹은 다른 표본에서 얻어진 결과와의 상호비교나 이해가 쉽지 않다.

이러한 문제를 해결하기 위해서 백분율을 계산해서 표본의 크기를 표준화시킨 것이 백분율빈도분포표(percentage frequency distribution)이다. 백분율빈도분포표는 만일 전체 사례수가 100일 경우 변수의 각 응답범주에 속하게 될 관찰빈도수를 나타낸다.

다음의 [표 5-1]은 '주거현황조사.sav' 파일을 이용하여 수도권 주민 665명을 대상으로 유망투자대상에 대한 조사결과를 빈도분석한 결과이다. 이 빈도분석결과가 보여주듯이, 전체응답자의 7할에 가까운 66.9%가 '부동산'을 가장 유망한 투자대상으로 꼽고 있다는 것을 알 수 있다. 그리고 '저축'을 유망투자대상으로 꼽은 응답자들이 전체의 약 2할에 가까운 18.8%의 비율로서 두 번째로 높은 비중을 차지하고 있고, 그 다음으로 '주식'과 '기타'가 각각 11.0%와 3.3%를 차지하고 있음을 보여주고 있다.

[표 5-1] 유망투자대상 빈도분포표

유망투자대상	빈도(F)	백분율(%)
부동산	445	66.9
저축	125	18.8
주식	73	11.0
기타	22	3.3
합계	665	100.0

자료분포의 특징을 시각적으로 보다 명확하게 전달하기 위해서 막대도표(bar chart), 히스토그램(histogram), 원도표(pie chart) 등의 도형이나 꺾은선그래프(polygon) 같은 그래프 등을 사용하기도 한다. 여기서 주의할 점은 변수의 종류에 따라 사용할 수 있는 시각적인 표현방법이 다르다는 것이다. [표 5-2]에 제시되어 있듯이, 막대그림표는 비서열적 이산변수에만 사용하며, 히스토그램이나 꺾은선 그래프는 서열적 이산변수에만 사용된다. 막대도표와 히스토그램의 차이는 전자의 경우에는 각 응답범주를 나타내는 막대들이 서로 떨어져 있지만, 후자의 경우에는 막대들이 서로 붙어 있다는 것이다.

[표 5-2] 변수의 종류에 따른 적합한 도표유형

종류	적합한 도표유형
비서열적 이산변수	막대도표, 원도표
서열적 이산변수	히스토그램, 원도표, 꺾은선그래프

이산변수 뿐만 아니라 연속변수에 대해서도 빈도분포를 작성할 수 있다. 연속변수에 대한 빈도분포를 작성하기 위해서는 코딩변경(recoding) 명령문을 사용하여 우선 관찰값들을 몇 개의 측정계급(measurement classes) 혹은 측정구간(measurement intervals)으로 묶어서 이산변수로 전환시켜야 한다. 예컨대, 어느 기업에서 직원들의 연간소득을 연속변수로 측정하였는데, 이를 천만원 단위로 각각 몇 명씩 해당되는가를 알고자 한다. 이럴 경우 [표 5-3]과 같이 범주로 묶어 소득자료의 빈도분포를 제시할 수 있다.

[표 5-3] 연속변수의 범주화의 예

변수	원자료	계급구간
연간소득	연속변수	1) 1천만원 미만 2) 1천만원 이상~2천만원 미만 3) 2천만원 이상~3천만원 미만 4) 3천만원 이상~4천만원 미만 5) 4천만원 이상~5천만원 미만 6) 5천만원 이상

빈도분포표를 작성하기 위해서 연속변수를 이산변수로 전환할 때 측정구간을 몇 개로 만드는 것이 좋은가 하는 문제가 생긴다. 이 문제에 대해 명확한 정답은 없으나, 분포의 모양을 심하게 왜곡시키지 않으면서 자료를 쉽게 이해할 수 있도록 측정구간의 수를 정하는 것이 일반적인 원칙이다.

만일 어떤 응답범주가 전체 분포에서 차지하는 상대적 위치를 알고자 할 때는 누적백분율분포표(cumulative percentage distribution)를 작성하면 쉽게 알 수 있다. 어떤 점수의 누적백분율은 그 점수까지의 총 백분율을 말하며, 이러한 누적백분율들로 이루어진 분포가 누적백분율빈도분포표이다.

누적백분율분포에서 구할 수 있는 유용한 통계량은 백분위(percentile)인데, 이것은 분포상에서 특정 누적백분율에 해당하는 값을 말한다. 백분위는 비율적 분할(quantile)의 특별한 종류인데, 비율적 분할이란 관찰대상을 일정한 비율의 몇 개 집단으로 나누는 것을 말한다.

백분위 외에 다른 비율적 분할의 예로는 사분위(quartiles)와 십분위(deciles)가 있다. 사분위는 관찰대상을 4개의 같은 크기의 집단으로 나누는 값을 말한다. 십분위는 관찰대상을 10개의 동등한 집단으로 나누는 값들이다. 백분위는 관찰대상을 100개의 동등한 집단으로 나누는 값을 가리킨다. 따라서 첫 번째 사분위는 25번째 백분위와 같고, 두번째 십분위는 20번째 백분위와 같다.

[표 5-4]는 '주거현황조사.sav' 파일을 이용하여 작성한 응답자들의 연령 빈도분포이다. 누적백분율을 보면, 30대까지의 연령층은 전체의 34.1%이고 40대까지의 연령층은 전체의 70.8%이다. 이를 통해 50번째 백분위에 해당하는 범주는 40대 연령층이라는 것을 알 수 있다.

[표 5-4] 연령별 분포

연령	빈도(F)	백분율(%)	유효퍼센트	누적백분율
30대	227	34.1	34.1	34.1
40대	244	36.7	36.7	70.8
50대	194	29.2	29.2	100.0
합계	665	100.0	100.0	

5.3 빈도분포의 기술

1 중심경향의 측정

중심경향(central tendancy)이란 분포를 대표하는 값을 나타내는 것으로, 이에는 최빈값, 중위수, 산술평균 등이 사용된다.

최빈값(mode)은 여러 범주들 중에서 가장 많은 사례수를 가진 범주(혹은 관찰값)를 말하며, 비서열적 이산변수(명목변수)의 집중경향을 측정하는데 사용된다.

중위수(median)는 서열적 이산변수(서열변수)의 집중경향을 측정하는데 사용되며, 관찰값이 순서대로 나열된 분포를 같은 크기의 두 개의 집단으로 나누는 값을 의미한다. 사례수가 홀수인 경우에는 한 가운데 있는 사례의 값이 중위수이며, 짝수일 경우에는 한가운데 위치한 두 관찰값의 평균이 중위수가 된다. 백분위로 표현하면, 중위수는 50번째 백분위에 해당하는 값이다.

산술평균(arithmatic mean)은 가장 많이 사용되는 중심경향 측정값으로서 연속변수에만 사용할 수 있다. 평균은 관찰값들과 해당 빈도수를 곱해서 모두 더한 후에 그것을 사례수로 나눈 값이다.

[표 5-5] 변수 Y의 분포

Y	빈도(F)
Y_1	f_1
Y_2	f_2
⋮	⋮
Y_K	f_K
합 계	N

만약 변수 Y의 분포가 위의 [표 5-5]처럼 주어졌다고 가정하면, 평균 $\overline{Y}$를 구하는 공식은 아래와 같다. 이 공식에서 Y_i는 변수 Y의 i번째 관찰값, f_i는 Y_i의 빈도수, N은 표본의 크기를 가리킨다.

$$\overline{Y} = \frac{\sum_{i=1}^{K}(Yifi)}{N}$$

예를 들어 아래와 같은 자료가 있다고 가정하자. 이 경우 최빈값은 빈도(사례수)가 각각 3으로 가장 많은 2와 4가 되며, 중위수는 분포의 한가운데 위치한 6번째 값인 3이 된다. 평균은 11개의 값을 모두 더한 후에 전체 사례수인 11로 나눈 값인 3.2이다.

1 2 2 2 3 3 4 4 4 5 6

[표 5-6]은 '주거현황조사.sav' 파일을 이용하여 응답자들의 가족수에 대해 빈도분석한 결과이다. 이 경우 최빈값은 빈도가 303명으로 가장 많은 범주(관찰값)인 4명이며, 중위수도 P_{50}에 해당하는 범주(관찰값)인 4명이다. 그리고 평균은 앞서 제시한 공식에 따라 계산하면 3.6명이 된다.

2 산포도의 측정

산포도(dispersion)란 관찰값들이 중심경향을 중심으로 흩어져 있는 정도를 나타내는 것으로 이의 측정에 사용되는 측도로는 범위, 평균편차, 분산과 표준편차 등이 있다.

[표 5-6] 가족수에 대한 빈도분포표

가족수	빈도	백분율	유효퍼센트	누적백분율
2명	104	15.6	15.6	15.6
3명	165	24.8	24.8	40.4
4명	303	45.6	45.6	86.0
5명	76	11.4	11.4	97.4
6명	17	2.6	2.6	100.0
합계	665	100.0	100.0	

범위(range)는 산포도를 측정하는 가장 단순한 방법인데, 이것은 분포의 모든 관찰값들을 포함하는 두 개의 양극단 값을 나타낸다. 다시 말해서 분포의 범위는 최대값과 최소값의 차이로 정의되며, 범위가 클수록 관찰값들이 넓게 흩어져 있다는 것을 의미한다.

범위는 단지 극단값에 의해 결정되므로 분포에 관한 별로 정보를 제공해주지 못하는 단점이 있다. 범위와 관련된 다른 산포도 측정방법으로는 사분위범위(IQR, interquartile range)가 있는데, 이것은 극단값이 아니라 누적백분율이 25번째인 값(P_{25})과 75번째인 값(P_{75})의 차이에 의해 계산된다. 사분위범위는 범위와 달리 두 극단값의 영향을 직접 받지는 않지만, 범위와 마찬가지로 분포가 포함하고 있는 모든 정보를 활용하지 못한다는 약점을 지니고 있다.

$$\text{IQR} = P_{75} - P_{25}$$

산포도를 제대로 측정하려면 평균을 기준으로 한 각 관찰값의 위치를 모두 고려해야 한다. 이러한 특징을 지닌 산포도 측정방법의 하나로 평균편차(average deviation)가 있다. 평균편차는 관찰값과 평균간의 차이의 절대값들의 평균을 의미한다. 단순히 관찰값과 평균간의 차이의 평균을 구하면 그 값은 0이 된다. 이런 문제를 해결하기 위하여 관찰값과 평균간의 차이에 절대값 부호를 붙여 평균을 구한 것이 평균편차이다. 관찰값과 평균간의 차이를 $d_i = Y_i - \overline{Y}$라고 하면, 평균편차를 구하는 공식은 다음과 같이 계산된다.

$$AD = \frac{\sum |di|}{N}$$

평균편차는 통계량으로써 바람직한 속성을 지니지 못하고 있다. 그렇기 때문에 평균편차는 사회과학 자료분석에 별로 사용되지 않는다. 산포도 측정에 가장 널리 사용되는 것은 분산(variance)과 표준편차(standard deviation)이다. 분산은 관찰값과 평균간의 차이의 제곱을 평균한 것을 의미한다. 그리고 분산값을 원래의 측정단위로 복귀시키기 위해서 분산의 제곱근을 구하는데, 이것을 표준편차라고 한다. 변수 Y의 분산 S_Y^2 과 표준편차 S_Y를 구하는 공식은 다음과 같다.

$$S_Y^2 = \frac{\sum_{i=1}^{N}(Y_i - \overline{Y})^2}{N-1}$$

$$S_Y = \sqrt{S_Y^2}$$

위의 식에서 Y_i는 변수 $\overline{Y}$의 i번째 관찰값, $\overline{Y}$는 평균, N은 표본의 크기를 가리킨다.

3 Z 값(Z score)

평균과 표준편차가 다른 두 분포의 각 값들을 서로 비교할 필요가 있을 때가 있다. 그러나 평균과 표준편차가 다른 경우에는 같은 값이라 하더라도 각각의 분포에서 갖는 의미가 다르기 때문에 직접적인 비교를 하는 것은 곤란하다. 예컨대, 학기말 시험에서 철수의 영어성적이 75점, 수학성적이 80점이라 할 경우, 철수가 영어보다 수학을 더 잘 한다고 할 수 없다. 철수네 반의 영어성적과 수학성적 분포의 평균과 표준편차가 서로 다르기 때문이다.

각각 다른 평균과 표준편차를 고려하여 분포간의 점수를 비교하려면 표준화된 점수, 즉 Z 값(Z score)을 사용한다. Z 값을 구하는 공식은 다음과 같다.

$$Z_i = \frac{(Y_i - \overline{Y})}{S_Y}$$

위의 식에서 Y_i는 변수 Y의 i번째 관찰값, $\overline{Y}$는 평균, S_Y는 표준편차를 가리킨다.

[표 5-7]은 철수의 영어성적과 수학성적을 Z 점수로 전환시킨 것이다. Z 점수를 보면 철수의 영어점수가 2.5, 수학점수가 1.3으로 영어가 수학보다 높다. 즉, 철수는 수학보다 영어를 더 잘한다는 것을 알 수 있다.

[표 5-7] 철수의 영어와 수학점수의 Z 값

	영어	수학
철수의 점수	75	80
평균	50	60
표준편차	10	15
Z 값	(75-50)/10=2.5	(80-60)/15=1.3

4 왜도와 첨도의 측정

앞에서 언급했듯이, 가설검정방법에는 모수검정과 비모수검정이 있으며 모수검정은 정규분포의 가정을 필요로 한다. 정규분포(normal distribution)는 관찰값들의 위치가 평균을 중심으로 하여 좌우 대칭인 종모양의 곡선을 갖는 분포를 말한다. 정규분포는 다음과 같은 매우 복잡한 공식으로 표현된다.

$$f(x) = \frac{1}{\sqrt{2\pi\,\sigma^2}} e^{-\frac{1}{2}\left(\frac{x-\mu}{\sigma}\right)^2}, \quad -\infty \le x \le \infty$$

이를 그림으로 나타내면 [그림 5-1] 및 [그림 5-2]와 같다.

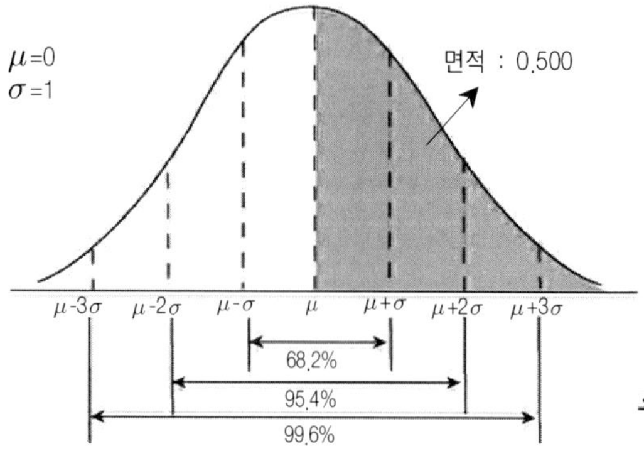

[그림 5-1] 정규분포곡선과 확률값

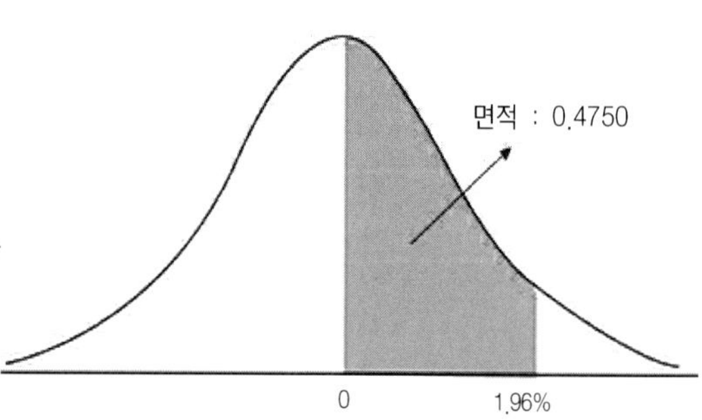

[그림 5-2] Z=0과 Z=1.96 사이의 면적

앞의 그림에서 알 수 있듯이, 정규분포곡선은 세 가지 특징을 지닌다. 첫째, 곡선 밑의 총면적의 합은 항상 1이다. 둘째, 분포는 평균을 중심으로 서로 대칭이다. 셋째, 곡선의 양 끝은 무한대로 연장되며 X축에 맞닿지 않는다.

모든 정규분포곡선의 모양은 모집단의 평균 μ_Y와 분산 σ_Y^2에 의해 결정되며, 정규분포의 평균이 0, 표준편차가 1이 되게끔 표준화한 것을 표준정규분포(혹은 Z 분포)라 한다([그림 5-2]). 정규분포는 [표 5-8]에서 보는 바와 같이 $\pm 1\sigma_Y$의 범위 사이에 전체 면적의 68%, $\pm 2\sigma_Y$의 범위 사이에 전체 면적의 95.4%, 그리고 $\pm 3\sigma_Y$의 범위 사이에 전체 면적의 약 99.7%가 속해 있다. 또한 전체 사상의 95%가 $\pm 1.96\sigma_Y$ 사이에, 그리고 전체 사상의 99%가 $\pm 2.58\sigma_Y$ 사이에 있다. 따라서 정규분포를 가정할 때 평균에서 표준편차 3단위 이상 떨어진 사상은 실제 거의 일어나지 않는다는 것을 알 수 있다.

[표 5-8] 정규분포의 범위와 면적

범위	면적	범위	면적
$\mu_Y \pm 1\sigma_Y$	약 68%		
$\mu_Y \pm 2\sigma_Y$	약 95.4%	$\mu_Y \pm 1.96\sigma_Y$	95%
$\mu_Y \pm 3\sigma_Y$	약 99.7%	$\mu_Y \pm 2.58\sigma_Y$	99%

관찰값들의 분포가 정규분포로부터 얼마나 벗어나 있는지를 측정하는 방법으로 왜도와 첨도가 있다. 왜도(skewness)는 분포의 비대칭성 정도를 나타낸다. 왜도의 측정은 주로 피어슨의 왜도 계수를 사용하며 다음과 같은 공식으로 표현된다.

$$S_k = \frac{\sum_{i=1}^{n}(X_i - \overline{X})^3}{[\sum_{i=1}^{n}(X_i - \overline{X})^2]^{3/2}}$$

[표 5-9] 왜도

종류	설 명
$S_k = 0$	좌우 대칭인 분포
$S_k > 0$	오른쪽으로 긴 꼬리를 가진 분포
$S_k < 0$	왼쪽으로 긴 꼬리를 가진 분포

[표 5-9]에 제시한 바와 같이 $S_k = 0$이면 정규분포와 마찬가지로 좌우 대칭인 분포, $S_k > 0$이면 오른쪽으로 긴 꼬리를 가진 분포, 그리고 $S_k < 0$이면 왼쪽으로 긴 꼬리를 가진 분포를 나타낸다. 만약 $(-0.25 \leq S_k \leq 0.25)$이면 왜도가 미미하다고 하고, $(-0.50 \leq S_k \leq -0.25)$이거나 $(0.25 \leq S_k \leq 0.50)$이면 왜도가 보통이라고 한다. 반면에 $(S_k \leq -0.50)$이거나 $(S_k \geq 0.50)$이면 왜도가 심각하다고 판단한다.

첨도(kurtosis)는 분포가 뾰족한 정도를 나타내며 첨도 K(kappa라고 읽음)는 다음의 식에 의해 계산된다.

$$K = \frac{\sum_{i=1}^{n}(X_i - \overline{X})^4}{[\sum_{i=1}^{n}(X_i - \overline{X})^2]^2} - 3$$

아래의 [표 5-10]과 같이 $K = 0$이면 정규분포와 같은 봉우리, $K > 0$이면 정규분포보다 뾰족한 봉우리, $K < 0$이면 정규분포보다 완만한 봉우리를 갖는 분포를 나타낸다.

[표 5-10] 첨도

종류	설 명
$K = 0$	정규분포와 같은 봉우리
$K > 0$	정규분포보다 뾰족한 봉우리
$K < 0$	정규분포보다 완만한 봉우리

5.4 SPSS 실행 및 결과분석

1 이산변수에 대한 빈도분석의 실행

(1) 실행절차

별도로 제공된 '주거현황조사.sav' 파일은 수도권에 거주하는 가구주 665명을 대상으로 수행된 주택수요조사 결과를 담고 있다. 이 파일에서 이산변수인 '주택유형' 변수를 선택하여 이 변수에 대한 빈도분석을 실시해 보기로 하자.

① [PASW Statistics Data Editor]에 '주거현황조사.sav' 파일을 불러들인 다음, 주요 메뉴에서 다음과 같은 순서에 따라 실행한다.

분석(A) → 기술통계량 → 빈도분석(F)

② [빈도분석] 대화상자가 나타나면 왼쪽의 변수목록에서 '주택유형' 변수를 선택하여 오른쪽의 [변수(V)]상자로 옮긴다. 그리고 대화상자의 오른쪽에 있는 [통계량(S)] 버튼을 누른다. 그러면 [그림 5-3]과 같은 [빈도분석 : 통계량] 대화상자가 나타나는데, 필요한 통계량을 선택하면 된다.

여기서 "최빈값"을 선택한 다음 [계속]을 누른다. 우리가 분석할 변수는 이산변수이기 때문에 중심경향에서 평균, 중위수 같은 통계량은 의미가 없으며, 백분위수 값이나 산포도, 분포와 같은 통계량도 의미가 없다. 다시 [빈도분석] 대화상자가 나타나면 [확인]을 누른다. [빈도분석 : 통계량] 대화상자에 있는 각 통계량의 선택 항목들의 의미와 용도에 대해서는 이미 앞에서 설명하였다.

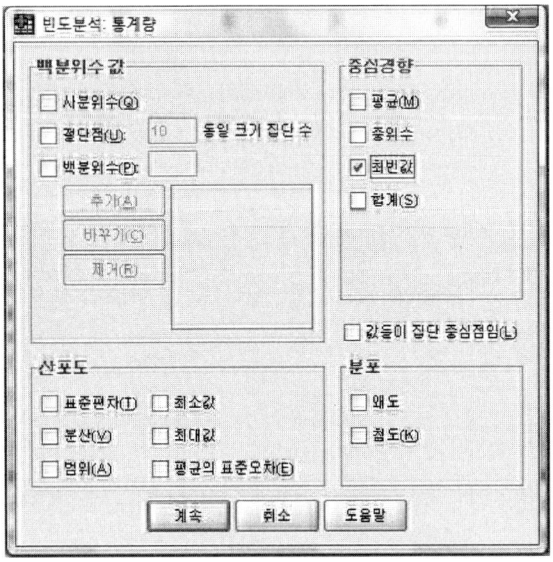

[그림 5-3] 빈도분석 : 통계량 대화상자

참고로 [빈도분석] 대화상자와 같은 데서 여러 개의 변수들을 한꺼번에 [변수(V)]상자로 보내는 방법에 대해 잠시 알아보자. 먼저 나란히 있는 여러 개의 변수들을 동시에 보내려면 맨 위에 있는 변수를 클릭한 다음, [Shift] 키를 누른 채 마지막 변수를 클릭하면 그 사이에 있는 변수들이 선택된다. 그리고 떨어져 있는 여러 개의 변수들을 선택하여 옮기려고 할 경우는 [Ctrl] 키를 누른 채 원하는 변수들만 클릭하면 된다.

③ 다시 [빈도분석] 대화상자에서 [도표(C)]를 선택하면 [그림 5-4]와 같은 [빈도분석 : 도표] 대화상자가 나타난다. 우리가 분석하는 주택유형 변수는 비서열적 이산변수이므로 [도표유형]에서 "막대도표"를 선택하고 [도표화 값]에서 "퍼센트"를 선택한 다음 [계속]을 누른다.

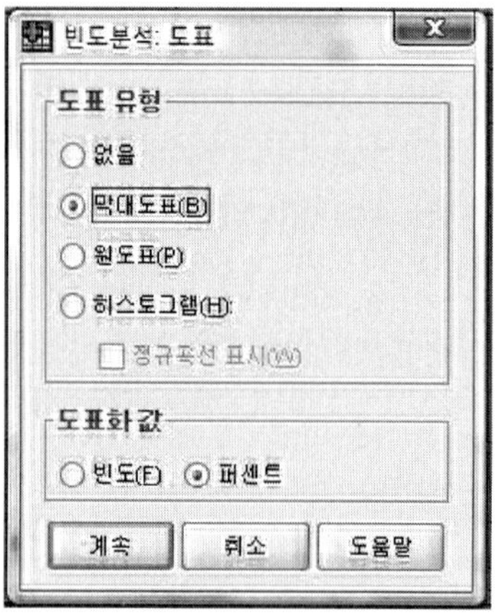

[그림 5-4] 빈도분석 : 도표 대화상자

④ [빈도분석] 대화상자에서 [형식(F)]도 살펴본 다음 [확인]을 누르면 [Output - SPSS 뷰어] 창에 통계량, 빈도분포표 및 차트가 나타난다. [빈도분석: 형식] 대화상자에 있는 선택항목들에 대해서는 [표 5-11]에 설명되어 있다.

[표 5-11] 빈도분석 출력형식 대화상자

선택항목	내 용
ㅇ 변수값 오름차순	변수값을 오름차순으로 정리
ㅇ 변수값 내림차순	변수값을 내림차순으로 정리
ㅇ 빈도값 오름차순	빈도수에 따라 오름차순으로 정리
ㅇ 빈도값 오름차순	빈도수에 따라 내림차순으로 정리

(2) 분석결과와 해석

'주택유형' 변수에 대한 빈도분석 결과는 다음과 같다. 우선 [표 5-12]의 통계량을 보면, 최빈값이 "1(아파트)"로서 아파트가 수도권의 대표적인 주택유형으로 자리잡고 있음을 알 수 있다. '주택유형' 변수의 빈도분포, 백분율 빈도분포표 및 누적백분율 빈도분포표는 [표 5-13]에 제시되어 있으며, 주택유형 변수의 빈도분포를 막대도표로 나타낸 것이 [그림 5-5]이다. 백분율 빈도분포표와 막대도표를 보면, 아파트가 6할 정도인 61.4%로서 수도권의 지배적인 주택유형이라는 것을 알 수 있으며, 그 다음으로 단독주택, 연립주택, 다가구/다세대주택 및 기타가 각각 14.7%, 11.0%, 11.0% 및 2.0%의 비중을 차지하고 있다. 주택유형은 이산변수이기 때문에 이 변수에 대한 누적백분율 빈도분포표는 의미가 없다.

[표 5-12] 빈도분석 통계량

주택유형

N	유효	665
	결측	0
최빈값		1

[표 5-13] 빈도분포표

주택유형

		빈도	퍼센트	유효 퍼센트	누적퍼센트
유효	아파트	408	61.4	61.4	61.4
	단독주택	98	14.7	14.7	76.1
	연립주택	73	11.0	11.0	87.1
	다가구/다세대주택	73	11.0	11.0	98.0
	기타	13	2.0	2.0	100.0
	합계	665	100.0	100.0	

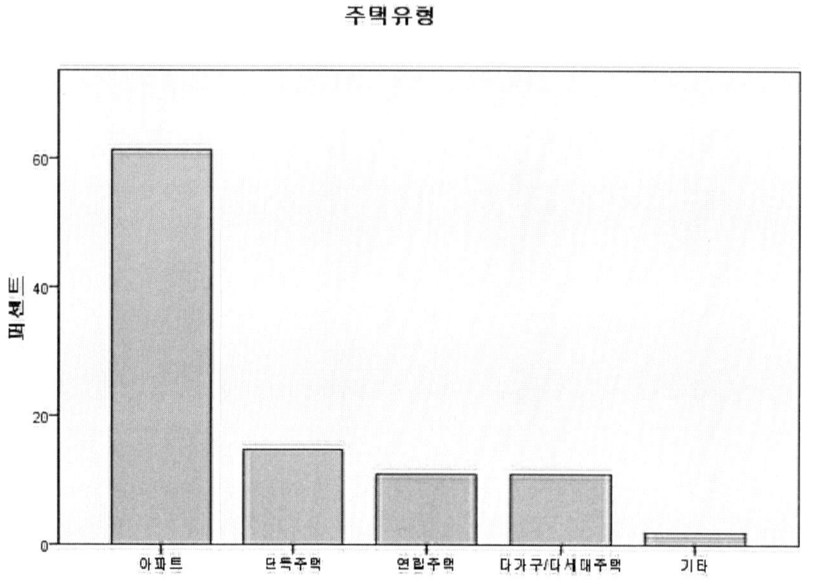

[그림 5-5] '주택유형' 막대도표

2 연속변수에 대한 빈도분석의 실행

(1) 실행절차

이번에는 '주거현황조사.sav' 파일에서 "주택규모" 변수를 가지고 빈도분석을 실행해보기로 하겠다. 주택규모는 최소 8평에서 최대 160평까지의 값을 갖는 연속변수이기 때문에 우선 몇 개의 측정구간으로 다시 묶은 후에 빈도분석을 실행해야 한다. 주택규모 변수를 '20평 미만', '20평대', '30평대', '40평대' 및 '50평대 이상'의 5개 범주를 갖는 "Size"란 이름의 이산변수로 전환하여 빈도분석을 실행해보자.

① [PASW Statistics Data Editor]에 '주거현황조사.sav' 파일을 불러들인 다음, 주요 메뉴에서 다음과 같은 순서에 따라 실행한다.

변환(T) → 다른 변수로 코딩변경(D)

② [새로운 변수로 코딩변경] 대화상자가 나타나면 코딩변경시킬 변수인 '주택규모'를 선

택하여 가운데 상자로 옮긴다. 그런 다음 오른쪽의 [출력변수(N)] 상자에 새로 만들어질 변수 이름인 'Size'를 입력하고 [바꾸기(H)] 버튼을 클릭한다. 그리고 대화상자 아래쪽에 있는 [기존값 및 새로운 값(O)] 버튼을 누른다.

③ [새로운 변수로 코딩변경: 기존값 및 새로운 값] 대화상자가 나타나면 아래의 [표 5-14]와 같이 기존값들을 새로운 값들로 코딩변경한 뒤 [계속] 버튼을 누른다.

[표 5-14] 새로운 값 변경

기존값	새로운 값
8~19(평)	1
20~29(평)	2
30~39(평)	3
40~49(평)	4
50~160(평)	5

④ 분석결과를 쉽게 이해하기 위하여 파일 창 하단에 있는 변수보기의 변수값 설명 절차에 따라서 [변수값 설명] 대화상자를 이용하여 'Size' 변수의 변수값들을 아래와 같이 지정하고 작업이 완료되면 [확인] 버튼을 누른다.

[표 5-15] 'Size' 변수의 새로운 변수값 설명

변수값	변수값 설명
1	20평 미만
2	20평대
3	30평대
4	40평대
5	50평 이상

⑤ 주요 메뉴에서 다음과 같은 순서에 따라 실행한다.

분석(A) → 기술통계량 → 빈도분석(F)

[빈도분석] 대화상자가 나타나면 변수목록에서 이산변수로 전환된 'Size' 변수를 선택

하여 앞에서 설명한 빈도분석방법과 동일한 절차를 따라 빈도분석을 실행한다. 여기서 'Size' 변수는 서열적 이산변수이므로 [빈도분석: 통계량] 대화상자에서는 "중위수"를 선택하고 [빈도분석: 도표] 대화상자의 [도표유형]에서는 히스토그램을 선택한다.

(2) 분석결과와 해석

'Size' 변수에 대한 빈도분석 결과는 아래와 같다. [표 5-16]의 통계량을 보면, 중위수가 "3(30평대)"으로서 30평대 주택규모가 수도권의 대표적인 주택규모라는 것을 알 수 있다. 'Size' 변수의 빈도분포, 백분율 빈도분포표 및 누적백분율 빈도분포표는 [표 5-17]에 제시되어 있으며, 주택유형 변수의 빈도분포를 히스토그램으로 나타낸 것이 [그림 5-5]이다. 백분율 빈도분포표와 히스토그램을 보면, 30평대 주택이 38.9%로서 가장 큰 비중을 차지하고 있다는 것을 알 수 있으며, 그 다음으로 20평대(28.4%), 40평대(12.4%), 50평 이상(10.7%) 및 20평미만(9.7%)의 순으로 나타나고 있다.

[표 5-16] 'Size' 변수의 빈도분석 통계량

주택크기

N	유효	663
	결측	2
중위수		3.00
최빈값		3

[표 5-17] 'Size' 변수의 빈도분포표

주택크기

		빈도	퍼센트	유효 퍼센트	누적퍼센트
유효	20평미만	64	9.6	9.7	9.7
	20평대	188	28.3	28.4	38.0
	30평대	258	38.8	38.9	76.9
	40평대	82	12.3	12.4	89.3
	50평이상	71	10.7	10.7	100.0
	합계	663	99.7	100.0	
결측	시스템 결측값	2	.3		
합계		665	100.0		

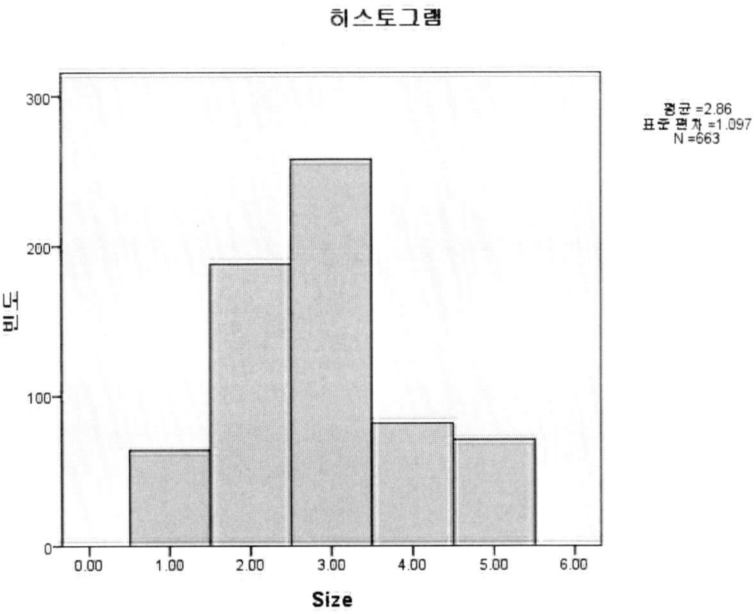

[그림 5-6]'Size'의 히스토그램

3 기술통계분석의 실행

(1) 실행방법

'주거현황조사.sav' 파일에서 "주택규모"와 "주거만족도" 변수를 가지고 기술통계를 산출해보자.

① 우선 [PASW Statistics Data Editor]에 "주거현황조사.sav" 파일을 불러온 후 다음과 같은 절차로 실행한다.

분석(A) → 기술통계량 → 기술통계(D)

② [기술통계(D)] 대화상자가 열리면, 왼쪽의 변수목록에서 '주택규모'와 '주거만족도' 변수를 선택하여 오른 쪽 [변수(V)] 상자로 옮긴 후 대화상자 아래 부분에 있는 [옵션(O)] 버튼을 선택한다. [그림 5-7]은 [기술통계: 옵션] 대화상자인데, 필요한 통계량들

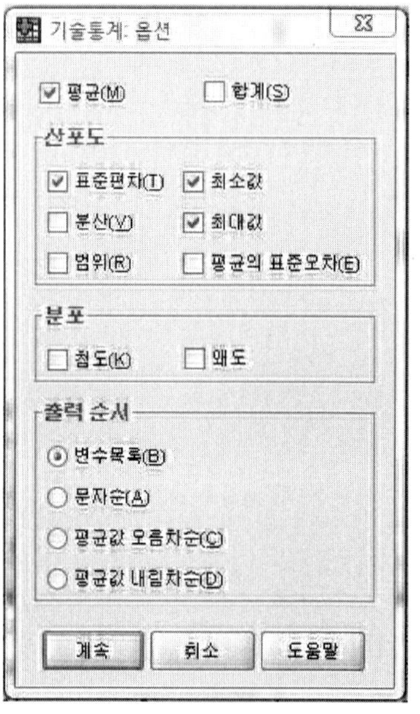

[그림 5-7] 기술통계: 옵션 대화상자

을 선택한 후 [확인] 버튼을 누르면 된다. 이 대화상자에 제시된 선택항목들은 본 장에서 모두 설명하였다.

통계량 중에서 가장 널리 사용되는 "평균"과 "표준편차", 그리고 "최소값"과 "최대값"은 이미 기본설정으로 지정되어 있다. 본 분석에서는 기본설정을 그대로 사용하여 분석하기로 하겠다. 그리고 [출력순서]에서 "변수목록"은 출력물에 목록별로 변수들을 제시하는 것이고 "문자순(A)"은 출력물에 알파벳 순으로 변수들을 제시하는 것이다.

(2) 분석결과 및 해석

기술분석의 통계량은 빈도분석의 통계량과 동일하다. 아래의 [표 5-18]은 '주택규모'와 '주거만족도'의 두 변수에 대한 기술통계 분석결과를 보여주고 있다. 수도권 주민들의 평균 주택규모는 약 33.8평으로 30평대 초반의 중형 주택규모가 지배적인 것으로 나타나고 있다. 그리고 수도권 주민들의 주거만족도는 약 3.3점으로 만족도가 '보통'이라는 것을 알 수 있다.

[표 5-18] '주택규모'와 '주거만족도'에 대한 기술통계 분석결과

기술통계량

	N	최소값	최대값	평균	표준편차
주택규모	664	8	160	33.76	15.566
주거만족도	664	1	5	3.26	.757
유효수 (목록별)	663				

CHAPTER 06

두 이산변수 간의 관계 검정

6.1 교차분석과 χ^2검정

1 목적

빈도분포와 기술통계는 이산변수의 질적 속성이나 연속 변수의 양적 속성을 잘 나타내준다. 그러나 연구자들은 주로 분포의 변이를 설명하는데 관심을 갖는다. 왜 가구별 월평균 소득이 다른가? 왜 어떤 유권자들은 여당을 지지하고, 다른 유권자들은 야당을 지지하는가? 왜 어떤 직장인들은 자신들의 직업에 대해서 만족해하고, 다른 직장인들은 불만을 느끼는가?

연구자들은 이론이나 선행연구, 혹은 직관에 근거하여 이 변이들을 설명하기 위한 가설을 세운다. 예컨대, 독립변수 X와 종속변수 Y가 있다면, 가설들은 일반적으로 "X와 Y간에는 ~ 관계가 있다", "X는 Y에 ~ 영향을 미친다" 등의 형태를 취한다. 이러한 가설들을 우리는 추론통계를 이용하여 검정하며, 통계적 분석기법은 변수들의 측정수준에 따라 달라진다.

두 변수가 모두 이산변수일 경우 두 변수간 관계 검정 시에 주로 교차분석과 χ^2검정을 사용한다. 교차분석(crosstabulation analysis)은 이산변수들의 범주들간에 서로 교차하는 표를 만들어 각 셀에 해당하는 빈도와 비율을 분석하는 기법이다. 교차분석에서 두 이산변수간의 관계에 대한 분석은 응답범주들간의 백분율 비교를 통해서 이루어진다. 그리고 두 이산변수간에 관계가 있는지를 알아보기 위한 통계적 유의성 검정방법으로는 χ^2검정을 사용한다. χ^2검정은 비모수검정방법으로 모집단의 분포에 대한 가정을 필요로 하지 않는다.

2 교차분석

교차표(crosstabulation)는 두 변수 간의 결합빈도를 나타낸 표이다. 만일 두 변수가 각각 R개와 C개의 범주를 가지고 있다면 교차표는 R*C 개의 셀로 이루어지게 된다. 이러한 표를 통해서 두 변수간에 가설대로 실제로 관계가 존재하는지 결정할 수 있다.

예를 들어, 20대 남녀 300명을 대상으로 기혼여성 취업에 대한 찬반태도를 조사하였다고 하자. 이때 성별 빈도분포표에는 남자와 여자가 각각 몇 명이며, 기혼여성취업 관련 태도 빈도분포표에는 찬성과 반대가 각각 몇 명씩인가가 표시된다. 그러나 교차표에서는 남자 중 기혼여성 취업 찬성자 몇 명, 반대자 몇 명 등과 같이 두 변수가 교차된 형태로 나타낼 수 있다. 아래의 [표 6-1]은 이러한 교차표의 한 예를 보여주고 있다.

[표 6-1]의 A에 원자료의 교차표가 제시되어 있는데, 각 셀은 두 변수간의 결합빈도를 나타낸다. 표의 오른 쪽에 있는 합계를 행의 누계(row marginals), 표의 아래 쪽에 있는 합계를 열의 누계(column marginals)라고 하며, 행의 누계와 열의 누계를 누계분포(marginal distribution) 혹은 간단하게 누계(marginals)라고 부른다. 누계분포는 교차된 두 변수 각각의

[표 6-1] 성별과 기혼여성 취업에 대한 태도 간의 교차표

A. **빈도교차표**

구 분		성 별		합 계
		남자	여자	
기혼여성취업	찬성	74	78	152
	반대	96	52	148
합계	합계	170	130	300

B. **백분율교차표**

구 분		성 별		합 계
		남자	여자	
기혼여성취업	찬성	43.5%	60.0%	50.7%(152)
	반대	56.6%	40.0%	49.3%(148)
합계	합계	100.0%(170)	100.0%(130)	100.0%(300)

빈도분포를 나타낸다.

A와 같은 빈도교차표에서는 두 변수간에 어떤 관계가 존재하는지 쉽게 파악하기 어렵다. 비교를 용이하게 하기 위해서 공통의 기준을 갖도록 빈도교차표를 표준화시키는데, 이것이 바로 백분율 교차표(percentage crosstabulation)이다. 백분율교차표에서 백분율은 표의 위쪽에 위치한 열 변수(column variable, 독립변수)의 각 범주의 합에 대해 계산해야 한다. 다시 말해서, 열 백분율(column percentage)을 구해야 한다. 그리고 행 변수(row variable, 종속변수)의 각 행을 따라 백분율 차이(percentage difference)를 비교하면 두 변수간의 관계의 존재 유무를 알 수 있다.

만일 두 변수간에 아무런 관계도 존재하지 않는다면, 남자나 여자나 기혼여성의 취업에 대한 찬성비율과 반대비율이 같을 것이다. 그러나 두 변수간에 관계가 존재한다면 기혼여성의 취업에 대한 찬성비율과 반대비율이 남자와 여자 간에 차이가 있을 것이다. [표 6-1]의 B에서 기혼여성의 취업에 대한 찬성비율이 남자는 43.5%인데 반해 여자는 60.0%로서 16.5% 더 많다. 따라서 성별과 기혼여성취업에 대한 찬반태도간에는 관계가 존재하며, 기혼여성의 취업에 대해서 남자들은 반대하는 경향이 높은 반면에 여성들은 찬성하는 경향이 높다는 것을 알 수 있다.

3 χ^2검정

배분율교차표에서는 열 백분율 간의 차이를 계산하여 두 변수 간의 관계의 존재 여부를 확인한다. 그러나 백분율 차이가 작을 때 이것이 우연에 의한 차이인지 아니면 유의미한 차이인지 판단하기가 쉽지 않다. 이 때 교차표로 제시된 두 변수 간의 관계의 통계적 유의성을 알아보는 적절한 방법이 χ^2검정이다. χ^2검정은 이처럼 두 변수 간 관계를 검정하는 독립성 검정에 사용되지만, 실험집단과 통제집단의 분포의 동질성을 알아보는 동질성 검정이나 변수의 각 범주에 속할 확률이 특정값이나 이론적 확률과의 일치 여부를 확인하는 적합도 검정에도 사용된다.

독립성 검정을 목적으로 하는 χ^2검정은 두 변수 간에 아무런 관계가 없다는 영가설이 사실일 때 교차표의 각 셀에 기대되는 빈도와 실제 관찰빈도간의 비교에 기초를 둔 통계적 검정방법이다.

[표 6-2] χ^2검정 자료의 구조

	1	2	....	j	....	C	
1							f_1
2							f_2
.....							....
i				$\widehat{f_{ij}}$			f_i
.....							....
R							f_R
	f_1	f_2	....	f_j	....	f_C	N

위의 [표 6-2]와 같은 구조를 갖는 교차표 자료가 주어졌다고 하자. 만일 C개의 범주를 갖는 X 변수와 R개의 범주를 갖는 Y 변수가 통계적으로 독립적일 경우(즉, 관계가 존재하지 않을 경우), i 번째 행과 j 번째 열이 만나는 셀의 기대빈도 $\widehat{f_{ij}}$를 구하는 공식은 다음과 같다.

$$\widehat{f_{ij}} = \frac{(f_i)(f_j)}{N}$$

f_i = i번째 행의 누계

f_j = j번째 열의 누계

N = 표본의 크기

χ^2검정통계량은 각 범주의 관찰빈도와 기대빈도의 차이를 제곱하고, 이 값을 다시 기대빈도로 나눈 다음 합한 값이다. 만일 영가설이 사실이라는 가정 하에서 기대빈도가 $\widehat{f_{ij}}$이고 각 셀의 관찰빈도가 f_{ij}라면 χ^2검정통계량은 다음과 같은 공식으로 계산된다.

$$\chi^2 = \sum_{i=1}^{R}\sum_{j=1}^{C}\frac{(\widehat{f_{ij}} - f_{ij})^2}{\widehat{f_{ij}}}$$

위의 식에서 C는 열의 수, R은 행의 수이다.

만일 관찰빈도와 기대빈도가 서로 비슷하면 $(\widehat{f_{ij}} - f_{ij})^2$의 값이 작아져 χ^2값이 작아진다.

χ^2는 기대빈도와 관찰빈도 간의 차이를 제곱하기 때문에 항상 양의 값을 가지며, 값이 클수록 두 변수 간에 관계가 존재할 가능성(영가설이 기각될 가능성)이 높아진다.

χ^2검정에는 χ^2분포가 사용된다. χ^2분포는 자유도(DF, degrees of freedom)에 따라 그 형태가 달라지기 때문에 영가설의 기각여부를 판단하기 위한 기준으로 사용할 임계값을 구하기 위해서는 교차표의 자유도를 알아야 한다. 교차표에 있어서 자유도는 누계가 고정된 상태에서 값이 자유롭게 변할 수 있는 셀의 수를 의미한다. 따라서 교차표의 행의 셀 수를 R이라 하고 열의 셀 수를 C라고 하면 자유도 DF는 다음의 공식에 의해 계산된다.

$$DF = (R-1)(C-1)$$

앞에서 예로 제시된 교차표를 가지고 χ^2검정통계량을 구해 보자. 교차분석에서 이미 설명했듯이, 백분율교차표에서 열의 백분율 차이가 없다면 두 변수 간에 관계가 없다는 것을 의미한다. 따라서 열(성별)의 누계분포와 행(기혼여성취업에 대한 태도)의 누계분포가 [표 6-3]과 같이 주어졌을 경우 두 변수 간에 관계가 없다면 남자와 여자 모두 기혼여성에 대한 찬성과 반대비율이 각각 50.7%와 49.3%로 동일할 것이다.

[표 6-3] 통계적 독립성 가정 하에서의 기대빈도

구 분		성 별		합 계
		남자	여자	
기혼여성취업	찬성	50.7%(86.1)	50.7%(65.9)	50.7%(152)
	반대	49.3%(83.9)	49.3%(64.1)	49.3%(148)
합계	합계	100.0%(170)	100.0%(130)	100.0%(300)

[표 6-4] 각 칸의 기대빈도와 관찰빈도

구 분		성 별		합 계
		남자 (기대/관찰)	여자 (기대/관찰)	
기혼여성취업	찬성	86.1/74	65.9/78	152
	반대	83.9/96	64.1/52	148
합계	합계	170	130	300

두 변수 간에 관계가 없을 경우 기대되는 백분율을 기대빈도로 전환하면 각 셀의 기대빈도는 [표 6-3]에 제시된 괄호 안의 값이 된다. 따라서 각 셀의 기대빈도와 관찰빈도가 [표 6-4]와 같이 주어졌을 때 χ^2 검정통계량은 다음과 같이 계산되어 7.95가 된다.

$$\chi^2 = (86.1\text{-}74)2/86.1 + (83.9\text{-}96)2/83.9 + (65.9\text{-}78)2/65.9 + (64.1\text{-}52)2/64.1$$
$$= 1.7 + 1.75 + 2.22 + 2.28 = 7.95$$

위의 예에서 자유도는 DF = (R-1)(C-1) = (2-1)(2-1) = 1이다. 유의수준 .05에서 DF=1일때 임계값은 3.84이다. 따라서 χ^2 검정통계량(7.95) > 임계값(3.84)이므로 성별과 기혼여성 취업에 대한 찬반태도간에 관계가 없다는 영가설은 기각된다.

4 상관성 측도

χ^2 검정은 단지 두 이산변수 간의 관계의 존재 여부만을 알려 줄 뿐이다. 두 이산변수 간의 관계의 강도를 측정하기 위해서는 아래에 제시된 상관성 측도(association measures)를 사용한다. 상관성 측도는 이산변수가 비서열적이냐 서열적이냐에 따라 두 종류로 구분된다. 상관성 측도는 보통 0과 1 사이의 값을 가지며, 1에 가까울수록 두 변수간의 관계가 강도가 강하다는 것을 의미한다.

(1) 비서열적 이산변수들 간의 상관성 측도

① 파이계수(Phi, ϕ)

2 × 2 교차표에서만 사용하며, χ^2 값을 표본의 크기 N으로 나눈 값의 제곱근이다. 0~1사이의 값을 가지며, 계산공식은 다음과 같다.

$$\phi = \sqrt{\frac{\chi^2}{N}}$$

② **상황계수**(Contingency Coefficient, C)

파이계수와 마찬가지로 χ^2값에 기초한 상관성 측도이다. 두 변수가 관계가 없을 때는 0의 값을 가지나, 행과 열의 수에 따라 상한값이 달라진다는 문제점이 있다. 계산공식은 다음과 같다.

$$C = \sqrt{\frac{\chi^2}{\chi^2 + N}}$$

③ **크래이머의** V(Cramer's V)

파이계수와 마찬가지로 χ^2값에 기초한 상관성 측도이다. 분할계수와 달리 상한값이 행과 열의 수에 영향을 받지 않으며, 0 ~ 1의 값을 갖는다. 계산공식은 다음과 같다.

$$V = \sqrt{\frac{\chi^2}{(N)(Min(r-1, c-1))}}$$

④ **율의** Q(Yule's Q)

2 × 2 교차표에서만 사용하며, 0 ~ ±1의 값을 갖는다.

a	b
c	d

각 셀의 사례수가 위의 표와 같을 때 율의 Q의 계산공식은 다음과 같다.

$$Q = \frac{(ad) - (bc)}{(ad) + (bc)}$$

⑤ **람다**(Lambda, λ)

PRE(propotional reduction in error) 측도로서 앞의 다른 상관성 측도들보다 우수하기 때문에 일반적으로 많이 사용된다. 비대칭적 측도로서 행 변수와 열 변수가 바뀌면 값이 변화한다. 계산공식은 다음과 같다.

$$\lambda = \frac{(E_Y - E_X)}{E_Y}$$

위의 공식에서 E_Y는 Y의 최빈범주를 가정할 때 생기는 오차(독립변수에 대한 정보가 없을 때 생기는 오차), 그리고 E_X는 X의 각 범주에서 Y의 최빈범주를 가정할 때 생기는 오차(독립변수에 대한 정보가 있을 때 생기는 오차)를 가리킨다.

(2) 서열적 이산변수들 간의 상관성 측도

① 감마(Gamma, G)

서열적 이산변수들 간의 상관성 측도로서 가장 널리 사용된다. 교차표에 있는 관찰값(빈도수)들의 모든 짝(pair)을 비교하여 같은 범주에 속하는 사례(tied pairs)들을 제외하고 일치하는 짝들과 일치하지 않는 짝들을 이용하여 계산한다. PRE 측도로서 0 ~ ±1의 값을 가지며 계산공식은 다음과 같다.

$$G = \frac{n_s - n_d}{n_s + n_d}$$

위의 공식에서 n_s는 두 변수에 대한 서열적 방향이 같은 짝들(concordant pairs), n_d는 두 변수에 대한 서열적 방향이 다른 짝들(discordant pairs)을 가리킨다.

② 타우-b(tau b, τ_b)

행과 열의 수가 같은 경우에 사용한다. 감마와 달리, 독립 및 종속변수에 같은 응답을 한 사례들의 짝들을 계산에 사용한다. 행과 열의 수가 같을 때만 0 ~ ±1의 값을 가지며, 계산 공식은 다음과 같다.

$$\tau_b = \frac{n_s - n_d}{\sqrt{n_s + n_d + T_r}\ \sqrt{n_s + n_d + T_c}}$$

위의 공식에서 n_s는 두 변수에 대한 서열적 방향이 같은 짝들, n_d는 서열적방향이 다른 짝들, 그리고 T_r 및 T_c는 행 및 열 변수에서 같은 범주에 있는 짝의 수를 가리킨다.

③ 타우-c(tau c, τ_c)

타우-b와 달리 행과 열의 수에 영향을 받지 않는다. 행과 열의 수에 관계없이 항상 0 ~ ±1의 값을 가지며, 계산공식은 다음과 같다.

$$\tau_c = \frac{2m(n_s - n_d)}{N^2(m-1)}$$

위의 공식에서 n_s는 서열적 방향이 같은 짝들, n_d는 서열적방향이 다른 짝들, 그리고 m은 행과 열 중에서 더 작은 것의 셀 수를 가리킨다.

④ **소머의** d(Somer's d_{YX})

비대칭적 측도로서 행 변수와 열 변수가 바뀌면 값도 따라서 바뀐다. 0 ~ ±1의 값을 가지며, 계산공식은 다음과 같다.

$$d_{YX} = \frac{n_s - n_d}{n_s + n_d + T_r}$$

위의 공식에서 n_s는 서열적 방향이 같은 짝들, n_d는 서열적 방향이 다른 짝들, 그리고 T_r은 행변수에서 같은 범주내 있는 짝의 수를 가리킨다.

⑤ **스피어맨의** r(Spearman's Rho, r_s)

두 변수의 각 관찰값에 상호간의 상대적 위치를 나타내게끔 1에서 N(표본의 크기)까지의 숫자(순위)를 부여한 후 변수들 간의 관련 측정하는 측도이다. 0 ~ ±1의 값을 가지며, 계산공식은 다음과 같다.

$$r_s = 1 - \frac{6\sum_{i=1}^{N}(D_i^2)}{(N)(N^2-1)}$$

위의 공식에서 D_i는 순위간의 차, 그리고 N은 표본의 크기를 가리킨다.

5 SPSS 실행 및 결과분석

(1) 실행방법

교차분석과 χ^2검정을 연습하기 위해서 '주거현황조사.sav' 파일에서 '연령'과 '희망주택규모’ 간의 관계를 분석해보자. 자료에서 연령은 30대, 40대, 50대의 세 범주를 갖는 이산변수이고, 희망주택규모는 20평대 이하, 30평대, 40평대, 50평대, 60평대 이상의 5개 범주를 갖는 이산변수이다. 연령이 높을수록 가족수가 증가하면서 희망주택규모도 커지는 경향이 있는 것으로 알려져 있다. 연령과 희망주택규모 간의 관계 검정을 위하여 다음과 같은 가설을 설정하고 검정을 해보도록 하자.

H_1: 연령과 희망주택규모 간에는 관계가 있을 것이다

H_0: 연령과 희망주택규모 간에는 관계가 없을 것이다

① [PASW Statistics Data Editor]에 ‘주거현황조사.sav’을 불러온 후, 다음과 같이 실행한다.

분석(A) → 기술통계량 → 교차분석(C)

② [그림 6-1]과 같이 [교차분석] 대화상자가 나타나면, 왼쪽에 있는 변수목록에서 ‘연령’ 변수를 선택하여 [열(C)] 상자로 보내고, 다시 변수목록에서 ‘희망주택규모’ 변수를 선택하여 [행(O)] 상자로 보낸다. 각 행과 열에 배치할 변수는 바뀌어 넣어도 상관이 없다. 출력결과에는 이상이 없으며 단지 행과 열이 바뀌어 출력될 뿐이다.

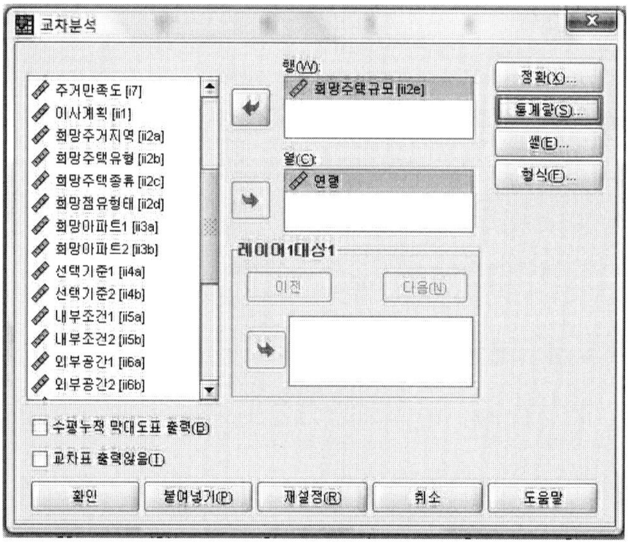

[그림 6-1] 교차분석 대화상자

③ 원하는 통계량을 선택하기 위하여 [통계량(S)] 버튼을 클릭한다. 그러면 [그림 6-2]와 같은 [교차분석 : 통계량] 대화상자가 나타난다. 여기서 카이제곱과 서열적 이산변수 간의 상관성 측도로 널리 사용되는 감마를 선택하고 [계속] 버튼을 누른다. 감마를 선택한 이유는 연령과 희망주택규모의 두 변수가 모두 서열적 이산변수이기 때문이다. [교차분석: 통계량] 대화상자의 선택항목에 대해서는 이미 본장에서 모두 설명하였다.

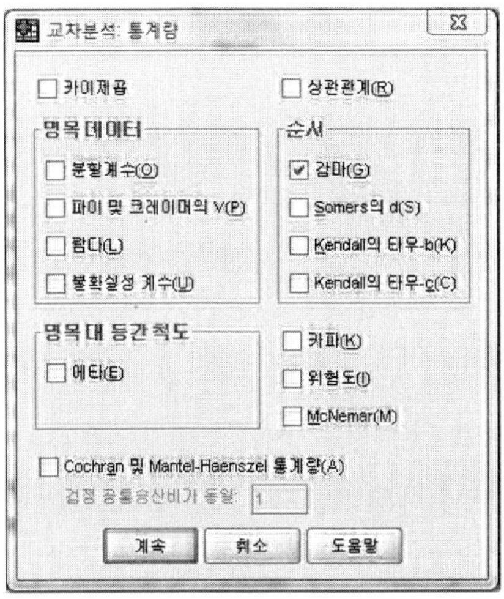

[그림 6-2] 교차분석 : 통계량 대화상자

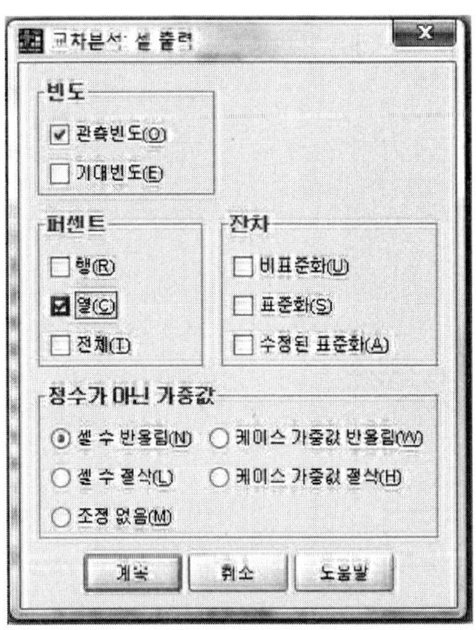

[그림 6-3] 교차분석 : 셀 출력 대화상자

④ 다시 [교차분석] 대화상자가 나타나면 [셀(E)] 버튼을 선택하면 [그림 6-3]과 같은 [교차분석: 셀 출력] 대화상자가 나타난다. 여기서 [퍼센트] 항목에서 “열(C)"을 선택하고 그 외에 셀 출력 시 나타내고자 하는 항목들을 선택한다. 백분율은 독립변수의 각 범주별로 백분율 합계가 100%가 되어야 하기 때문에 독립변수를 [열(C)] 상자로 보냈을 경우 열 백분율(Column Percentage)을 계산하는 것이 일반적이다. 선택을 완료한 후 [계속] 버튼에 이어서 [확인] 버튼을 누른다.

(2) 분석결과와 해석

[표 6-5]의 연령*희망주택규모 교차표를 보면, 연령이 낮을수록 20평대 이하나 30평대의 주택을 희망하는 비율이 증가하는 반면, 연령이 높을수록 40평대나 50평대 이상의 주택을 희망하는 비율이 증가하는 추세를 보이고 있다. 이것은 연령과 희망주택규모 간에 관계가 있다는 것을 가리킨다.

연령과 희망주택규모간의 관계에 대한 통계적 유의성 검정을 하기 위해서 카이제곱검정을 한 결과가 [표 6-6]에 제시되어 있다. [표 6-6]에서 Pearson 카이제곱값이 61.775, 자유도는 8, 유의확률(양측검정)이 .000이다. 유의확률이 유의수준(일반적으로 .05 혹은 .01 사

[표 6-5] 희망주택규모*연령 교차표

			연령			전체
			30대	40대	50대	
희망주택규모	20평대이하	빈도	22	7	13	42
		연령 중 %	9.7%	2.9%	6.7%	6.3%
	30평대	빈도	154	124	80	358
		연령 중 %	68.1%	50.8%	41.2%	53.9%
	40평대	빈도	37	72	49	158
		연령 중 %	16.4%	29.5%	25.3%	23.8%
	50평대	빈도	9	33	41	83
		연령 중 %	4.0%	13.5%	21.1%	12.5%
	60평대이상	빈도	4	8	11	23
		연령 중 %	1.8%	3.3%	5.7%	3.5%
전체		빈도	226	244	194	664
		연령 중 %	100.0%	100.0%	100.0%	100.0%

용)보다 작으면 연령과 희망주택규모 간에 관계가 없다는 영가설이 기각되며, 같거나 크면 영가설이 기각되지 않는다. 본 분석결과에서는 유의확률이 유의수준 .01보다 작기 때문에, 영가설이 기각되고 대안가설이 채택된다. 즉, 연령과 희망주택규모 간에는 유의미한 관계가 존재한다.

[표 6-6]의 카이제곱 검정결과는 연령과 희망주택규모 간에 관계가 있다는 것을 보여줄 뿐이며, 두 변수간의 관계의 강도가 얼마나 되는지에 대해서는 알려주지 않는다. 이것은 [표 6-7]의 감마값을 통해서 알 수 있다. 이 표에서 감마값은 .351이며 유의확률이 .000으로 유의수준 .01보다 작으므로 유의미하다. 감마값이 0에 가까울수록 강도가 약한 것이고, ± 1의 값에 가까울수록 강도가 강한 것이다. 그리고 감마값이 양(+)의 값을 가지면 두 변수 간에 정(正)의 관계가 있다는 것을 의미하고, 반대로 음(-)의 값을 가지면 두 변수 간에 부(否)의 관계가 있다는 것을 의미한다. 본 분석에서 감마값 .351은 연령과 희망주택규모 간에 유의미한 정의 상관이 존재하며, 그 강도는 보통 정도라는 것을 가리킨다.

[표 6-6] 카이제곱 검정

	값	자유도	점근 유의확률 (양측검정)
Pearson 카이제곱	61.775[a]	8	.000
우도비	65.390	8	.000
선형 대 선형결합	43.251	1	.000
유효 케이스 수	664		

a. 0 셀 (.0%)은(는) 5보다 작은 기대 빈도를 가지는 셀입니다. 최소 기대빈도는 6.72입니다.

[표 6-7] 대칭적 측도

		값	점근 표준오차[a]	근사 T 값[b]	근사 유의확률
순서척도 대 순서척도	감마	.351	.049	6.865	.000
유효 케이스 수		664			

a. 영가설을 가정하지 않음.

b. 영가설을 가정하는 점근 표준오차 사용

6.2 다중응답분석

1 목적

설문지는 일반적으로 한 질문에 대해 한 개의 응답을 하도록 되어있다. 그러나 때로는 한 질문에 대해서 두 가지 이상의 응답을 복수로 선택하도록 하는 경우도 있고, 때로는 선호도 순위를 기록하도록 하는 질문도 있다. 예를 들면, 좋아하는 연예인들의 인기 순위, 좋아하는 가요의 종류 등에 대하여 조사하는 경우가 이에 해당된다.

이와 같이 두 개 이상의 응답을 선택하도록 구성된 질문 문항에 대해서는 코딩방법은 물론 빈도분석이나 교차분석과 같은 기초적인 통계분석방법도 다소 차이가 있다. 그래서 빈도분석과 교차분석을 마친 다음에 별도로 설명하는 것이 보다 쉽게 이해될 수 있으리라 판단하여 이 곳에서 다루고자 한다.

2 다중응답 코딩방법

두 개 이상의 응답을 선택하도록 구성된 문항을 코딩하는 방법은 설문방식에 따라 중복법(multiple response method)과 이분법(multiple dichotomy method)으로 구분되고, 자료를 입력하는 코딩방식도 서로 다르다. 중복법은 한 문항에서 응답자로 하여금 임의로 중복 응답하도록 한 경우에 이용되는 코딩방법이고, 이분법은 선택항목에 제한을 두는 질문을 코딩할 때 사용하는 방법이다. 다음의 [예제 6-1]은 중복법과 이분법에 따른 설문 문항을 보여주고 있다.

예제 6-1 다중응답 설문문항

1. 귀하가 자주 이용하는 백화점에서 주로 구입하는 품목은 무엇입니까?(세 가지만 순서대로 골라 주십시오) (중복법)

   ① 주방용품[ ] ② 남성 정장[ ] ③ 남성 캐주얼[ ] ④ 주방용품[ ]
   ⑤ 여성정장[ ] ⑥ 여성 캐주얼[ ] ⑦ 스포츠용품[ ] ⑧ 아동의류[ ]
   ⑨ 농수산물[ ] ⑩ 신변잡화[ ] ⑪ 생활필수품[ ] ⑫ 시계보석류[ ]

2. 아래의 건강유지방법 중에서 귀하가 평소에 활용하고 있는 방법들을 모두 선택해 주십시오.(이분법)

   ① 식사조절[ ] ② 금주금연[ ] ③ 영양제복용[ ] ④ 운 동[ ]
   ⑤ 단전호흡[ ] ⑥ 목 욕[ ] ⑦ 기 타[ ]

위의 [예제 6-1]에서 1번 문항이 중복법의 설문이고, 2번 문항은 이분법을 적용할 수 있는 문항이다.

다음의 [예제 6-2]는 두 가지 방법으로 코딩시트에 기록한 것이다. [예제 6-2]에 제시한 바와 같이 중복법은 응답의 수가 제한되어 있기 때문에 변수순서에 따라 응답내용을 기록해 나가면 된다. 그러나 이분법은 선택항목의 수가 응답자마다 다르기 때문에 모든 응답번호에 대하여 각각의 변수로 처리하여 응답 여부를 기록해야 한다.

예제 6-2 다중응답 코딩방법

» [중복법에 의한 코딩 방법]

	변수순서	1	2	3
	변수이름	순서1	순서2	순서3
케이스	1	7	5	11
	2	10	8	4

» [이분법에 의한 코딩 방법]

	변수순서	1	2	3	4	5	6	7
	변수이름	식사	금주	영양제	운동	단전	목욕	기타
케이스	1	1	1	2	1	2	1	2
	2	1	2	2	2	1	2	2

1=선택, 2=선택 안함

3 SPSS 실행 및 결과분석

수도권주민을 대상으로 한 '주거환경조사.sav' 파일을 보면 중복법을 사용하여 질문한 문항들이 많이 있다. 이러한 문항들에 대한 빈노분석과 교자분석을 위해서 다중응답분석을 사용한다. '주거현황조사.sav' 파일에 "외부공간1"과 "외부공간2"의 두 변수를 선택하여 다중응답분석을 연습해 보기로 하겠다. 이 변수들은 아파트 외부공간을 설계할 때 중요하게 고려해야 할 사항 두 가지를 골라 응답을 해달라고 한 것이다. 다중응답분석을 실행하기 위해서는 우선 다중응답 변수군을 정의해야 하고, 그런 후에 빈도분석과 교차분석을 실행할 수 있다.

(1) 변수군 정의

① '주거현황조사.sav'를 [PASW Statistics Data Editor]에 불러온 후, 주요 메뉴에서 다음과 같은 순서로 선택을 하면 [그림 6-4]와 같은 [다중응답 변수군 정의] 대화상자가 나타난다.

분석(A) → 다중응답(U) → 변수군정의(E)

② [다중응답 변수군 정의] 대화상자가 열리면 [변수군 정의]상자에서 '외부공간1'과 '외부공간2'의 두 변수를 [응답변수(V)]로 옮긴다. 그리고 코딩형식을 지정해 주기 위해 [변수들의 코딩형식]에서 "◉ 범주형"을 선택한다. 이 변수들이 1에서 7 사이의 값을

[그림 6-4] 다중응답 변수군 정의 대화상자

가지므로 범위값 "1"과 "7"을 입력한다. 그런 다음 [이름(N)]에 '외부공간'이라고 입력하고 [설명(L)]에 '아파트 외부공간'이라고 입력하여 임시로 설정한 변수이름에 대하여 설명을 해준다. 그러면 [추가(A)] 버튼이 활성화되는데, 이 버튼을 클릭하면 임시변수 '외부공간'은 [다중응답 변수군(S)] 상자로 옮겨지면서 '$외부공간'으로 나타난다.

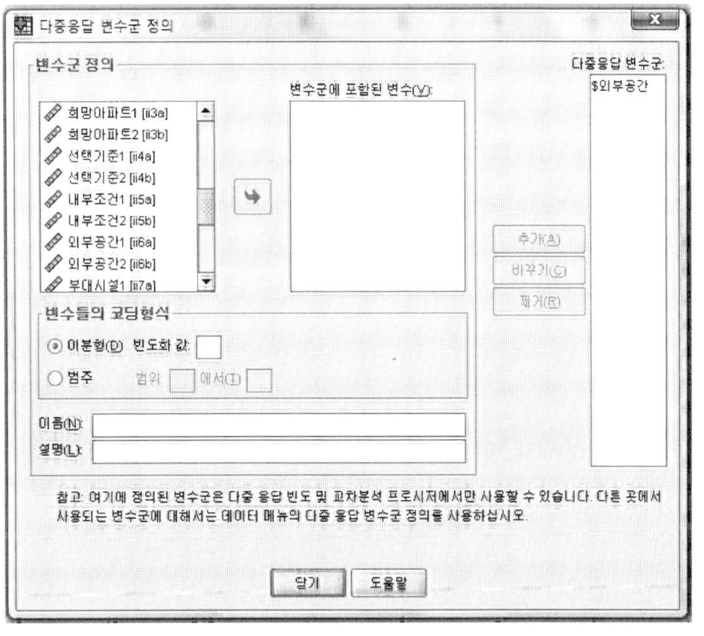

[그림 6-5] 다중응답 변수군 정의 입력

(2) **다중응답 빈도분석**

① 변수군 정의가 끝나면 빈도분석이나 교차분석이 가능해지는데, 빈도분석은 다음과 같은 순서로 실행한다.

분석(A) → 다중응답(U) → 빈도분석(F)

② [그림 6-6]과 같이 [다중응답 빈도분석] 대화상자가 열리면, 임시변수 '아파트외부공간[$외부공간]'을 선택하여 오른쪽에 있는 [표작성응답군(T)] 상자로 옮긴다. 그리고 [확인]을 누르면 빈도분석 결과가 [SPSS 출력결과 뷰어]창에 나타난다.

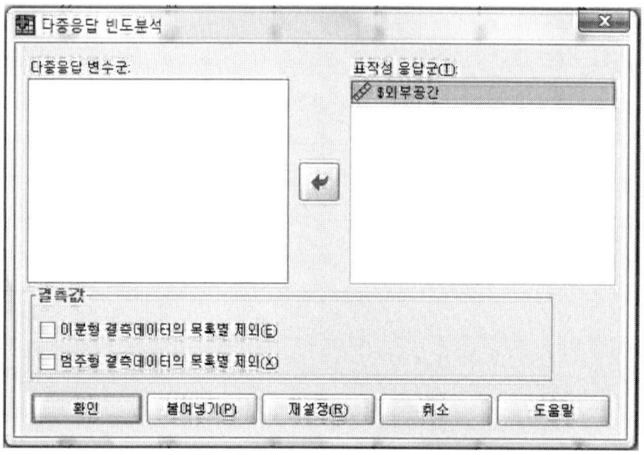

[그림 6-6] 다중응답 빈도분석 대화상자

[표 6-8]의 '아파트 외부공간' 변수에 대한 다중응답 빈도분석 결과를 보면, 총 응답(반응) 수를 기준으로 하여 작성된 백분율(Pct of Responses)과 응답자(사례) 수를 기준으로 하여 작성된 백분율(Pct of Cases)의 두 종류가 있다. 전자의 경우에는 백분율 합계가 100%가 되지만, 후자의 경우에는 백분율 합계가 항상 100%가 넘는다. 두 결과 중 어느 것을 사용할 것인지는 연구자의 연구목적에 따라 달라질 것이다. 전자를 기준으로 하여 빈도분석 결과를 살펴보면, 아파트 외부공간을 설계할 때 중요하게 고려해야 할 사항으로 '놀이공간'(35.4%)과 '주차시설'(31.9%)이 첫 번째와 두 번째로 가장 많이 지적되고 있다는 것을 알 수 있다.

[표 6-8] '아파트외부공간' 변수에 대한 다중응답 빈도분석결과

		응답		케이스 퍼센트
		N	퍼센트	
아파트 외부공간[a]	놀이공간	132	9.9%	19.8%
	주차시설	274	20.6%	41.2%
	휴식공간	257	19.3%	38.6%
	산책로	237	17.8%	35.6%
	친환경조성	291	21.9%	43.8%
	주민공동공간	134	10.1%	20.2%
	기타	4	.3%	.6%
합계		1329	100.0%	199.8%

a. 집단 설정

(3) 다중응답 교차분석

① 교차분석도 빈도분석과 마찬가지로 다중응답에 대한 변수군 정의가 먼저 이루어져야 한다. 여기서는 '연령'과 '$외부공간'의 두 변수에 대해 교차분석을 실시하기로 하겠다. 우선 다음과 같은 순서로 실행한다.

분석(A) → 다중응답(U) → 교차분석(C)

② [그림 6-7]과 같은 [다중응답 교차분석] 대화상자가 나타나면, 교차분석에서 실행했던 방법과 마찬가지로, 변수목록에 있는 '$외부공간' 변수를 [행(W)] 상자로 이동시키고, '연령' 변수를 [열(N)] 상자로 옮긴다.

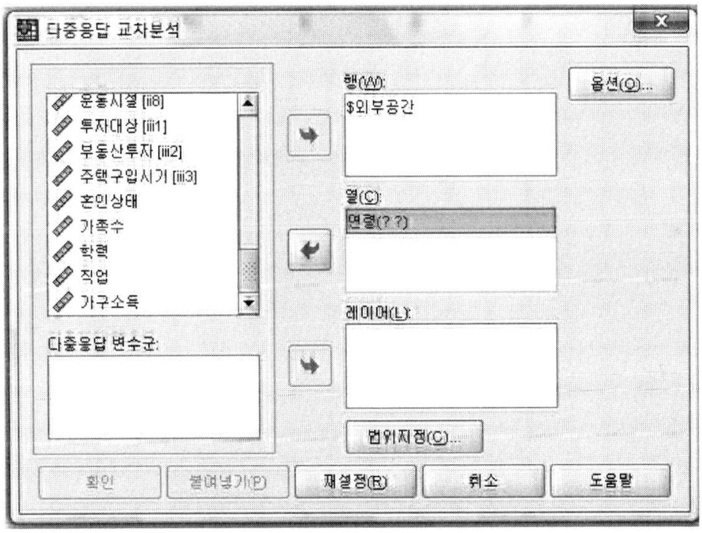

[그림 6-7] 다중응답 교차분석 대화상자

③ 변수값들의 범위를 지정하기 위하여 [범위지정(G)] 버튼을 누르면 [그림 6-8]과 같은 [다중응답 교차분석: 변수 범위] 대화상자가 나타난다. 연령 변수가 1에서 3 사이의 값을 가지므로 [최소값]에는 "1", 그리고 [최대값]에는 "3"를 입력하고 [계속]을 누른다.

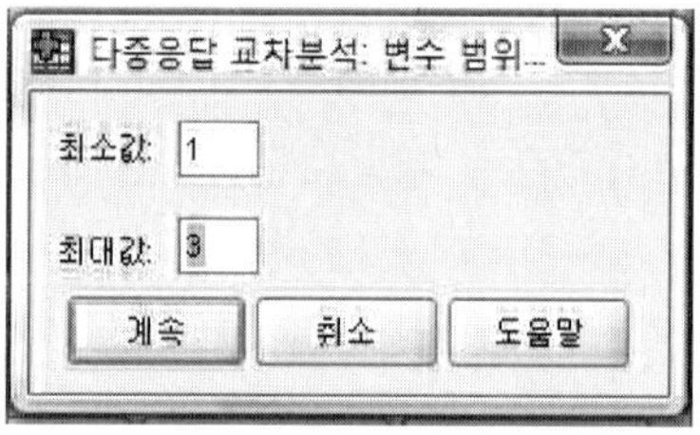

[그림 6-8] 다중응답 교차분석: 변수 범위

④ 다시 [다중응답 교차분석] 대화상자가 나오면 [옵션(O)]을 선택하여 [셀 퍼센트]에서 "열(C)"을 선택한다. [퍼센트 계산기준]에 "케이스"와 "반응"의 두 종류가 있는데, 앞의 빈도분석의 경우에서 보았듯이 어떤 기준을 선택하느냐에 따라 백분율 계산 결과가 달라진다. 본 분석에서는 [퍼센트 계산기준]으로 "응답(R)"을 선택하기로 하겠다. [결측값]에서는 "범주형 결측데이터의 목록별 제외(X)"를 선택한 다음 [계속]에 이어서 [확인]을 누르면 교차분석이 이루어진다.

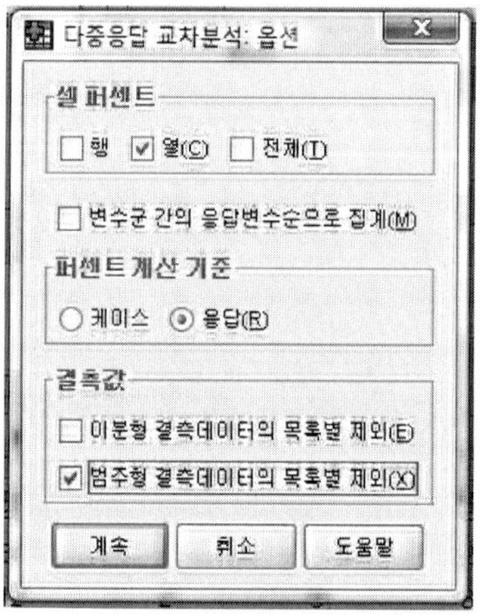

[그림 6-9] 다중응답 교차분석: 옵션 대화상자

[표 6-9]에 제시된 교차분석 결과를 보면, 아파트 외부공간을 설계할 때 중요하게 고려해야 할 사항에 대해서 3, 40대가 '놀이공간', 50대가 '주차시설', 그리고 4, 50대가 '휴식공간'을 다른 연령집단에 비해서 상대적으로 약간 더 많이 지적하고 있기는 하지만, 연령집단별로 두드러지게 큰 차이를 보이고 있지는 않다.

[표 6-9] 다중응답 교차분석 결과

$외부공간*연령 교차표

			연령			합계
			30대	40대	50대	
아파트 외부공간[a]	놀이공간	총계	73	42	17	132
		연령 중 %	16.1%	8.6%	4.4%	
	주차시설	총계	91	92	91	274
		연령 중 %	20.0%	18.9%	23.5%	
	휴식공간	총계	100	86	71	257
		연령 중 %	22.0%	17.7%	18.3%	
	산책로	총계	55	98	84	237
		연령 중 %	12.1%	20.2%	21.6%	
	친환경조성	총계	111	109	70	290
		연령 중 %	24.4%	22.4%	18.0%	
	주민공동공간	총계	23	58	53	134
		연령 중 %	5.1%	11.9%	13.7%	
	기타	총계	1	1	2	4
		연령 중 %	.2%	.2%	.5%	
합계		총계	454	486	388	1328

퍼센트 및 합계는 응답을 기준으로 합니다.

a. 집단 설정

두 평균간 차이 검정

7.1 목적

평균차이 검정(mean difference test)이란 집단 간 평균의 차이를 검정하는 방법으로 집단을 구분하는 한 개의 이산변수와 평균을 구할 수 있는 한 개의 연속변수가 사용된다. 평균차이검정에 사용되는 대표적인 분석방법으로는 t 검정과 분산분석(ANOVA)가 있다. t 검정과 분산분석 둘 다 이산변수와 연속변수 간의 관계를 검정하는데 사용된다는 점에서는 같지만, t 검정은 집단의 수가 두 개일 때 사용되고 집단이 3개 이상일 때는 분산분석이 사용된다. 본 장에서는 두 평균간 차이검정을 다루고, 집단이 3개 이상일 때 사용되는 여러 평균간 차이검정은 다음 장에서 다루기로 하겠다.

두 표본평균 간의 차이를 검정할 때 두 표본이 서로 독립적이냐 종속되어 있느냐에 따라서 독립표본(independent samples) 평균검정과 대응표본(paired samples) 평균 검정으로 나누어진다. 예컨대, 남녀간에 소득의 차이에 대한 비교라는가 사무직과 생산직간에 직무만족의 차이를 비교하고자 하는 경우처럼, 두 집단의 측정값들이 서로 독립적일 때는 독립표본 평균검정을 사용한다.

그러나 정책이나 프로그램 혹은 실험 자극의 효과를 파악하기 위해서 동일한 집단을 대상으로 사전검사를 하고 실험 처치 후에 사후검사를 한 다음 사전검사와 사후검사의 측정값의 평균의 차이가 있는지 알아보는 경우가 있다. 이럴 경우 사전검사와 사후검사의 측정값들은 서로 독립적이지 않기 때문에 대응표본 평균검정을 사용한다.

두 평균간 차이검정은 표본의 크기와 정규분포 가정의 충족 여부에 따라 다시 모수검정과 비모수검정으로 나누어진다. 표본의 크기가 크거나 모집단이 정규분포를 이루고 있다고 가정할 수 있으면 모수검정을 사용하고, 표본의 크기가 매우 작아서 정규분포 가정을 할 수 없을 경우 Mann-Whitney U 검정이나 Wilcoxon 부호순위 검정 같은 비모수 검정을 사용한다.

[표 7-1] 두 평균간 차이 검정방법

구 분	모수 검정	비모수 검정
독립표본(independent samples)	t 검정	Mann-Whitney U 검정 등
대응표본(paired samples)	t 검정	Wilcoxon 부호순위 검정 등

7.2 독립표본 모수 검정

1 가설설정과 검정방법

독립표본 모수 검정은 두 집단(표본)의 측정값들이 서로 독립적일 때 그리고 표본의 크기가 크거나 모집단이 정규분포를 이루고 있다는 가정이 충족될 때 사용된다. 예컨대, 남녀 직장인간의 소득 차이 비교를 위해서 남자직장인 모집단과 여자직장인 모집단에서 각각 표본을 추출하여 소득을 조사하였는데, 모집단의 평균과 표준편차, 표본의 평균, 표준편차 및 크기가 아래의 [표 7-2]와 같다고 하자.

[표 7-2] 모집단 및 표본의 특성

구 분		G_1(남자)	G_2(여자)
모집단	평 균	μ_1	μ_2
	표준편차	σ_1	σ_2
표 본	평 균	$\overline{Y_1}$	$\overline{Y_2}$
	표준편차	S_1	S_2
	표본의 크기	n_1	n_2

독립표본 모수 검정을 실행할 때 이론이나 선행연구에 근거해서 변수간의 관계가 예측이

될 경우에는 관계의 방향을 보여주는 연구가설을 설정하고 단측 검정을 하는 것이 좋다. 예컨대, 남자근로자의 소득(μ_1)이 여자근로자(μ_2)의 소득보다 높을 것으로 예측이 된다면, 다음과 같이 가설을 설정하고 단측 검정을 실시한다.

$$H_1:\ \mu_1 > \mu_2 \text{ or } \mu_1 - \mu_2 > 0$$
$$H_0:\ \mu_1 = \mu_2 \text{ or } \mu_1 - \mu_2 = 0$$

반대로, 이론이나 선행연구에 의해서 변수들간의 관계 예측이 곤란하다면, 예컨대, 남자근로자와 여자근로자간에 소득의 차이가 있기는 하겠지만 어느 쪽의 소득이 더 높을지 잘 모르겠다면, 다음과 같이 연구가설을 설정하고 양측 검정을 실시한다.

$$H_1:\ \mu_1 \neq \mu_2 \text{ or } \mu_1 - \mu_2 \neq 0$$
$$H_0:\ \mu_1 = \mu_2 \text{ or } \mu_1 - \mu_2 = 0$$

독립표본 모수 검정의 경우 두 모집단의 표준편차 σ_1과 σ_2가 알려져 있을 때는 Z 분포를 이용하여 Z 검정을 하고, 모집단의 표준편차가 알려져 있지 않은 경우 t 분포를 이용한 t 검정을 실시한다. 그러나 많은 경우 모집단의 표준편차가 알려져 있지 않다. 그렇기 때문에 독립표본 모수검정의 경우 t 검정을 실시하는 게 일반적이며, 이런 이유로 독립표본 모수검정은 독립표본 t 검정으로 불린다.

[표 7-3] 독립표본 모수검정방법

모집단 표준편차	검정방법
알 수 있는 경우	Z 검정
모를 경우	t 검정

2 *t* 검정통계량 계산

독립표본 t 검정을 위한 검정통계량 계산은 등분산($\sigma_1^2 = \sigma_2^2$) 가정, 즉 두 모집단의 분산 σ_1^2과 σ_2^2가 같다는 가정의 성립 여부에 따라 달라진다. 따라서 t 검정에 앞서 등분산 가정의

성립 여부를 결정하기 위해서 Levene의 등분산 검정을 실시한다. Levene의 등분산검정을 위한 가설은 다음과 같다.

$$H_1:\ \sigma_1^2 \neq \sigma_2^2$$

$$H_0:\ \sigma_1^2 = \sigma_2^2$$

등분산 검정을 위한 F 검정통계량 계산공식은 아래와 같으며, F 검정통계량은 자유도가 $(n_1 - 1), (n_2 - 1)$인 F 분포를 따른다.

$$\mathrm{F} = S_1^2 / S_2^2 \quad \sim \mathrm{F}(n_1 - 1, n_2 - 1)$$

Levene의 등분산 검정 결과, 등분산가정이 성립할 경우 t 검정통계량은 다음과 같이 계산되며, 자유도가 $(n_1 + n_2 - 2)$인 t 분포를 따른다.

$$\mathrm{t} = (\overline{Y_1} - \overline{Y_2}) / S_p \sqrt{\frac{1}{n_1} + \frac{1}{n_2}} \quad \sim t(n_1 + n_2 - 2)$$

위의 식에서 S_P는 두 표본의 표준편차 S_1과 S_2의 통합추정치로서 이를 구하는 공식은 다음과 같다.

$$S_P = \sqrt{\frac{(n_1 - 1)S_1^2 + (n_2 - 1)S_2^2}{n_1 + n_2 - 2}}$$

Levene의 등분산 검정 결과, 등분산가정이 성립하지 않을 경우 t 검정통계량은 다음과 같이 계산된다.

$$\mathrm{t} = (\overline{Y_1} - \overline{Y_2}) \ / \sqrt{\frac{S_1^2}{n_1} + \frac{S_2^2}{n_2}}$$

이 통계량은 근사적으로 t 분포를 따르며, 자유도는 새터스웨이트(satterthwaite)의 자유도 ϕ^*가 된다. ϕ^*를 구하는 공식은 매우 복잡하므로 관심있는 독자들은 통계학 교재를 참고하기 바란다.

3 SPSS 실행 및 결과분석

(1) 실행방법

'주거현황조사.sav' 파일을 이용해서 주택 "점유형태"와 "주거만족도" 변수간의 관계에 대한 독립표본 T 검정을 연습해 보자. 주택점유형태는 '자가'와 '임대'의 두 범주를 갖는 이산변수이고, 주거만족도는 연속변수이다. 자가 거주자들의 주거만족도(μ_1)가 임대 거주자들보다 주거만족도(μ_2)가 더 높을 것으로 예측된다. 따라서 다음과 같이 가설을 설정하고 단측검정을 해보자.

H_1: 자가 거주자의 주거만족도가 임대 거주자의 주거만족도보다 높을 것이다($\mu_1 > \mu_2$).
H_0: 자가 거주자와 임대 거주자의 주거만족도간에는 차이가 없을 것이다($\mu_1 = \mu_2$).

① [PASW Statistics Data Editor]에 '주거현황조사.sav'를 가져온 후 주요 메뉴에서 다음과 같은 순서로 [독립표본 T 검정] 대화상자를 연다.

분석(A) → 평균비교(M) → 독립표본 T검정(T)

② [그림 7-1]과 같이 [독립표본 T 검정] 대화상자가 나타나면, 왼쪽에 있는 변수목록에서 '점유형태' 변수를 선택하여 [집단변수(G)] 상자로 옮기고, '주거만족도' 변수를 [검정변수(T)] 상자로 이동시킨다. 이 때 [집단정의(D)] 버튼이 활성화되면, 주택점유형태를 정의하기 위해 [집단정의(D)] 버튼을 누른다.

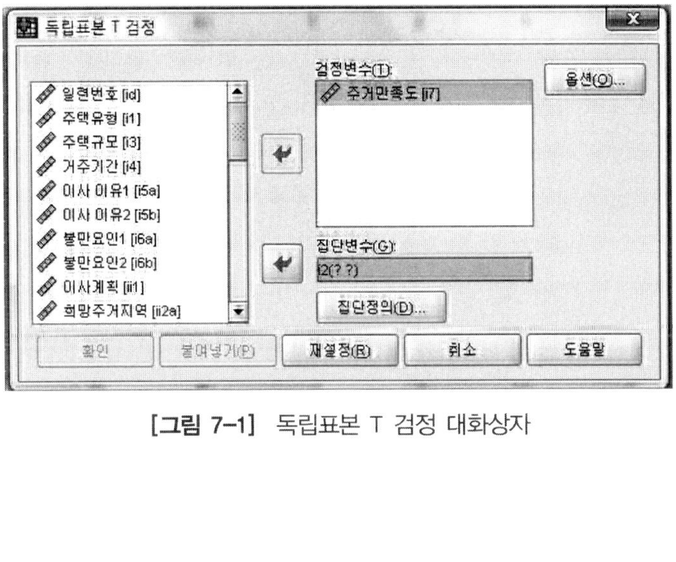

[그림 7-1] 독립표본 T 검정 대화상자

우리는 하나의 집단변수에 대해 하나의 검정변수만을 선택하였다. 그러나 만일 어느 한 집단변수에 대하여 검정하고자 하는 변수가 여러 개일 경우에는 검정 변수들을 모두 [검정변수(T)] 상자로 옮겨서 실행하여도 된다.

③ [집단정의] 대화상자가 열리면 [◉ 지정값 사용(U)]에서 "집단 1"에 "1"을, "집단 2"에는 "2"를 입력한다. 이는 우리가 자가를 "1", 임대를 "2"로 이미 정의했기 때문이다. [계속] 버튼을 누른 다음 [독립표본 T 검정] 대화상자가 다시 나타나면 [옵션]을 선택한다.

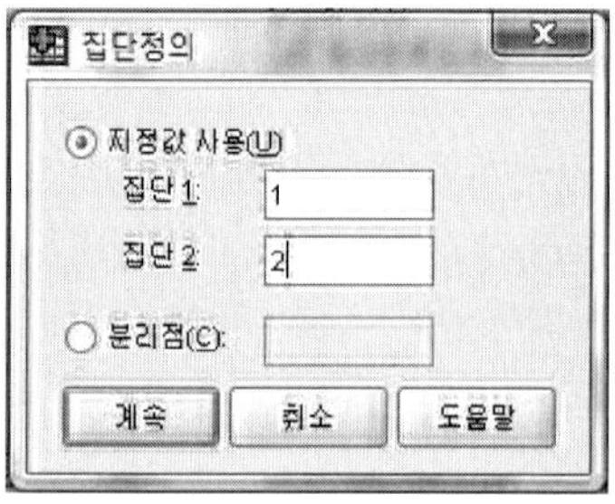

[그림 7-2] 집단정의 대화상자

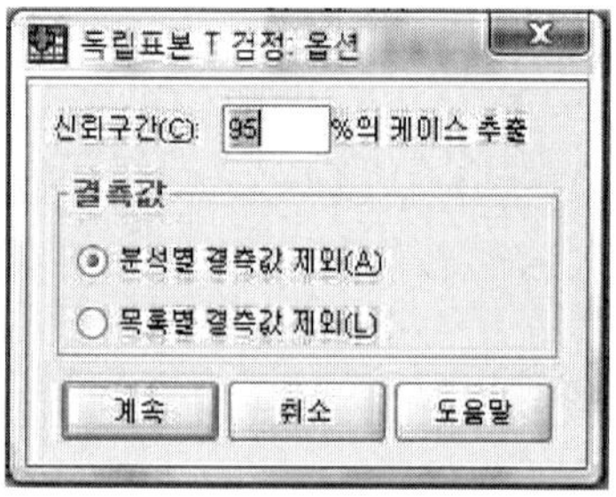

[그림 7-3] 독립표본 T검정: 옵션 대화상자

④ [그림 7-3]과 같이 [독립표본 T 검정: 옵션] 대화상자에서 [신뢰구간(C)]과 결측값에 대한 옵션을 결정한 다음 [계속] 버튼을 누른다. 다시 [독립표본 T검정] 대화상자가 열리면 [확인] 버튼을 누른다.

(2) 분석결과와 해석

집단통계량 분석결과인 [표 7-4]에 따르면 주택점유형태별 주거만족도는 자가가 3.37점, 임대가 3.12점으로 나타나, 임대 거주자보다는 자가 거주자의 주거만족도가 약간 더 높게 나타나고 있음을 알 수 있다.

[표 7-4] 집단통계량

	점유형태	N	평균	표준편차	평균의 표준오차
주거만족도	자가	382	3.37	.740	.038
	임대	282	3.12	.759	.045

그리고 [표 7-5]의 독립표본검정에서 Levene의 등분산 검정은 남여 두 집단의 분산이 동일한지를 확인하는 것이다. 등분산 검정 결과를 보면, F=2.244, 유의확률이 .135이다. 따라서 유의수준 .05에서 두 집단의 분산이 같다는 영가설이 기각되지 않는다. 그러므로 두 평균간 차이 검정을 위해서 "등분산이 가정됨"에 있는 통계량을 보아야 한다. 그곳에 있는 t 검정 결과를 보면, t=4.187, 자유도=662, 유의확률(양쪽)=.000이다. SPSS 독립표본 t 검정에서 제시되는 유의확률은 양측검정 시의 유의확률이다. 따라서 단측검정 시의 유의확률은 {유의확률(양쪽)*(1/2)}이 된다. 여기서는 양측검정 시의 유의확률이 .000이므로 단측검정 시의 유의확률도 마찬가지로 .000이 된다. 따라서 .01 유의수준에서 자가 거주자와 임대 거주자의 주거만족도가 차이가 없다는 영가설은 기각되고, 자가 거주자의 주거만족도가 임대 거주자의 주거만족도보다 높다는 연구가설이 채택된다.

[표 7-5] 독립표본 T 검정 결과

		Levene의 등분산 검정		평균의 동일성에 대한 t-검정						
									차이의 95% 신뢰구간	
		F	유의확률	t	자유도	유의확률 (양쪽)	평균차	차이의 표준오차	하한	상한
주거만족도	등분산이 가정됨	2.244	.135	4.187	662	.000	.246	.059	.131	.361
	등분산이 가정되지 않음			4.171	596.966	.000	.246	.059	.130	.362

7.3 독립표본 비모수 검정

1 검정방법과 검정가설

독립표본 모수 검정은 정규분포를 이루고 있는 모집단으로부터 표본이 추출되었다는 전제를 필요로 하며, 표본의 크기가 커야 한다. 그러나 실험실 내 실험과 같은 경우, 많은 수의 피험자를 확보하가 어렵다. 일반적으로 표본의 크기가 30개 미만으로 너무 작아서 정규분포 가정을 할 수 없을 때는 모수 검정방법을 쓸 수 없으며, 대신에 비모수 검정방법을 사용해야 한다.

SPSS에서 이용할 수 있는 독립표본 비모수 검정방법으로는 Mann-Whitney U 검정, Kolmogorov-Smirnov Z 검정, Wald-Wolfowitz runs 검정, Moses extreme reactions(극단반동) 검정

등이 있다. 이 중에서 통계적 검정력이 가장 우수한 Mann-Whitney U 검정이 가장 널리 이용된다.

[표 7-6] 독립표본 비모수 검정방법

독립표본 비모수 검정방법
① Mann-Whitney U 검정{Wilcoxon rank-sum(W) 검정}
② Kolmogorov-Smirnov Z 검정
③ Wald-Wolfowitz runs 검정
④ Moses extreme reactions(극단반동) 검정

일반적으로 비모수 검정방법은 측정값들에 순위(rank)를 매기고 이 순위 정보를 이용하여 가설을 검정하기 때문에 단측검정이 곤란한 경우가 많다. 이는 Mann-Whitney U 검정의 경우에도 마찬가지다. 그러므로 Mann-Whitney U 검정은 일반적으로 양측 검정이라는 점에 유의할 필요가 있다. 따라서 검정가설은 다음과 같이 설정된다.

$$H_1: \ \mu_1 \neq \mu_2 \text{ or } \mu_1 - \mu_2 \neq 0$$
$$H_0: \ \mu_1 = \mu_2 \text{ or } \mu_1 - \mu_2 = 0$$

2 U 검정통계량 계산

U 검정통계량 계산과 검정절차를 이해하기 위해서 크기 n_1인 집단 G_1과 크기 n_2인 집단 G_2에 대해서 퀴즈실험을 실행하여 [표 7-7]과 같은 결과를 얻었다고 가정하자. 이 때 U 검정통계량 계산절차는 다음과 같다.

[표 7-7] 두 집단의 퀴즈시험 점수

	$G_1(n_1)$		$G_2(n_2)$	
	측정값	순위	측정값	순위
	3.5	2.5	2.8	1
	4.2	4	4.7	5
	5.6	6	6.3	7
	7.4	8	3.5	2.5
	8.6	9		
순위합 (rank sum)		R_1=29.5		R_2=15.5

① 전체 자료에 대해 값이 가장 작은 것부터 큰 것 순으로 순위를 부여한다. 위의 자료에서 9개의 측정값에 대해 가장 작은 2.8부터 가장 큰 8.6까지 1부터 9까지의 순위를 부여한다.

② 크기가 같은 값(tie)들에 대해서는 "순위 합"을 "tie 수"로 나누어 순위를 부여한다. 위의 자료에서 측정값이 3.5인 경우가 2개 있으며, 값의 크기에 차이가 있어 순위를 부여했더라면 2위와 3위를 차지했을 것이다. 따라서 이 두 개의 측정값에 대해서는 "순위 합 = 2+3 = 5"을 "tie 수 = 2"로 나누어 각각 2.5의 순위를 부여한다.

③ 각 집단의 순위를 합산하여 집단 G_1의 순위 합(R_1)과 집단 G_2의 순위 합(R_2)을 같이 계산한다. (이 순위합 중 작은 값을 Wilcoxon 검정통계량(W)이라고 부르며, Wilcoxon 순위합 검정에 사용된다. Mann-Whitney U 검정은 Wilcoxon 순위합 검정과 동일하나, 검정통계량의 작성에 차이가 있다.)

④ 표본의 크기 n_1과 n_2, 순위합 R_1과 R_2를 이용하여 다음과 같이 U_1과 U_2를 계산한다.

$$U_1 = R_1 - \frac{n_1(n_1+1)}{2}$$

$$U_2 = R_2 - \frac{n_2(n_2+1)}{2}$$

U_1과 U_2 중에서 더 작은 값이 U 검정통계량이 된다. U 검정통계량은 두 표본의 크기가 각각 n_1과 n_2인 U 분포를 따르며, 이 분포를 이용하여 U 검정을 수행한다.

표본의 크기가 커질수록 U 분포는 아래와 같이 평균이 μ_U, 표준편차가 σ_U 정규분포에 근접한다. 따라서 만약 두 표본의 크기 n_1과 n_2가 각각 10을 넘는다면 U 검정 대신에 Z 검정을 한다.

$$\text{평균} = \mu_U = \frac{n_1 n_2}{2},$$

$$\text{표준편차} = \sigma_U = \sqrt{\frac{n_1 n_2 (n_1 + n_2 + 1)}{12}}$$

$$Z = \frac{U - \mu_U}{\sigma_U} \sim Z(0, 1)$$

3 실행방법 및 결과해석

(1) 실행방법

'평균차검정.sav' 파일에는 '강사유형' 변수와 '영어성적' 변수가 담겨 있다. 강사유형 변수는 '내국인'과 '외국인'의 두 범주를 갖는 이산변수이고, 영어성적 변수는 0~100점의 범위를 갖는 연속변수이다. 두 변수간의 관계에 대한 아래의 가설을 검정하기 위해서 Mann-Whitney U 검정을 실행해보기로 하자.

H_1: 강사유형(내국인/외국인)에 따라 영어교육효과(영어성적)에 차이가 있을 것이다

H_0: 강사유형에 따라 영어교육효과에 차이가 없을 것이다

① 분석절차

Ⓐ [PASW Statistics Data Editor]에서 '평균차검정.sav'를 가져온 후 주요 메뉴에서 다음과 같은 순서로 [독립 2-표본] 대화상자를 연다.

분석(A) → 비모수검정(N) → 독립 2-표본

Ⓑ [그림 7-4]와 같이 [독립 2-표본 비모수 검정] 대화상자가 나타나면, 왼쪽에 있는

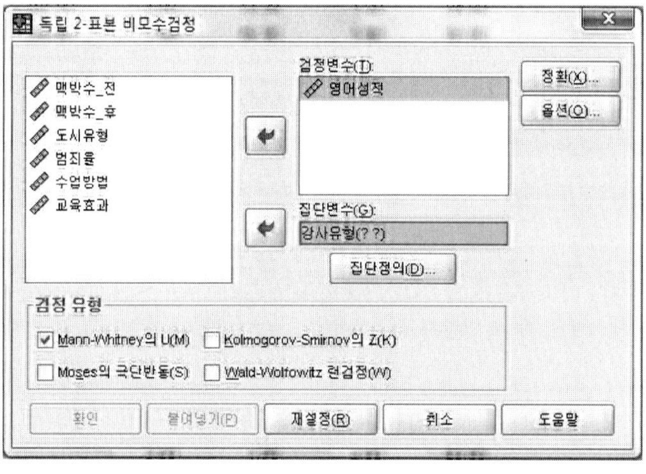

[그림 7-4] 독립 2-표본 비모수검정 대화상자

변수목록에서 '영어성적' 변수를 선택하여 [검정변수(T)] 상자로 옮긴 후 다시 변수목록에서 '강사유형' 변수를 선택하여 [집단변수(G)] 상자로 옮긴다. 검정유형은 [Mann-Whitney의 U(M)]를 선택한다. 그리고 강사유형을 정의하기 위해서 활성화된 [집단정의(D)] 버튼을 누른다.

Ⓒ [집단정의(D)] 대화상자가 열리면 "집단1"에 "1", "집단2"에 "2"를 입력한다. 이는 강사유형 변수가 내국인의 경우 "1", 원어민의 경우 "2"의 값을 갖기 때문이다. [계속] 버튼을 누른 다음 [독립 2-표준 비모수검정] 대화상자가 다시 나타나면 [옵션]을 누른다.

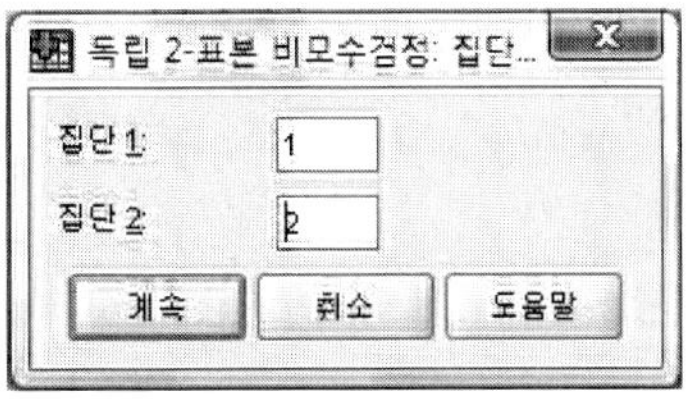

[그림 7-5] 집단정의 대화상자

Ⓓ [독립 2-표준 비모수검정: 옵션] 대화상자에서 [기술통계(D)]를 선택한 후 [계속] 버튼을 누르고 다시 [확인] 버튼을 누른다.

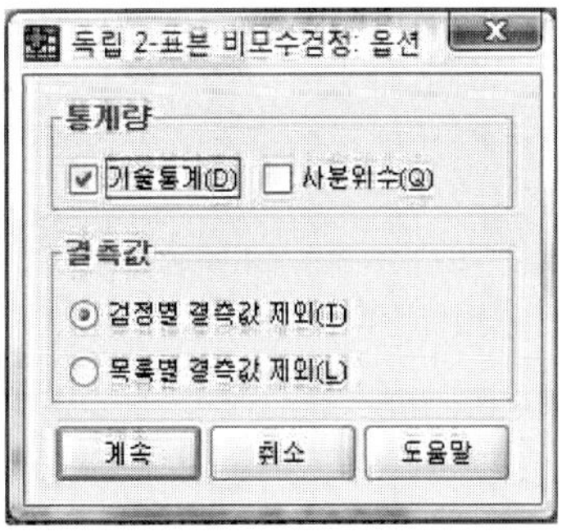

[그림 7-6] 독립 2-표본 비모수검정: 옵션 대화상자

② 집단별 평균 및 표준편차 구하기

비모수 통계기법은 측정값들의 순위정보를 가지고 검증하기 때문에 집단별 평균과 표준편차가 출력창에 제시되지 않는다. 따라서 집단별 평균과 표준평차를 구하기 위해서는 별도의 분석절차를 실행해야 한다.

Ⓐ 주요 메뉴에서 다음과 같은 순서로 실행하여 [집단별평균분석(M)] 대화상자를 연다.

분석(A) → 평균비교(C) → 집단별평균분석(M)

Ⓑ [그림 7-7]과 같이 [평균] 대화상자가 나타나면, 왼쪽에 있는 변수목록에서 '영어성적' 변수를 선택해서 [종속변수(D)] 상자로 옮기고, 다시 변수목록에서 '강사유형' 변수를 선택해서 [독립변수(I)] 상자로 옮긴 후 [확인] 버튼을 누른다.

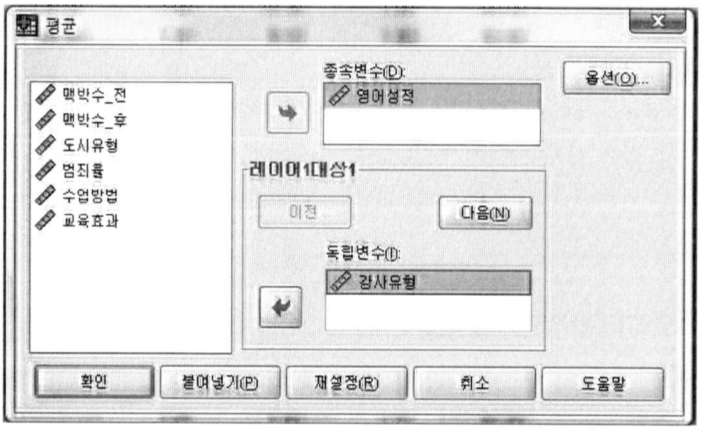

[그림 7-7] 평균 대화상자

(2) 분석결과와 해석

[표 7-8]에서 [표 7-10]까지의 분석결과를 보면, 첫 번째 표에 영어성적과 강사유형 변수에 대한 간단한 기술통계가 나와 있다. Mann-Whitney 검정 결과는 두 번째 표와 세 번째 표에 제시되어 있다. 우선 내국인과 원어민의 순위평균값은 각각 12.15와 14.85, 그리고 순위합은 각각 158과 193이다. 이 순위값들을 이용하여 계산된 Mann-Whitney U값과 Wilcoxon W값

은 각각 67과 158이고 Z값은 .899이며, 유의확률(양측)은 .369로 나타났다. 따라서 강사유형에 따라 영어교육효과(영어성적)에 차이가 없을 것이라는 영가설이 기각되지 않는다.

앞에서 이미 설명했듯이, 독립표본 비모수 검정 시에 일반적으로 U 검정통계량에 근거하여 Mann-Whitney U 검정(혹은 Wilcoxon W검정)을 실시하나, 본 분석에서처럼 각 집단별 표본의 크기가 10을 넘으면 Z 통계량에 근거하여 Z 검정을 사용해도 무방하다.

[표 7-8] 기술통계량

	N	평균	표준편차	최소값	최대값
영어성적	26	55.6923	11.22059	37.00	75.00
강사유형	26	1.5000	.50990	1.00	2.00

[표 7-9] Mann-Whitney 검정 순위

	강사유형	N	평균순위	순위합
영어성적	내국인	13	12.15	158.00
	원어민	13	14.85	193.00
	합계	26		

[표 7-10] Mann-Whitney 검정통계량

	영어성적
Mann-Whitney의 U	67.000
Wilcoxon의 W	158.000
Z	-.899
근사 유의확률(양측)	.369
정확한 유의확률 [2*(단측 유의확률)]	.390[a]

a. 동률에 대해 수정된 사항이 없습니다.

b. 집단변수: 강사유형

[표 7-11]을 보면, 내국인 강사의 경우 학생들의 영어성적 평균이 53.7점이고 원어민 강사의 경우 학생들의 영어성적 평균이 57.7점으로, 원어민 강사 학급이 내국인 강사 학

급보다 평균 영어성적이 약간 더 높다. 그러나 앞에서 이미 살펴보았듯이, Mann-Whitney U검정 결과는 두 집단 간의 이와 같은 평균의 차이는 유의미하지 않다는 것을 보여주고 있다.

[표 7-11] 집단별 평균분석 보고서

영어성적

강사유형	평균	N	표준편차
내국인	53.6923	13	11.70032
원어민	57.6923	13	10.80420
합계	55.6923	26	11.22059

7.4 대응표본 모수 검정

1 가설의 설정

앞에서 살펴본 독립표본 평균검정은 측정값들이 서로 독립적이라는 가정에 근거해 있다. 이 가정이 위반되는 경우에는 대응표본 평균검정을 사용해야 한다. 예컨대, 동일한 집단을 대상으로 정책이나 프로그램 실시 효과, 교육 전후의 성적이나 태도의 변화, 식이요법의 효과, 다이어트 프로그램의 효과, 개발된 신약의 효과 등을 파악하려고 하는 경우가 이에 해당한다.

이와 같이 짝을 이루어 얻어지는 표본을 대응표본이라고 한다. 대응표본 평균검정의 경우 표본의 크기가 크거나 모집단이 정규분포를 이루고 있다고 가정할 수 있을 때 모수검정 방법인 대응표본 t 검정을 사용한다.

특정 다이어트 프로그램의 효과를 파악하기 위해서 n명의 20대 여성들을 대상으로 사전에 몸무게를 측정하고 3개월 간의 다이어트 프로그램을 실시한 후에 다시 몸무게를 측정하여 [표 7-12]와 같은 결과를 얻었다고 하자. 그리고 다이어트 프로그램 실시 후의 몸무게 측정값과 실시 전의 몸무게 측정값 간의 차이들에 대한 모집단과 표본의 평균 및 표준편차가 [표 7-12]와 같다고 가정하자.

[표 7-12] 다이어트 프로그램 실시 전 및 후의 몸무게 측정값

짝번호		G_1(사전검사)	G_2(사후검사)	차이(후-전)
1		Y_{11}	Y_{21}	D_1
2		Y_{12}	Y_{22}	D_2
⋮		⋮	⋮	⋮
n		Y_{1n}	Y_{2n}	D_n
표 본	평 균			$\overline{D}$
	표준편차			S_d
모집단	평 균			μ_D
	표준편차			ρ_D

독립표본 t 검정의 경우와 마찬가지로, 대응표본 t 검정의 경우에도 이론이나 선행연구에 근거해서 변수간의 관계가 예측이 될 경우에는 관계의 방향을 보여주는 연구가설을 설정하고 단측검정을 하는 것이 좋다. 예컨대, 다이어트 프로그램 실시 후의 몸무게 측정값이 실시 전의 몸무게 측정값보다 적을 것으로 예측이 된다면, 다음과 같이 가설을 설정하고 단측검정을 실시한다.

$$H_1:\ U_D < 0$$
$$H_0:\ \mu_D = 0$$

반대로 관계의 방향 예측이 곤란하다면 다음과 같이 연구가설을 설정하고 양측검정을 실시한다.

$$H_1:\ U_D \neq 0$$
$$H_0:\ \mu_D = 0$$

2 t 검정통계량 계산

t 검정통계량은 다음과 같이 계산되며, 자유도가 $(n-1)$인 t 분포를 따른다.

$$t = \frac{\overline{D}}{\frac{S_d}{\sqrt{n}}} \quad \sim t(n-1)$$

위의 식에서 $\overline{D}$와 S_d는 각각 표본의 평균과 표준편차를 가리키며 다음과 같이 계산된다.

$$\overline{D} = \frac{\sum_{i=1}^{n} D_i}{n}$$

$$S_d = \sqrt{\frac{\sum_{i=1}^{n}(D_i - \overline{D})^2}{n-1}}$$

3 SPSS 실행 및 분석결과

(1) 실행방법

'평균차검정.sav'파일을 가지고 대응표본 t 검정을 연습해보기로 하자. '평균차검정.sav'파일에는 어느 헬스클럽 회원들의 운동전 및 운동후 맥박수를 측정한 자료('맥박수_전' 및 '맥박수_후' 변수)가 담겨 있다. 운동 전에 비해 운동 후에는 맥박수가 높아진다는 것이 일반적인 상식이다. 따라서 다음과 같은 가설을 설정하고 단측검정을 실시해보자.

H_1: 운동 전보다 운동 후 맥박수가 더 높을 것이다($U_D > 0$).
H_0: 운동 전과 운동 후의 맥박수에는 차이가 없을 것이다($\mu_D = 0$).

① [PASW Statistics Data Editor]에 '평균차검정.sav' 파일을 불러온 후, 다음과 같은 순서로 실행하여 [대응표본 T 검정] 대화상자를 연다.

분석(A) → 평균비교(M) → 대응표본 T검정(P)

② [대응표본 T 검정] 대화상자에서 [그림 7-8]과 같이 왼쪽에 있는 변수목록에서 '맥박수_후' 변수를 선택하면 [대응변수(V)] 상자의 "변수 1"에 '맥박수_후' 변수가 나타나

고, 마찬가지로 변수목록에서 '맥박수_전' 변수를 선택하면 "변수 2"에 입력된다. 그런 다음 방향이동 버튼을 눌러 두 변수를 [대응변수(V)] 상자로 이동시킨다.

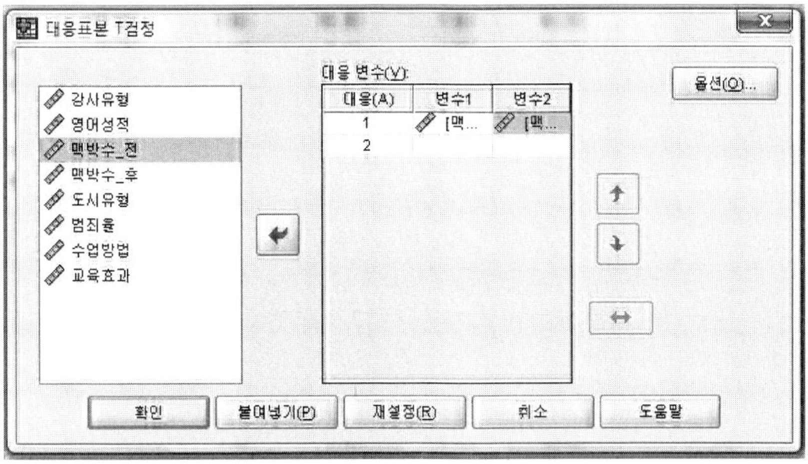

[그림 7-8] 대응표본 T 검정 대화상자

그리고 [옵션] 버튼을 선택하여 신뢰수준과 결측값에 대해 선택한 후 [확인]버튼을 누른다.

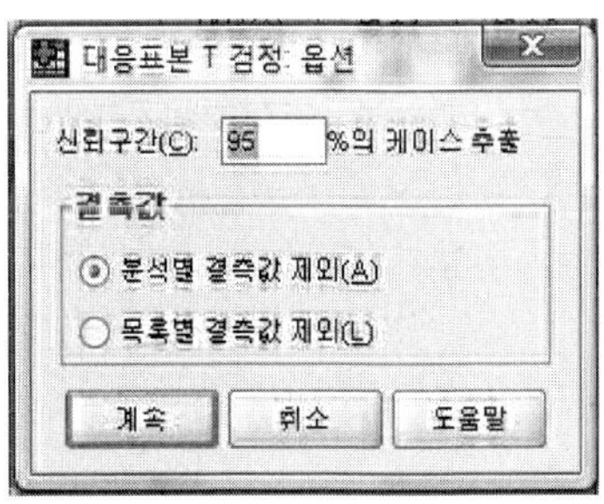

[그림 7-9] 대응표본 T 검정: 옵션 대화상자

(2) **분석결과와 해석**

[표 7-13]부터 [표 7-15]까지는 대응표본 t 검정 결과를 보여주고 있다. 우선 [표 7-13]에서 평균 맥박수를 비교해 보니 운동 전에는 175.2회였으나 운동 후에는 179.8회로 나타났

다. 그리고 [표 7-14]에서 보는 바와 같이 운동 전과 운동 후 맥박수의 상관계수가 .888로 나타나 두 변수 간의 상관관계가 매우 높다는 것을 알 수 있다.

[표 7-13] 대응표본 통계량

		평균	N	표준편차	평균의 표준오차
대응 1	맥박수_후	179.8182	11	12.00682	3.62019
	맥박수_전	175.1818	11	11.65177	3.51314

[표 7-14] 대응표본 상관계수

		N	상관계수	유의확률
대응 1	맥박수_전 & 맥박수_ 후	11	.888	.000

한편 [표 7-15]에서 t 검정 결과를 보면, 차이 평균은 4.64, t 값은 2.742, 자유도는 10이고, 유의확률(양쪽)은 .021(따라서 유의확률(한쪽)은 .0105)로서 유의수준 .05보다 작다. 따라서 유의수준 .05에서 운동 전과 운동 후의 맥박수에는 차이가 없을 것이라는 영가설은 기각된다. 이것은 운동 전보다 운동 후의 맥박수가 더 높을 것이라는 연구가설이 지지된다는 것을 가리킨다.

[표 7-15] 대응표본 검정

	대응차					t	자유도	유의확률 (양쪽)
				차이의 95% 신뢰구간				
	평균	표준편차	평균의 표준오차	하한	상한			
대응 1 맥박수_후 - 맥박수_전	4.63636	5.60844	1.69101	.86857	8.40416	2.742	10	.021

7.5 대응표본 비모수 검정

1 검정방법과 검정가설

독립표본 평균 검정의 경우와 마찬가지로, 대응표본 평균 검정에 있어서도 표본의 크기가 너무 작아서 정규분포를 가정할 수 없을 때에는 비모수검정방법을 사용해야 한다. SPSS에서 이용할 수 있는 대응표본 비모수검정방법으로는 Wilcoxon 부호순위 검정, 부호 검정, McNenar 검정, 주변동질성 검정 등이 있다. 이 중에서 Wilcoxon 부호순위 검정방법이 다른 비모수검정방법보다 통계적 검정력이 우수하기 때문에 가장 널리 사용된다.

[표 7-16] 대응표본 비모수검정방법

대응표본 비모수검정방법
① Wilcoxon 부호순위(signed-ranks) 검정
② 부호(Sign) 검정
③ McNenar 검정
④ 주변동질성(Marginal Homogeneity) 검정

Wilcoxon 부호순위 검정에서는 순위 정보 뿐만 아니라 부호(+/−) 정보도 함께 사용하기 때문에 관계의 방향이 예측가능한가 아닌가에 따라 단측검정이나 양측검정을 할 수 있다. Wilcoxon 부호순위 검정에서 검정하는 영가설은 대응표본 t 검정의 경우와 마찬가지로 $U_D = 0$이다. 그러나 Wilcoxon 부호순위 검정에서 검정하는 영가설은 보다 정확하게 표현하면 다음과 같다.

H_0: 양순위의 합(sum of positive ranks) = 음순위의 합(sum of negative ranks)

2 T 검정통계량 계산

앞에서 지적했듯이, Wilcoxon 부호순위 검정에서 T 검정통계량은 측정값의 차이들의 순위 뿐만 아니라 부호 정보도 함께 이용하여 계산된다. 예컨대, 특정 다이어트 프로그램의 효과를 파악하기 위해서 5명의 20대 여성들을 대상으로 사전에 몸무게를 측정하고 3개월간의 다이어트 프로그램을 실시한 후에 다시 몸무게를 측정하여 [표 7-17]과 같은 결과를 얻었다고 하자.

[표 7-17] 다이어트 실시전 및 후의 몸무게 측정치

짝 번호	G_1(사전)	G_2(사후)	차이 (difference)	차이 순위 (Rank of difference)	음 순위 (Negative ranks)	양 순위 (Positive ranks)
1	67.5	66.4	-1.1	1	1	
2	68.0	72.1	+4.1	5		5
3	78.4	76.4	-2.0	2.5	2.5	
4	64.8	61.5	-3.3	4	3.3	
5	82.5	84.5	+2.0	2.5		2.5
순위합					5.9	7.5

이 경우 T 검정통계량의 계산절차는 다음과 같다.

① 우선 각 짝에 대한 차이를 계산한다.

② 부호를 무시하고 가장 작은 차이부터 순서대로 순위(차이 순위)를 부여한다. 위의 자료에서 5개의 차이 값에 대해 가장 작은 1.1부터 가장 큰 4.1까지 순서대로 1부터 5까지의 순위를 부여한다.

③ 크기가 같은 값(tie)들에 대해서는 "순위 합"을 "tie 수"로 나누어 순위를 부여한다. 위의 자료에서 차이 값이 2.0인 경우가 2개 있으며, 값의 크기에 차이가 있어 순위를 부여했더라면 2위와 3위를 차지했을 것이다. 따라서 이 두 개의 측정값에 대해서는 "순위 합 = 2+3 =5"을 "tie 수 =2"로 나누어 각각 2.5의 순위를 부여한다.

④ 양순위합(sum of positive ranks; T_+)과 음순위합(sum of negative ranks; T_-)을 각각 계산한다. 이 둘 중에 작은 값이 바로 T 검정통계량이며, 이것은 표본의 크기가 n인 T 분포를 따른다.

표본의 크기가 커질수록 T 분포는 아래와 같이 평균이 μ_T, 표준편차가 σ_T인 정규분포에 근접한다. 일반적으로 표본의 크기가 25 이하인 경우 T 검정을 사용하고, 표본의 크기가 25를 넘으면 Z 검정을 사용한다.

$$\mu_T = \frac{n(n+1)}{4},$$

$$\sigma_T = \sqrt{\frac{n(n+1)(2n+1)}{24}}$$

$$Z = \frac{T-\mu_T}{\sigma_T} \sim Z(0,\,1)$$

3 SPSS 실행 및 결과분석

(1) 실행방법

'평균차검정.sav' 파일을 가지고 Wilcoxon 부호순위 검정을 연습해 보기로 하자. 여기서 대응표본 t 검정 때 사용했던 자료들과 검정가설을 그대로 사용하기로 하겠다.

H_1: 운동 전보다 운동 후 맥박수가 더 높을 것이다.
H_0: 운동 전과 운동 후의 맥박수에는 차이가 없을 것이다.

Ⓐ [PASW Statistics Data Editor]에 '평균차검정.sav' 파일을 가져온 후 주요 메뉴에서 다음과 같은 순서로 실행하여 [대응 2-표본(L)] 대화상자를 연다.

분석(A) → 비모수검정(N) → 대응 2-표본(L)

Ⓑ [대응 2-표본(L)] 대화상자가 나타나면 [그림 7-10]과 같이 왼쪽에 있는 변수목록에서 '맥박수_전'과 '맥박수_후' 변수를 선택하여 [검정 쌍(T)] 상자로 이동하고, 검정유형은 "Wilcoxon(W)"을 선택한다.

Ⓒ [대응 2-표본(L)] 대화상자에서 [옵션] 버튼을 누른 후에 [대응 2-표준 비모수검정: 옵션] 대화상자가 나타나면 [그림 7-11]과 같이 [기술통계(D)]를 선택한다. 이어서 [계속] 버튼을 누르고 다시 [확인] 버튼을 누른다.

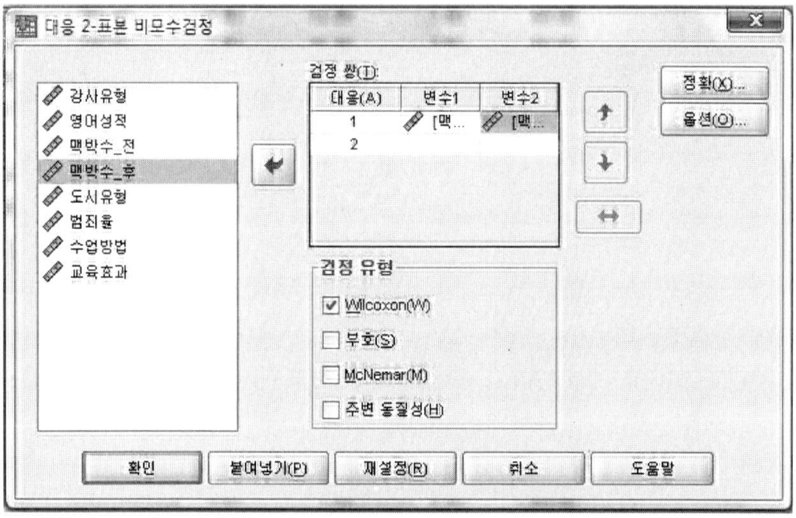

[그림 7-10] 대응 2-표본 비모수검정 대화상자

[그림 7-11] 대응 2-표본 비모수검정: 옵션 대화상자

(2) **분석결과의 해석**

[표 7-18]의 기술통계량에서 평균맥박수를 비교해보면, 운동 전은 175.2회이고 운동 후는 179.8회로서 운동 후 평균맥박수가 운동 전 평균맥박수보다 높은 것으로 나타나고 있다.

[표 7-18] 기술통계량

	N	평균	표준편차	최소값	최대값
맥박수_전	11	175.1818	11.65177	158.00	192.00
맥박수_후	11	179.8182	12.00682	155.00	192.00

이와 같은 운동 전 및 운동 후 평균맥박수의 차이가 유의미한 차이인지를 알아보기 위해서 Wilcoxon 부호순위 검정을 한 결과가 [표 7-19]와 [표 7-20]에 제시되어 있다. 이 표에서 평균순위값과 순위합을 보면 운동 전과 운동 후의 차이가 음수인 경우는 각각 4.25와 8.50이고, 운동 전과 운동 후의 차이가 양수인 경우는 각각 6.39와 57.50으로 나타났다. 이 순위값들을 이용하여 계산된 Z 검정통계량은 -2.180이고 유의확률(양측)은 0.29으로 유의수준 .05보다 작다. 따라서 유의수준 .05에서 운동 전과 운동 후의 맥박수에는 차이가 없을 것이라는 영가설은 기각된다. 즉, 운동 전보다 운동 후 맥박수가 더 높을 것이라는 연구가설이 채택된다.

[표 7-19] Wilcoxon 부호순위 검정

순위

		N	평균순위	순위합
맥박수_후 - 맥박수_전	음의 순위	2[a]	4.25	8.50
	양의 순위	9[b]	6.39	57.50
	동률	0[c]		
	합계	11		

a. 맥박수_후 < 맥박수_전

b. 맥박수_후 > 맥박수_전

c. 맥박수_후 = 맥박수_전

[표 7-20] Wilcoxon 부호순위 검정 검정통계량

	맥박수_후 - 맥박수_전
Z	-2.180[a]
근사 유의확률(양측)	.029

a. 음의 순위를 기준으로.

b. Wilcoxon 부호순위 검정

여러 평균간 차이 검정

8.1 목적

앞 장에서는 집단이 2개일 때 사용하는 평균차이 검정방법에 대하여 살펴보았다. 그러나 연구를 하다보면 집단이 3개 이상일 경우도 많다. 예를 들어 20대, 30대, 40대, 50대의 4개 연령집단별로 소득의 차이를 분석한다든지, 지면광고, 방송광고, 인터넷 배너광고 등 세 종류의 광고매체에 따라 매출액에 차이가 있는지를 분석하는 경우가 있다. 이런 경우에 사용되는 분석방법이 분산분석(ANOVA, Analysis of Variance)이다.

측정값들이 서로 독립적일 때는 일원배치 분산분석(one-way ANOVA)을 사용하며, 측정값들이 종속적일 때는 반복측정 분산분석(Repeated Measures ANOVA)을 사용한다. 전자는 앞장에서 다뤘던 독립표본 평균검정, 그리고 후자는 대응표본 평균검정에 상응한다. 두 평균산 차이검정의 경우와 마찬가지로, 분산분석도 정규분포 가정 여부와 표본의 크기에 따라 다시 모수검정과 비보수섬성으로 나누어진다. 그리고 다양한 비모수검정방법이 있지만, 일원배치 분산분석 비모수검정방법으로는 kruskal-wallis 검정이, 그리고 반복측정 분산분석 비모수검정방법으로는 Friedman 검정이 가장 널리 사용된다.

[표 8-1] 여러 평균간 차이 검정방법

구분	모수 검정	비모수 검정
일원배치 (독립표본)	One-Way ANOVA	Kruskal-Wallis 검정 등
반복측정 (대응표본)	Repeated Measures ANOVA	Friedman 검정 등

집단이 3개 이상일 때 분산분석을 이용하지 않고 두 평균간 차이검정방법을 사용할 수도 있다. 예를 들어, G_1, G_2, G_3의 세 집단이 있을 경우에 G_1과 G_2, G_2와 G_3, G_1과 G_3로 각각 짝을 지어 3번의 평균차이 검정을 할 수도 있다. 그러나 이처럼 여러 번 평균차이 검정을 하면 1종 오류를 범할 확률이 증가하게 된다. 예컨대, 집단이 n개일 경우 1종 오류가 $\{1-(1-\alpha)^n\}$만큼 증가하게 된다. 따라서 집단이 3개 이상일 경우에는 모든 집단의 평균들이 같은지를 분산분석을 이용하여 분석하는 것이 바람직하다. 분산분석 결과 모든 집단의 평균들이 같다는 영가설이 기각되면, 그때 가서 사후비교를 통해 개별 평균간 차이를 검정해주면 된다. 본 장에서는 사회과학에서 활용도가 높은 일원배치 분산분석만 다루고자 한다.

8.2 일원배치 분산분석(모수 검정)

1 가설과 집단효과

분산분석은 J개의 집단이 있다고 가정할 때 "J개의 표본평균이 동일 모집단으로부터 얻어진 것이기 때문에 모두 같을 것"이라는 영가설을 검정하는 방법이다. 이를 기호로 표시하면 다음과 같다.

$$H_0:\ \mu_1 = \mu_2 = \ldots\ldots = \mu_J$$

여기서 대립가설은 "J개의 평균이 서로 다르다"가 아니며, "적어도 한 쌍의 평균이 다르다"가 된다. 따라서 영가설이 기각된 경우 평균들간에 어떻게 서로 다른지를 파악하기 위해서는 다시 사후비교를 해야 한다.

만일 영가설이 기각된다면 집단평균들이 전체 평균 μ와 결코 동일하지 않을 것이다. 독립변수(혹은 실험처치)가 종속변수에 주는 효과(영향), 즉 집단효과를 측정하기 위해서 이 사실을 이용할 수가 있다. j번째 집단(G_j)에 소속될 때의 효과(집단효과) α_j는 다음과 같이 정의된다.

$$\alpha_j = (\mu_j - \mu)$$

만일 집단 G_j에의 소속이 종속변수 Y에 아무런 영향을 미치지 않는다면 $\alpha_j = 0$이 된다.

[표 8-2] 집단 j(G_j)에의 소속 효과

$\alpha_j \neq 0$	G_j 소속효과(종속변수 Y에 대한 독립변수/실험처지 X의 효과) 있음
$\alpha_j = 0$	G_j 소속효과(종속변수 Y에 대한 독립변수/실험처지 X의 효과) 없음

그러나 영향을 미친다면, 집단 G_j의 평균 μ_j가 전체평균 μ보다 크거나 작음에 따라 α_j는 양수나 음수가 될 것이다.

2 분산분석 모형

J개 집단 각각을 G_1, G_2.....,G_J라 하고 집단 G_j의 i번째 관찰값을 Y_{ij}라 할 때 분산분석 자료의 구조는 [표 8-3]과 같이 된다.

[표 8-3] 일원배치분산분석 자료의 구조

집 단	G_1	G_2	.....	G_J	G
관찰값	Y_{11} Y_{21} ..... $Y_{n_1 1}$	Y_{12} Y_{22} ..... $Y_{n_2 2}$	....	Y_{1J} Y_{2J} ..... $Y_{n_J J}$	
사례수	n_1	n_2	.....	n_J	N
표본 평균	$\overline{Y_1}$	$\overline{Y_2}$	.....	$\overline{Y_J}$	$\overline{Y}$
모집단 평균	μ_1	μ_2	.....	μ_J	μ

분산분석은 종속변수 Y의 전체 분산이 독립변수에 의해 얼마만큼 설명되고, 얼마만큼 설명되지 않고 남아있는가를 살펴보는 것이다. 독립변수가 하나일 때 분산분석의 일반모형은 다음과 같다.

$$Y_{ij} = \mu + \alpha_j + \epsilon_{ij}$$
$$= \mu + (\mu_j - \mu) + (Y_{ij} - \mu_j)$$

여기서 이 이 공식이 의미하는 바는 j 번째 집단 G_j의 i 번째 관찰값 Y_{ij}는 집단효과 α_j, 모집단 평균 μ, 그리고 오차항 ϵ_{ij}의 함수라는 것이다. 집단효과 $\alpha_j = (\mu_j - \mu)$는 독립변수에 의해 설명된 부분이고, 오차항 $\epsilon_{ij} = (Y_{ij} - \mu_j)$는 독립변수에 의해 설명되지 않고 남은 부분을 가리킨다. 위의 식은 다시 다음과 같이 정리할 수 있다.

$$(Y_{ij} - \mu) = \alpha_j + \epsilon_{ij}$$
$$= (\mu_j - \mu) + (Y_{ij} - \mu_j)$$

위 수식은 집단 G_j의 i 번째 관찰값 Y_{ij}와 전체평균 μ간의 편차는 독립변수에 의해 설명된 부분(집단효과)과 설명되지 않고 남은 부분(오차항)의 두 요소로 분해된다는 것을 가리킨다.

3 F 검정통계량 계산

분산분석의 기본원리는 독립변수에 의해 설명되는 부분인 집단 간 분산과 설명되지 않고 남는 부분인 집단 내 분산을 비교하는 것이다. Y_{ij}의 분산을 집단 간 분산과 집단 내 분산으로 분해하려면, 우선 표본분산의 분자, 즉 총제곱합(Total Sum of Squares, SST)을 두 개의 독립적인 요소로 나누어야 한다.

$$\sum_{i=1}^{N}(Y_i - \overline{Y})^2 = \sum_{j=1}^{J}\sum_{i=1}^{nj}(Y_{ij} - \overline{Y})^2$$

위 수식의 오른쪽 항을 집단효과와 오차항으로 나눈 후에 수식을 정리하면 다음과 같이 된다.

$$\sum\sum(Y_{ij} - \overline{Y})^2 = \sum\sum\{(Y_{ij} - \overline{Y_j}) + (\overline{Y_j} - \overline{Y})\}^2$$
$$= \sum\sum(Y_{ij} - \overline{Y_j})^2 - 2\sum\sum(Y_{ij} - \overline{Y_j})(\overline{Y_j} - \overline{Y}) + \sum\sum(\overline{Y_j} - \overline{Y})^2$$
$$= \sum\sum(Y_{ij} - \overline{Y_j})^2 + \sum\sum(\overline{Y_j} - \overline{Y})^2$$

위 식에서 가운데 항인 $\sum\sum(Y_{ij} - \overline{Y_j})(\overline{Y_j} - \overline{Y}) = 0$이 된다. (이에 대한 증명과정을 생

략하니, 관심있는 독자들은 다른 통계학 교재를 참고하기 바란다.) 따라서 총제곱합(SST)은 집단간 제곱합(Between Sum of Squares, SSB)인 $\sum\sum(\overline{Y_j} - \overline{Y})^2$과 집단내 제곱합(Within Sum of Squares, SSW)인 $\sum\sum(Y_{ij} - \overline{Y_j})^2$의 두 부분으로 나뉘어진다. 즉, 다음과 같은 관계가 성립한다는 것을 알 수 있다.

$$SST = SSB + SSW$$

여기서 SSB는 독립변수에 의해 설명된 제곱합이고, SSW는 설명되지 않고 남은 제곱합이다.

분산은 제곱합을 자유도로 나눈 값이다. SSB와 관련된 자유도는 (J-1)이며, SSW와 관련된 제곱합은 (N-J)이다. 따라서 집단 간 분산과 집단 내 분산은 다음과 같이 된다.

$$\text{집단 간 분산(MSB)} = \frac{SSB}{J-1}$$

$$\text{집단 내 분산(MSW)} = \frac{SSW}{N-J}$$

집단 간 분산은 독립변수에 의해 설명된 분산이며, 집단 내 분산은 설명되지 않고 남은 분산이다. 분산분석에서는 집단 간 분산과 집단 내 분산을 각각 집단 간 평균제곱(Mean Square Between, MSB)과 집단 내 평균제곱(Mean Square Within, MSB)이라는 용어로 부른디. 이 때 MSB에 대한 MSW의 비율이 바로 F 검정통계량이다. F 값은 자유도가 각각 (J-1)과 (N-J)인 F 분포를 따른다.

$$F = \frac{MSB}{MSW} = \frac{(\text{설명된 분산})}{(\text{설명되지 않은 분산})} \quad \sim F(J-1, N-J)$$

이와 같이 분산분석은 F 값을 이용하여 가설검정을 하기 때문에 F 검정이라고도 한다. 이상의 논의를 정리하면 [표 8-4]의 분산분석표와 같이 된다.

[표 8-4] 분산분석표

	제곱합(SS)	자유도(DF)	평균제곱(MS)	F
집단 간(between)	SSB	J-1	MSB	MSB/MSW
집단 내(within)	SSW	N-J	MSW	
합계(total)	SST	N-1		

4 관계의 강도: η^2

F 검정 결과 영가설이 기각된다면 이것은 두 변수간에 관계가 존재한다는 것을 의미한다. 그러나 관계의 강도가 얼마나 되는지는 알려주지 않는다. 이것은 η^2(에타 제곱)을 계산하면 알 수 있으며, 계산공식은 다음과 같다.

$$\eta^2 = \frac{SSB}{SST}$$

η^2은 집단내 제곱합(SSB)을 총제곱합(SST)으로 나눈 값으로 항상 0과 1 사이의 값을 갖는다. η^2은 회귀분석에 관한 장에서 설명할 결정계수(R^2)와 매우 유사한 개념으로서 독립변수에 의해 설명된 종속변수의 변이 비율을 나타낸다. SPSS에서는 η^2값을 제공해주지 않는다. 그러나 SPSS의 분산분석 출력 결과에 제시된 SSB와 SST값을 이용하여 쉽게 η^2를 계산할 수 있다.

5 개별평균간 차이검정

F 검정 결과 영가설이 기각될 경우, 우리의 관심은 과연 어느 평균들 간에 차이가 있느냐 하는 것이다. 평균비교방법에는 [표 8-5]에 제시한 바와 같이 사전비교와 사후비교가 있다. 사전비교는 통계적 검정력이 높다는 장점이 있으나, 매우 복잡해서 유용성이 낮다. 그래서 사회과학에서는 통계적 검정력은 다소 낮으나 유용성이 높기 때문에 사후비교를 주로 이용한다.

[표 8-5] 평균비교의 두 방법

비교방법	특 징
사전적/계획적 비교 (priori/planned comparison)	• 통계적 검증력 높음 • 매우 복잡해서 유용성 낮음
사후적/후속적 비교 (posteriori/post hoc comparison)	• 통계적 검증력 약함 • 유용성 높음

사후비교의 경우 [표 8-6]에서 보는 바와 같이 각 집단 간 분산이 동질적인지 아니면 이

질적인지에 따라서 적용할 수 있는 평균비교 검정방법이 달라진다. 따라서 등분산 가정의 충족 여부를 확인하기 위해서 독립표본 t 검정에서 사용했던 분석방법인 Levene의 등분산 검정을 실시한다. 검정 결과 등분산 가정이 충족될 때는 Scheffe법을 쓴다.

물론 Scheffe법 이외에도 Tukey법, Duncan법 등 매우 다양한 검정방법이 있지만, 사회과학에서는 가장 보수적이면서 집단의 크기가 같거나 다른 경우에 두루 적용할 수 있는 Scheffe법이 널리 사용된다. Scheffe법이 가장 보수적이란 것은 이 방법을 이용해서 두 평균간 차이가 있는 것으로 결과가 나왔을 경우 다른 검정방법을 적용해도 동일한 결과를 얻게 되지만, 그 역은 성립하지 않는다는 것이다.

등분산 가정이 충족되지 않을 때는 Dunnett's T3법, Tamhane's T2법, Dunnett's C법, Games-Howell법 등이 이용된다. Dunnett's T3법과 Tamhane's T2법은 표본의 크기가 50 미만일 때 사용되고, 표본의 크기가 50 이상일 때는 Dunnett's C법이나 Games-Howell법이 사용된다.

Dunnett's T3법과 Dunnett's C법은 1종 오류를 최소화해주는 장점이 있는 반면에, Tamhane's T2법과 Games-Howell법은 통계적 검정력이 높다는 장점이 있다. 따라서 이들 중 어떤 검정방법을 사용할 것인가 하는 문제는 연구자의 선택에 달려있다고 할 수 있다.

[표 8-6] 사후비교 검정방법

등분산 가정	사후비교 검정 방법
등분산을 가정함 (Equal variances assumed)	• Scheffe(가장 보수적, 집단크기 동일/차이) • Tukey(자연과학, 집단크기 동일) • Duncan(사회과학, 집단크기 동일)
등분산을 가정하지 않음 (Equal variances not assumed))	• N=50 미만: Dunnett's T3, Tamhane's T2 • N=50 이상: Dunnett's C, Games-Howell

6 SPSS 실행 및 결과분석

(1) 실행방법

가구구성의 변화, 소득수준의 차이 등으로 인해서 연령집단에 따라서 주택규모가 다를 것으로 예상된다. 따라서 '주거현황조사.sav' 파일에 있는 '연령' 및 '주택규모' 변수를 사용해서 분산분석을 연습해보기로 하겠다. 30대, 40대, 50대 이상의 세 연령집단의 평균주택규모를 각각 μ_1, μ_2, μ_3라고 하고, 다음과 같은 가설을 설정하여 분산분석을 실행해보기로 하자.

H_0: 세 연령집단의 평균주택규모 중에서 적어도 한 쌍의 평균은 다를 것이다.

H_1: 세 연령집단의 평균주택규모는 차이가 없을 것이다($\mu_1 = \mu_2 = \mu_3$).

① '주거현황조사.sav'를 [PASW Statistics Data Editor]의 메뉴에서 다음과 같이 실행하여 [일원배치 분산분석] 대화상자를 연다.

분석(A) → 평균비교(M) → 일원배치분산분석(O)

② [일원배치 분산분석] 대화상자가 열리면 [그림 8-1]과 같이 왼쪽의 변수목록에서 기준요인이 되는 '연령' 변수를 선택하여 오른쪽의 [요인분석(F)] 상자로 보내고, '주택규모' 변수는 [종속변수(E)] 상자로 옮긴다.

[그림 8-1] 일원배치 분산분석 대화상자

③ [일원배치 분산분석] 대화상자에서 사후분석을 하기 위해 [사후분석(H)...] 버튼을 클릭한다. [그림 8-2]처럼 "등분산을 가정함"에서는 사회과학에서 가장 널리 사용되는 Scheffe법을 선택한다. "등분산을 가정하지 않음"에서는 본 분석에 사용되는 표본의 크기가 664명이므로 1종 오류를 최소화해주면서 표본의 크기가 50이 넘을 때 사용되는 사후분석 비교방법인 Dunnett's C를 선택한다. [일원배치 분산분석: 옵션] 대화상자의 아래 부분에 있는 [유의수준(F)]은 0.05로 지정되어 있다.

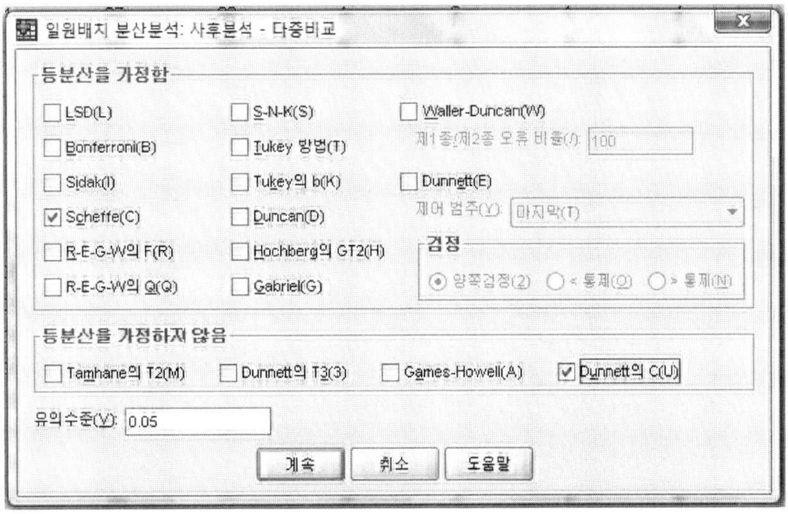

[그림 8-2] 일원배치 분산분석: 사후분석-다중비교 대화상자

④ [일원배치 분산분석] 대화상자에서 [옵션(O)]을 클릭하여 [그림 8-3]처럼 "통계량"에서 [□ 기술통계(D)]와 [□ 분산의 동질성 검정(H)]을 선택한다. 기술통계는 케이스의 수, 평균, 표준편차, 표준오차, 최소값, 최대값 등의 기술통계를 계산해 준다. 분산의 동질성 검정은 집단들의 분산이 동일하다는 등분산 가정을 검정하기 위해 Levene 통계량을 계산해 준다. [계속] 버튼을 누른 다음 [일원배치 분산분석] 대화상자에서 [확인]을 클릭한다.

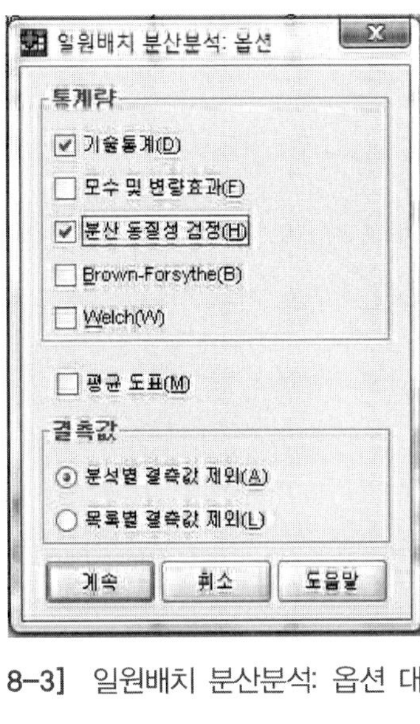

[그림 8-3] 일원배치 분산분석: 옵션 대화상자

(2) **분석결과와 해석**

[표 8-7]은 각 연령집단별로 케이스수와 평균, 표준편차 등의 기술통계량을 보여주고 있다. 이 표에 의하면 평균주택규모가 30대는 28.8평, 40대는 33.9평, 50대 이상은 39.3평으로 연령이 높은 집단일수록 평균주택규모가 증가하는 경향이 있는 것으로 나타나고 있다.

[표 8-7] 기술통계

주택규모

	N	평균	표준 오차 편차	표준 오차 오류	평균에 대한 95% 신뢰구간 하한값	평균에 대한 95% 신뢰구간 상한값	최소값	최대값
30대	226	28.84	10.167	.676	27.51	30.17	8	75
40대	244	33.89	13.478	.863	32.19	35.59	12	130
50대	194	39.34	20.579	1.478	36.42	42.25	10	160
합계	664	33.76	15.566	.604	32.58	34.95	8	160

각 모집단의 분산이 같다는 등분산 가정에 대한 검정 결과는 [표 8-8]에 제시되어 있다. Levene 통계량=19.047, 유의확률=.000으로 유의수준 .01보다 작다. 따라서 유의수준 .01에서 등분산 가정은 기각된다.

[표 8-8] 분산의 동질성 검정

주택규모

Levene 통계량	df1	df2	유의확률
19.047	2	661	.000

연령집단과 평균주택규모간의 관계에 대한 가설검정 결과는 [표 8-9]에 제시되어 있다. 분산분석표를 보면, F(2, 661)=25.498, 유의확률=.000으로서 유의수준 .01에서 연령집단 간에 평균주택규모에 차이가 없다는 영가설이 기각된다.

[표 8-9] 분산분석

주택규모

	제곱합	df	평균 제곱	거짓	유의확률
집단-간	11506.279	2	5753.140	25.498	.000
집단-내	149142.555	661	225.632		
합계	160648.834	663			

[표 8-10]은 사후검정-다중비교의 결과를 나타내고 있다. [표 8-8]에 제시되었듯이, 등분산 가정이 기각되었으므로 Scheffe법이 아닌 Dunnett's C법에 근거한 사후검정-다중비교를 해야 한다. 분석결과에 의하면, 유의수준 .05에서 30대와 40대, 30대와 50대이상, 그리고 40대와 50대이상 연령집단 간에 평균주택규모에 있어서 유의미한 차이가 있는 것으로 나타났다.

[표 8-10] 사후검정- 다중 비교

종속 변수:주택규모

	(I) 연령	(J) 연령	평균차(I-J)	표준 오차 오류	유의확률	95% 신뢰구간 하한값	95% 신뢰구간 상한값
Scheffe	30대	40대	-5.055*	1.387	.001	-8.46	-1.65
		50대	-10.496*	1.470	.000	-14.10	-6.89
	40대	30대	5.055*	1.387	.001	1.65	8.46
		50대	-5.441*	1.445	.001	-8.99	-1.90
	50대	30대	10.496*	1.470	.000	6.89	14.10
		40대	5.441*	1.445	.001	1.90	8.99
Dunnett C	30대	40대	-5.055*	1.096		-7.64	-2.47
		50대	-10.496*	1.625		-14.33	-6.66
	40대	30대	5.055*	1.096		2.47	7.64
		50대	-5.441*	1.711		-9.48	-1.40
	50대	30대	10.496*	1.625		6.66	14.33
		40대	5.441*	1.711		1.40	9.48

*. 평균차는 0.05 수준에서 유의합니다.

[표 8-11]은 통계적으로 유의미한 평균 차이가 없는 집단끼리 부집단화한 결과이다. 분석결과에 의하면, 30대, 40대 및 50대 이상의 세 집단이 각각 상이한 부집단에 속하는 것으로 나타났다. 따라서 세 연령집단 간에는 평균주택규모에 있어서 유의미한 차이가 있다는 것을 다시 한 번 확인할 수 있다. 이상의 결과를 종합하면, 연령집단 간에는 평균주택규모에 있어서 상호 간에 유의미한 차이가 있으며, 연령이 높은 집단일수록 평균주택규모가 커지는 경향이 있다.

[표 8-11] 동일집단군

주택규모

	연령	N	유의수준 = 0.05에 대한 부집단 1	2	3
Scheffe[a,,b]	30대	226	28.84		
	40대	244		33.89	
	50대	194			39.34
	유의확률		1.000	1.000	1.000

동일 집단군에 있는 집단에 대한 평균이 표시됩니다.

a. 조화평균 표본 크기 219.334을(를) 사용합니다.

b. 집단 크기가 동일하지 않습니다. 집단 크기의 조화평균이 사용됩니다. I 유형 오차 수준은 보장되지 않습니다.

8.3 일원배치 분산분석(비모수 검정)

1 검정방법과 검정가설

일원배치분산분석도 두 평균 간 차이분석과 마찬가지로 표본의 수가 30개 미만이어서 정규분포를 가정할 수 없을 때는 비모수검정방법을 사용해야 한다. SPSS에서 이용할 수 있는 비모수검정방법으로는 Kruskal-Wallis H 검정, Median 검정, Jonkheere-Terpstra 검정 등의 방법이 있다. 이 중에서 통계적 검정력이 높은 Kruskal-Wallis H 검정이 가장 널리 사용된다.

[표 8-12] 일원배치분산분석 비모수검정방법

일원배치분산분석 비모수검정방법
① Kruskal-Wallis H 검정
② Median 검정
③ Jonkheere-Terpstra 검정

Kruskal-Wallis H 검정은 두 집단의 평균차이 검정에 적용되는 Wilcoxon 순위합 검정방법을 3개 이상의 집단으로 확장한 것이다. Kruskal-Wallis H 검정에서 검정하는 영가설은 일원배치분산분석 모수검정의 경우와 마찬가지로 평균들간의 차이가 없다는 영가설이다.

$$H_0: \ \mu_1 = \mu_2 = \ldots\ldots = \mu_J$$

검정 결과 영가설이 기각되면 사후분석을 실시한다. 그러나 비모수검정에서는 Scheffe법 등과 같은 사후비교 검정방법이 없다. 따라서 집단간 평균의 차이를 보고 싶다면, 두 개씩 짝을 지어 각 짝마다 Mann-Whitney U검정을 반복 실행해야 한다.

2 H 검정통계량 계산

Mann-Whitney U 검정과 마찬가지로 Kruskal-Wallis H 검정에서도 측정값들의 순위 정보를 사용하여 H 검정통계량을 계산한다. H 검정통계량 계산과 검정절차를 이해하기 위해서 크기 n_1인 집단 G_1, 크기 n_2인 집단 G_2, 그리고 크기가 n_3인 집단 G_3에 대해서 퀴즈실험을 치러서 [표 8-13]과 같은 결과를 얻었다고 가정하자.

[표 8-13] 세 집단의 퀴즈시험 점수

	$G_1(n_1)$		$G_2(n_2)$		$G_3(n_3)$	
	측정값	순위	측정값	순위	측정값	순위
	3.5	6.5	2.8	4	2.4	2
	4.2	8	4.7	9	3.2	5
	5.6	12	6.3	13	5.4	11
	7.4	14	3.5	6.5	1.6	1
	8.6	15	2.6	3	4.8	10
순위합		R_1 = 55.5		R_2 = 35.5		R_3 = 29

위의 예에서 H 검정통계량 계산절차는 다음과 같다.

① 전체 자료에 대해 값이 가장 작은 것부터 큰 것 순으로 순위를 부여한다. 위의 자료에서 15개의 측정값에 대해 가장 작은 1.6부터 가장 큰 8.6까지 1부터 15까지의 순위를 부여한다.

② 크기가 같은 값(tie)들에 대해서는 "순위 합"을 "tie 수"로 나누어 순위를 부여한다. 위의 자료에서 측정값이 3.5인 경우가 2개 있으며, 값의 크기에 차이가 있어 순위를 부여했더라면 6위와 7위를 차지했을 것이다. 따라서 이 두 개의 측정값에 대해서는 "순위 합 = 6+7 =13"을 "tie 수 =2"로 나누어 각각 6.5의 순위를 부여한다.

③ 각 집단의 순위를 합산하여 집단 G_1, G_2, G_3의 순위합, R_1, R_2, R_3를 각각 계산한다.

④ 표본의 크기 n_1, n_2, n_3와 순위합 R_1, R_2, R_3를 이용하여 다음의 공식에 따라 H검정통계량을 계산한다.

$$\mathrm{H} = \frac{\left(\frac{12}{N(N+1)}\sum_{i=1}^{J}\frac{R_i^2}{n_i}\right) - 3(N+1)}{1-\sum T_i/(N^2-N)}$$

위 식에서 N은 전체표본의 크기, J는 집단의 수, T_i는 $(t_i^3 - t_i)$, t_i는 특정 순위의 tie 수를 가리킨다. H값은 각 집단의 표본의 크기가 커질수록 자유도가 (J-1)인 χ^2 분포를 따른다. 일반적으로 각 집단의 사례수가 6개 이상이면 χ^2검정을 실시하고, 6개 미만이면 H분포를 이용하여 H검정을 한다.

3 SPSS 실행 및 결과분석

(1) 실행방법

'평균차검정.sav' 파일에는 '공업도시', '상업도시', '행정도시'의 세 범주를 갖는 이산변수인 '도시유형' 변수와 연속변수인 '범죄율' 변수가 포함되어 있다. 이 두 변수간의 관계에 대한 다음의 가설을 검정하기 위해서 Kruskal-Wallis H검정을 실행해 보기로 하자.

H_1: 세 도시유형 중 적어도 한 쌍은 평균 범죄율의 차이가 있을 것이다.

H_0: 세 도시유형 간에는 평균 범죄율의 차이가 없을 것이다.

① [PASW Statistics Data Editor]에서 '평균차검정.sav' 파일을 불러온 후 주요 메뉴에서 다음과 같이 실행하여 [독립 K-표본(K)] 대화상자를 연다.

분석(A) → 비모수검정(N) → 독립 K-표본(K)

② [그림 8-4]와 같이 [독립 K-표본 비모수검정] 대화상자가 나타나면, 왼쪽에 있는 변수 목록에서 '범죄율' 변수를 선택하여 [검정변수(T)] 상자로 옮긴 후 다시 변수목록에서 '도시유형' 변수를 선택하여 [집단변수(G)] 상자로 옮긴다. 검정유형은 "Kruskal-Wallis H(K)"를 선택한다. 그리고 도시유형을 정의하기 위해서 활성화된 [범위지정(D)] 버튼을 누른다.

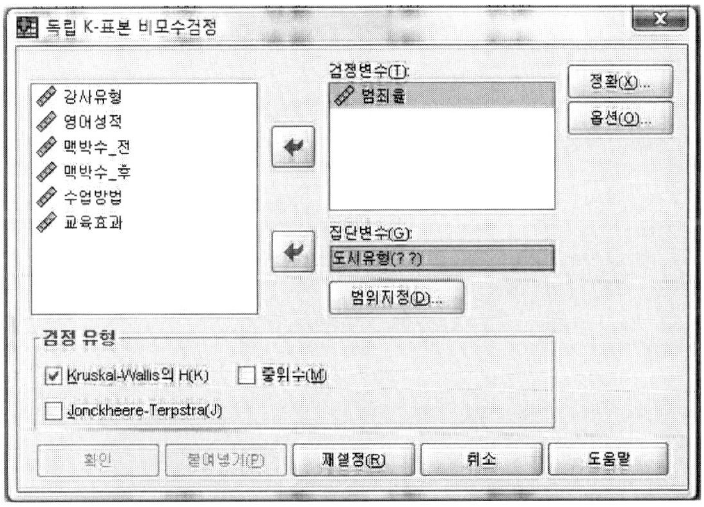

[그림 8-4] 독립 K-표본 비모수검정 대화상자

③ [그림 8-5]와 같이 [범위지정(D)] 대화상자가 열리면 집단정의의 범위에서 최소값은 "1", 최대값은 "3"을 입력한다. 이는 도시유형 변수의 측정값들이 "1"(공업도시)에서 "3"(행정도시)까지의 범위를 갖기 때문이다. [계속] 버튼을 누른 다음 [독립 2-표준 비모수검정] 대화상자가 다시 나타나면 [옵션]을 누른다

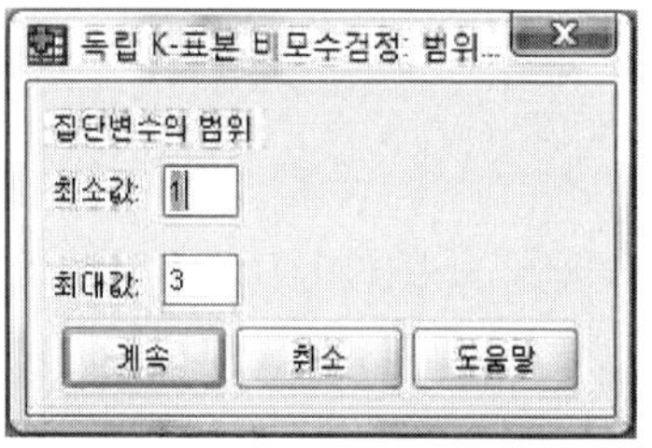

[그림 8-5] 독립 K-표본 비모수검정 : 범위 대화상자

④ [그림 8-6]의 [독립 K-표준 비모수검정: 옵션] 대화상자에서 [기술통계(D)]를 선택한 후 [계속] 버튼을 누르고 다시 [확인] 버튼을 누른다.

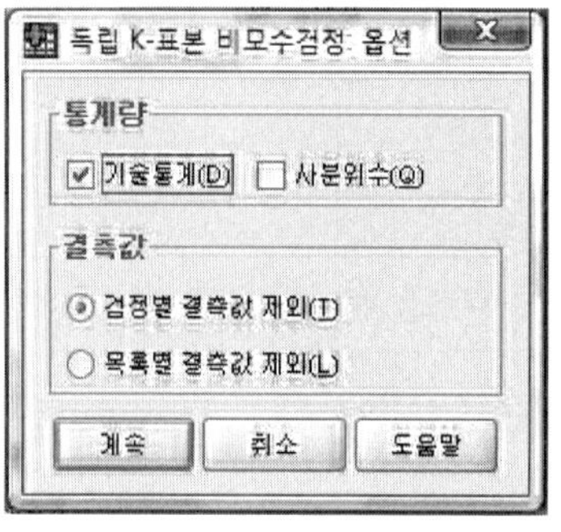

[그림 8-6] 독립 K-표본 비모수검정 : 옵션 대화상자

(2) 분석결과와 해석

[표 8-14]는 범죄율과 도시유형 변수에 대한 간단한 기술통계를 보여주고 있다. Kruskal-Wallis 검정 결과는 [표 8-15]와 [표 8-16]에 제시되어 있다. 우선 공업도시, 상업도시 및 행정도시의 순위평균값을 보면 각각 21.20, 12.60 및 12.70이다. 이 순위값에 근거하여 계산된 카이제곱 검정통계량은 6.293, 자유도는 2, 그리고 유의확률은 .043로서 유의수준 .05보다 작다. 따라서 유의수준 .05에서 세 도시유형 간에는 평균 범죄율의 차이가 없을 것이라는 영가설이 기각된다.

[표 8-14] 기술통계량

	N	평균	표준편차	최소값	최대값
범죄율	30	7.0233	4.80472	1.60	18.40
도시유형	30	2.0000	.83045	1.00	3.00

[표 8-15] Kruskal-Wallis 검정 순위

	도시유형	N	평균순위
범죄율	공업도시	10	21.20
	상업도시	10	12.60
	행정도시	10	12.70
	합계	30	

[표 8-16] 검정통계량

	범죄율
카이제곱	6.293
자유도	2
근사 유의확률	.043

a. Kruskal Wallis 검정

b. 집단변수: 도시유형

분산분석에서는 영가설이 기각되면, 그 다음 단계로 사후비교 검정을 통해서 개별평균간 차이검정을 수행하는 것이 일반적이다. 그러나 앞에서 이미 설명했듯이, Kruskal-Wallis H 검정 같은 비모수검정에서는 사후비교 검정결과를 제공하지 않는다. 따라서 영가설이 기각되었을 경우 집단간 평균의 차이를 보고 싶다면, 두 개씩 짝을 지어 독립표본 평균차이 비모수검정에 사용되는 Mann-Whitney U 검정을 반복 실행해야 한다. Mann-Whitney U 검정 절차는 아래와 같다. 세부적인 절차 및 분석결과의 해석방법은 이미 제7장에서 상세하게 제시한 바 있으므로 참고하기 바란다.

① [분석(A)] → [비모수검정(N)] → [독립 K-표본(K)] 선택

② 종속변수인 '범죄율'을 [검정변수(T)]상자로, 독립변수인 '도시유형'을 [집단변수(G)]상자로 보내고 검정유형은 "Mann-Whitney(K)"를 선택

③ [범위지정(D)]에서 "1" 및 "2" 입력

④ [옵션(O)]에서 기술통계 선택

⑤ [계속] → [확인]

또한 SPSS에서 Kruskal-Wallis H 검정 결과의 출력물은 평균과 표준편차 등의 통계량을 제공하지 않는다. 따라서 이와 같은 기초통계량을 얻기 위해서는 제7장의 Mann-Whitney U 검정에 대한 설명에서 언급한 집단별 평균 및 표준편차 구하기 절차를 실행해야 한다. 집단별 평균 및 표준편차 구하기 절차는 아래와 같으며, 이미 제7장에서 상세하게 설명한 바 있다. 따라서 여기서는 생략하므로 독자들이 이 절차들을 직접 실행해보길 바란다.

① [분석(A)] → [평균비교(M)] → [집단별평균분석(M)] 선택

② '범죄율' 변수를 [종속변수(D)] 상자로 '도시유형' 변수를 [독립변수(I)] 상자로 이동

③ [계속] → [확인]

두 연속변수 간 관계 검정

9.1 목적

두 변수 간 관계를 검정하는 방법은 변수의 측정수준에 따라 달라진다. 제6장에서 이미 살펴보았듯이, 두 변수가 모두 이산변수일 때의 변수간 관계 검정에는 χ^2 검정을 사용한다. 그리고 독립변수가 이산변수이고 종속변수가 연속변수일 때의 변수 간 관계 검정에는 제7장과 제8장에서 설명한 다양한 평균차이 검정방법을 사용한다. 그러나 두 변수가 모두 연속변수일 때의 변수 간 관계 검정에는 다른 통계적 분석방법이 필요한데, 이것이 바로 상관분석(correlation analysis)이다.

9.2 상관분석

1 표본 상관계수

두 연속변수 간의 관계를 알아보기 위해서는 일반적으로 피어슨의 단순상관계수(Pearson's simple correlation coefficient)를 계산한다. 피어슨의 단순상관계수는 간단히 상관계수라고 흔히 부른다. 두 연속변수 X와 Y간의 표본상관계수 r_{XY}는 다음과 같이 계산된다.

$$r_{XY} = \frac{\sum(X_i - \overline{X})(Y_i - \overline{Y})}{\sqrt{\sum(X_i - \overline{X})^2 \sum(Y_i - \overline{Y})^2}}$$

위 식에서 $\overline{X}$와 $\overline{Y}$는 각각 두 변수 X와 Y의 평균을 가리킨다. 그리고 분모와 분자를 각각 자유도인 $(N-1)$로 나누면 다음의 식이 도출된다.

$$r_{XY} = \frac{S_{XY}}{S_X S_Y}$$

위 식에서 알 수 있듯이, 두 연속변수 X와 Y간의 상관계수는 두 변수간의 공분산 S_{XY}를 두 변수 각각의 표준편차인 S_X 및 S_Y로 나눈 값이 된다. 상관계수는 다음과 같은 특징을 지닌다.

첫째, 상관계수 r_{XY}는 독립변수와 종속변수를 구별하지 않는 대칭적 측도이다. 다시 말해서 $r_{XY} = r_{YX}$이다.

둘째, 상관계수 r_{XY}는 두 변수 X와 Y의 측정단위의 영향을 받지 않는다. 예컨대, 소득과 연령간의 상관계수를 구한다고 할 때, 소득의 측정단위가 천원 혹은 만원이든, 그리고 연령의 측정단위가 월 혹은 년이든 이에 관계없이 상관계수값은 동일하다.

셋째, 상관계수 r_{XY}의 값은 0에서 ± 1 사이의 값을 갖는다. 상관계수가 0에 가까울수록 관계의 강도가 약한 것을 의미하며, 반대로 ± 1의 값에 가까울수록 관계의 강도가 강한 것은 의미한다.

넷째, 두 변수간의 관계의 방향에 따라 상관계수는 양수 혹은 음수의 값을 갖는다. 상관계수가 양수일 때는 X가 커지면 Y도 커지는 정의 관계(positive relationship)라는 것을 가리키고, 반대로 음수일 때는 X가 커지면 Y가 작아지는 부의 관계(negative relationship)라는 것을 가리킨다.

2 유의성 검정

모집단에서의 두 변수 X와 Y간의 상관계수를 ρ_{XY}라고 하자. 이때 기존의 이론이나 선행연구에 근거하여 두 변수 간의 관계가 예측될 때는 그에 따라 연구가설과 영가설을 다음과 같이 설정하고, 단측검정을 하면 된다.

H1: $\rho_{XY} > 0$ (혹은 $\rho_{XY} < 0$)

H0: $\rho_{XY} = 0$

그러나 두 변수 간의 관계에 대해서 예측이 곤란할 때는 다음과 같이 가설을 설정하고 양측검정을 한다.

$$H1: \rho_{XY} \neq 0$$
$$H0: \rho_{XY} = 0$$

상관계수의 유의성 검정에는 t 검정이 사용된다. 표본의 크기를 N이라고 할 때 t 검정통계량은 다음과 같이 계산된다. t 값은 자유도가 $(N-2)$인 t 분포를 따른다.

$$t = \frac{r_{XY}}{\sqrt{\frac{(1-r_{XY}^2)}{(N-2)}}} \sim t(N-2)$$

상관관계의 유의성 검증에서 주의할 점은 $\rho_{XY} = 0$라는 영가설이 기각되지 않았다고 해서 반드시 두 변수 간에 아무런 관계가 없다는 것을 의미하는 것은 아니라는 것이다. 상관계수는 두 연속변수 간의 선형 관계(linear relationship)를 재는 것이다. 따라서 두 변수 간에 비선형 관계가 존재할 경우에는, 비록 변수 간에 관계가 존재한다고 할지라도 상관계수는 0의 값이 나올 수 있다.

그러므로 두 상관관계를 계산하기 전에 산점도(scatterplot)를 작성하여 변수 간의 선형관계 여부를 미리 확인하는 것이 바람직하다. 산점도 작성 결과 [그림 9-1]의 b와 같이 두 변수 간에 심각한 비선형 관계가 존재한다면 상관계수를 계산하는 것은 부적절하며, 분산분석을 통해서 변수 간의 관계를 검정해야 한다.

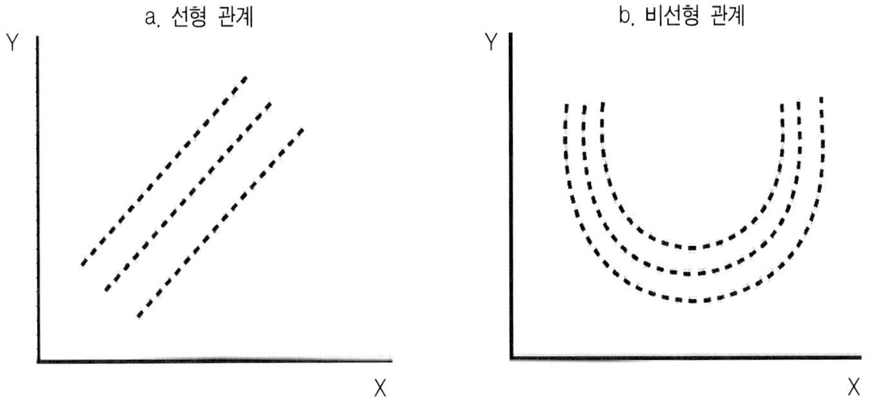

[그림 9-1] 산점도

(1) 실행방법

별도로 제공된 '근로자실태조사.sav' 파일은 기업체 근로자 705명의 근무환경에 대한 조사결과를 담고 있다. 이 파일에서 인구학적 변수들을 제외한 이론적 변수들은 모두 복수의 문항을 사용하여 측정되었다. 이론적 변수들은 각 변수의 측정에 사용된 문항들을 합한 후에 문항수로 나누어 만들어졌다. 이 데이터 파일에는 직무만족과 조직몰입 변수가 포함되어 있다. 기존의 이론에 따르면, 직무만족과 조직몰입 간에는 정의 관계가 존재한다고 한다. 따라서 다음과 같이 가설을 설정하고 이 데이터 파일을 이용하여 상관분석을 실행해 보기로 하자.

H1: 직무만족과 조직몰입 간에는 정의 관계가 존재할 것이다($\rho_{XY} > 0$)

H0: 직무만족과 조직몰입 간에는 관계가 없을 것이다($\rho_{XY} = 0$)

① 우선 산점도 작성을 위해서 [PASW Statistics Data Editor]에 '근로자실태조사.sav'를 가져온 후 주요 메뉴에서 다음과 같은 순서로 실행하여 [산점도] 대화상자를 연다.

그래프(G) → 레거시 대화상자(L) → 산점도/점도표(S)

② [그림 9-2]와 같이 [산점도/점도표] 대화상자에 [단순산점도]가 기본설정으로 지정되어 있으며, 그 상태에서 오른쪽 윗부분에 있는 [정의] 버튼을 누른다.

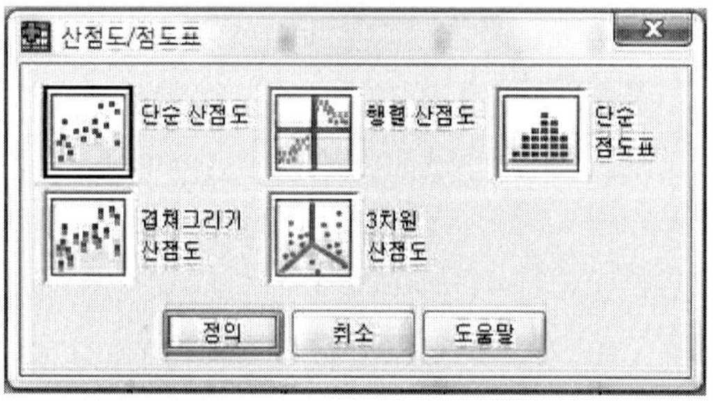

[그림 9-2] 산점도/점도표 대화상자

③ [그림 9-3]과 같이 [단순산점도] 대화상자가 열리면 왼쪽의 변수목록에서 '조직몰입' 변수를 선택하여 오른 쪽에 있는 [Y-축]으로 보내고 '직무만족' 변수를 선택하여 오른쪽에 있는 [X-축]으로 보낸다. 아래쪽에 있는 [제목(T)] 버튼을 누른 후에 [그림 9-4]와 같이 [제목(T)] 대화상자가 나타나면 [첫째줄(L)]에 '직무만족과 조직몰입 간 산점도'

라는 표제목을 입력한다. [계속] 버튼을 누른 후 [단순산점도] 대화상자가 열리면 [확인] 버튼을 누른다.

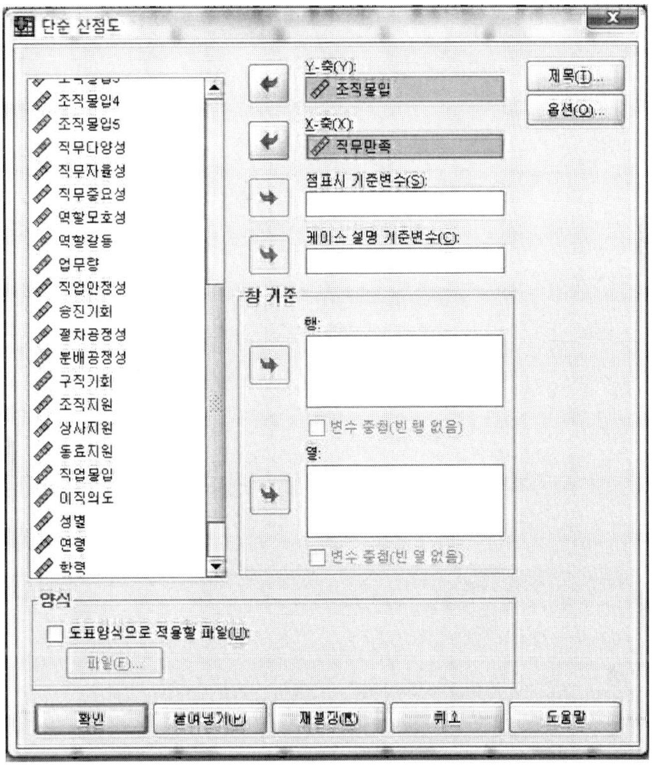

[그림 9-3] 단순산점도 대화상자

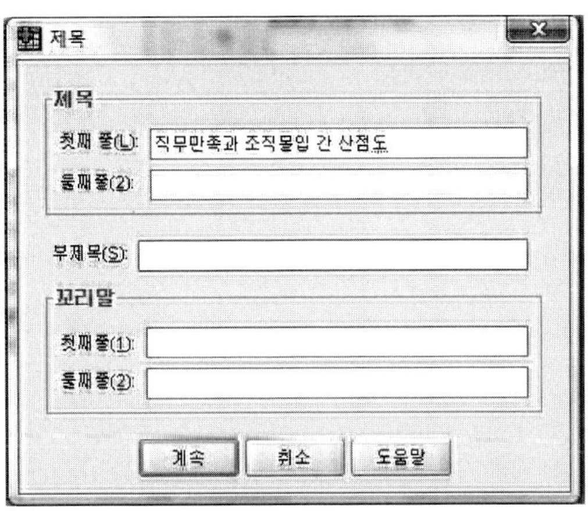

[그림 9-4] 제목 대화상자

④ 상관분석을 위해서 주요 메뉴에서 다음과 같은 순서로 [이변량 상관계수(B)] 대화상자를 연다.

분석(A) → 상관분석(C) → 이변량 상관계수(B)

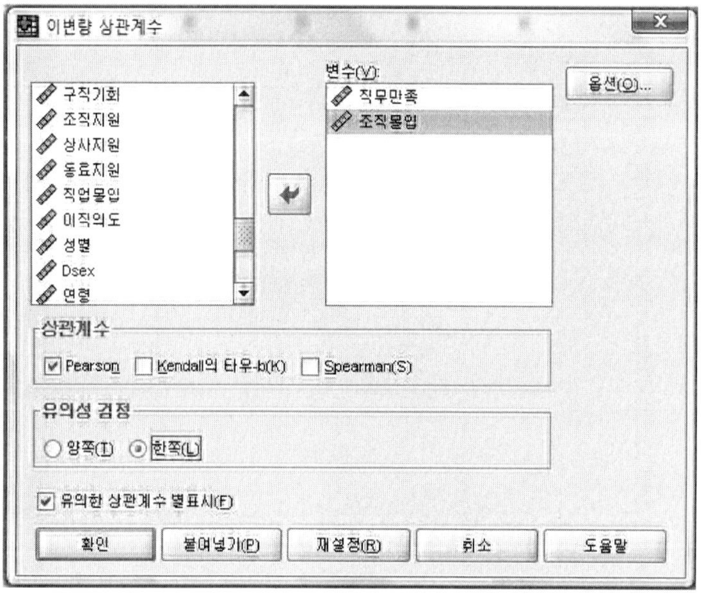

[그림 9-5] 이변량 상관계수 대화상자

⑤ [그림 9-5]와 같이 [이변량 상관계수] 대화상자가 열리면 왼쪽의 변수 목록에서 '직무만족'과 '조직몰입'의 두 변수를 선택하여 오른쪽의 [변수상자]로 보낸다. 연구가설이 두 변수간 관계의 방향을 예측하고 있으므로 단측 검정을 실시한다. 대화상자 아래쪽에 있는 [유의성 검정]에서 [한쪽]을 선택한 후 [확인] 버튼을 누른다.

(2) 분석결과와 해석

위에서 이미 설명했듯이, 상관분석의 중요한 하나의 가정은 선형 가정(linearity assumption)이다. 만일 이 가정이 심각하게 위반된다면 상관분석은 의미가 없다. [그림 9-6]의 산점도를 보면, 직무만족과 조직몰입 간 관계는 대체로 정적인 선형관계를 이루고 있음을 알 수 있다. 따라서 상관분석을 통해서 두 변수 간 관계를 검정하는데 문제는 없다.

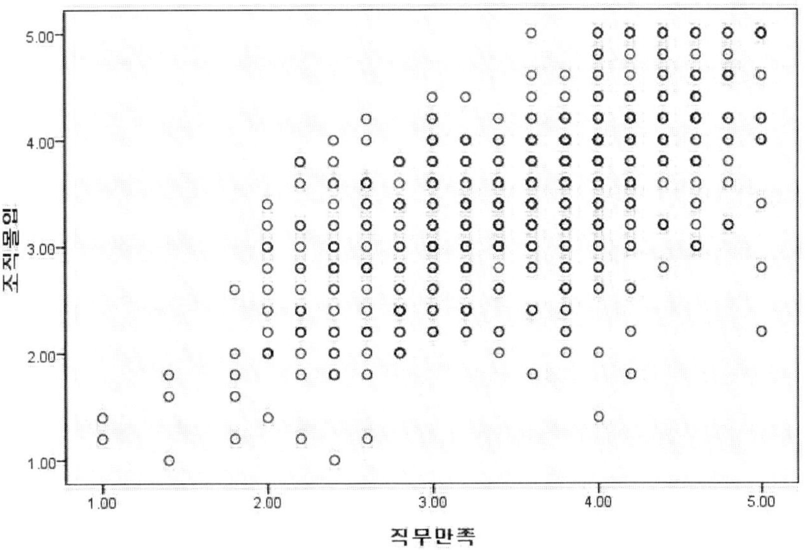

[그림 9-6] 직무만족과 조직몰입 간 산점도

[표 9-1]의 상관분석 결과를 보면, 직무만족과 조직몰입 간 상관계수는 .629이고 유의확률(한쪽)이 .000으로 유의수준 .01보다 작다. 그러므로 유의수준 .01에서 단측검정을 했을 때 직무만족과 조직몰입 간에는 아무런 관계도 없다는 영가설은 기각된다. 따라서 '직무만족과 조직몰입간에는 정의 관계가 있다'는 연구가설이 채택된다

일반적으로 상관계수의 절대값이 .2보다 작으면 관계가 '약하다(weak)', .3~.4이면 '보통(moderate)', 그리고 .5 이상이면 '강하다(strong)'고 본다. 지무만족과 조직몰입 간의 상관계수는 .629이므로 두 변수간의 관계는 강하다고 할 수 있다.

[표 9-1] 상관분석 결과

		직무만족	조직몰입
직무만족	Pearson 상관계수	1	.629**
	유의확률 (한쪽)		.000
	N	705	705
조직몰입	Pearson 상관계수	.629**	1
	유의확률 (한쪽)	.000	
	N	705	705

**. 상관계수는 0.01 수준(한쪽)에서 유의합니다.

9.3 편상관분석

1 상관관계와 진정한 관계

앞 절에서 우리는 두 변수 X와 Y간의 상관계수가 0일 때 이것이 반드시 두 변수 간에 아무런 관계도 존재하지 않는다는 것을 의미하지 않는다는 것을 알았다. 두 변수 간에 비선형 관계가 존재할 경우에는 상관계수가 0의 값을 가질 수 있기 때문이다.

그러면 두 변수 간의 상관계수가 0이 아닐 경우, 이것은 두 변수 간에 진정한 관계(true relationship)가 존재한다는 것을 의미하는가? 이에 대한 대답은 반드시 그렇지 않다는 것이다. $\rho_{XY} \neq 0$는 엄격한 통계적 의미에서 두 변수 간에 공변이가 존재한다는 것, 즉 두 변수가 동시에 같이 변화한다는 것을 의미할 뿐이다. 따라서 [그림9-7]의 (a)의 경우처럼 독립변수 X가 종속변수 Y의 진정한 원인일 경우에는 물론 $\rho_{XY} \neq 0$의 결과가 나타나지만, [그림 9-7]의 (b)의 경우처럼 두 변수가 제3의 변수인 Z에 의해서 결과한 허위적 관계(spurious relationship)의 경우에도 $\rho_{XY} \neq 0$의 결과가 나타날 수 있다.

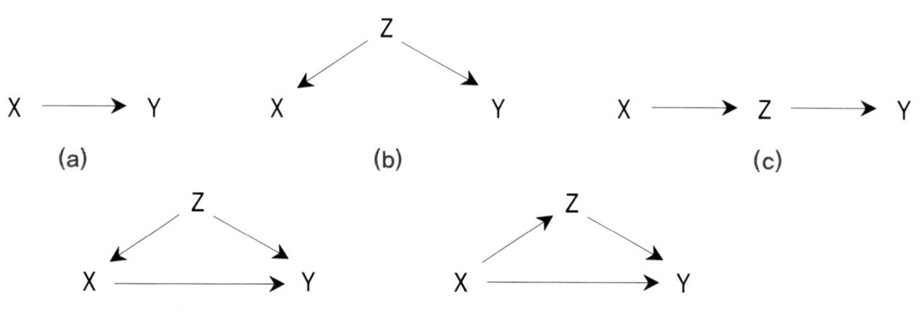

[그림 9-7] 인과관계와 상관관계

허위적 관계의 고전적인 예로 굴뚝에 황새 둥지가 많은 지역일수록 출산율이 높다는 이야기를 들 수 있다. 물론 우리는 황새가 출산의 원인이 아니라는 것을 알고 있지만, 이 경우 황새 수(X)와 출산율(Y)간의 상관관계를 구하면 $\rho_{XY} \neq 0$라는 결과를 얻는다. 그러나 두 변수 간의 상관관계는 도시화라는 제3의 변수에 의해서 야기된 허위적 관계이다. 이와 같은 허위적 관계가 존재할 경우에 제3의 변수(Z)를 통제(즉 Z가 X와 Y에 미치는 영향을 제거)하고 두 변수 간의 편상관계수(Partial carrealation)를 구하면 그 값은 0가 된다. 이를 기호로 표현하면 다음과 같다.

$$\rho_{XY.Z} = 0$$

위의 예에서는 상식적으로 봐도 두 변수 간의 관계가 허위적임이 명확하지만, 실제로 이렇게 명확한 경우는 드물다. 상관관계의 허위성 여부를 검토할 때 어떤 변수들을 통제하는 것이 적절한지 알아보기 위해서는 이론이나 선행연구를 살펴볼 필요가 있다.

그러나 $\rho_{XY.Z} = 0$ 라고 해서 두 변수 X와 Y 간에 허위적 관계가 존재한다는 것을 반드시 의미하지는 않는다. 왜냐하면 [그림 9-7]의 (c)의 경우처럼 제3의 변수 Z가 독립변수 X와 종속변수 Y 사이에서 매개변수로 역할을 할 때에도 $\rho_{XY.Z} = 0$ 이 되기 때문이다.

한편, [그림 9-7]의 (d)는 Z가 X와 Y의 공통원인으로 작용하면서 동시에 X와 Y 간에 진정한 인과관계가 존재하는 경우를 나타내고 있다. [그림 9-7]의 (e)는 X와 Y 간에 진정한 인과관계가 존재하면서 Z가 동시에 두 변수 간에 매개역할을 하는 경우를 나타내고 있다. (d)와 (e)가 보여주는 세 변수 간의 인과관계는 상당히 다르다. 그러나 모두 X와 Y 간의 단순상관계수 ρ_{XY}와 Z를 통제한 후의 편상관계수 $\rho_{XY.Z}$ 를 구하면, (d)와 (e)에서 모두 다음과 같은 동일한 결과가 나타난다.

$$\rho_{XY.Z} < \rho_{XY}$$

따라서 편상관계수가 관계의 허위성 여부를 판단하는데 매우 중요한 근거가 되지만, 이 통계적 결과만 가지고는 제3의 변수가 허위적 관계를 야기하는지 아니면 매개변수로 작용하는지 정확하게 알 수가 없다. 제3의 변수의 역할을 제대로 잘 이해하기 위해서는 이론이나 선행연구를 잘 살펴보아야 한다.

2 표본 편상관계수와 유의성 검정

표본 편상관계수의 계산공식은 다음과 같다.

$$r_{XY.Z} = \frac{r_{XY} - (r_{XZ})(r_{YZ})}{\sqrt{1 - r_{XZ}^2}\sqrt{1 - r_{YZ}^2}}$$

$r_{XY.Z}$는 "Z를 통제하였을 때 X와 Y간의 편상관"이라고 읽는다. $r_{XY.Z}$를 구하기 위해서는 세 변수간의 단순상관계수 r_{XY}, r_{XZ}, r_{YZ}를 먼저 계산해야 한다.

$r_{XY.Z}$의 유의성 검정에는 t 검정이 사용된다. t 검정통계량 계산공식은 아래와 같으며, 표본의 크기를 N이라 할 때 t 값은 자유도가 (N-3)인 t 분포를 따른다.

$$t = r_{XY.Z} / \sqrt{\frac{1-r^2_{XY.Z}}{N-3}} \sim t(N-3)$$

3 SPSS 실행 및 결과분석

(1) 실행방법

이론에 따르면, 상사지원은 직접적으로 뿐만 아니라 직무만족의 매개를 통해서 간접적으로도 조직몰입에 영향을 미친다고 한다.

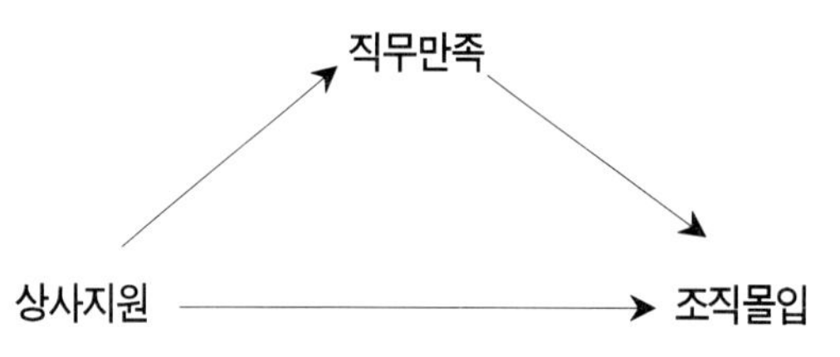

[그림 9-8] 상사지원, 직무만족 및 조직몰입 간의 관계

'근로자실태조사.sav' 파일을 이용해서 세 변수 간의 단순상관계수 및 편상관계수를 구하여 이론에서 제시된 세 변수 간의 상관관계와 인과관계를 검토해보기로 하자.

① 상관분석을 위해서 주요 메뉴에서 다음과 같은 순서로 [이변량 상관계수(B)] 대화상자를 연다.

분석(A) → 상관분석(C) → 이변량 상관계수(B)

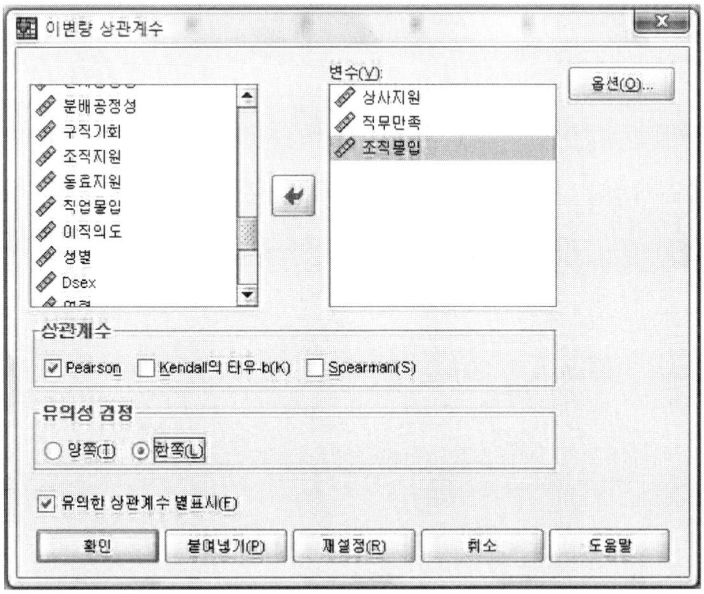

[그림 9-9] 이변량 상관계수 대화상자

② [그림 9-9]와 같이 [이변량 상관계수(B)] 대화상자가 열리면 왼쪽의 변수 목록에서 '상사지원', '직무만족', '조직몰입'의 세 변수를 선택하여 오른쪽의 [변수상자]로 보낸다. 단측검정을 실시하기 위해서 대화상자 아래쪽에 있는 [유의성 검정]에서 [한쪽]을 선택한 후 [확인] 버튼을 누른다.

편상관계수를 계산하기 위한 절차는 다음과 같다.

③ 주요 메뉴에서 다음과 같은 순서로 실행한다.

분석(A) → 상관분석(C) → 편상관계수(R)

④ [그림 9-10]과 같이 [편상관계수] 대화상자가 나타나면, 왼쪽에 있는 변수목록에서 '상사지원'과 '조직몰입' 변수를 선택하여 오른 쪽의 [변수(V)] 상자로 보낸 후 다시 변수상자에서 '직무만족' 변수를 선택하여 [제어변수(C)] 상자로 보낸다. 단측검정을 실시하기 위해서 대화상자 아래쪽에 있는 [유의성 검정]에서 [한쪽]을 선택한 후 [확인] 버튼을 누른다.

[그림 9-10] 편상관계수 대화상자

(2) 분석결과와 해석

[표 9-2]의 단순상관분석 결과를 보면, 상사지원과 조직몰입 간 상관계수는 .343(유의확률=.000)으로서 상사지원은 조직몰입과 유의미한 정의 상관관계를 맺고 있으며 그 강도는 보통이라는 것을 알 수 있다. 상사지원은 직무만족과도 유의미하게 정적으로 상관되어 있으며(r=.273, 유의확률=.000), 그 강도는 약하다. 그리고 직무만족과 조직몰입 간 상관계수는 .629(유의확률=.000)로서 두 변수 간에는 강한 정적 상관관계가 존재하고 있다.

[표 9-2] 상관분석 결과

		상사지원	직무만족	직업몰입
상사지원	Pearson 상관계수	1	.273**	.312**
	유의확률 (한쪽)		.000	.000
	N	705	705	705
직무만족	Pearson 상관계수	.273**	1	.759**
	유의확률 (한쪽)	.000		.000
	N	705	705	705
직업몰입	Pearson 상관계수	.312**	.759**	1
	유의확률 (한쪽)	.000	.000	
	N	705	705	705

**. 상관계수는 0.01 수준(한쪽)에서 유의합니다.

[표 9-3]에서 직무만족을 통제한 후의 상사지원과 조직몰입 간의 편상관계수를 보면, 두 변수 간의 단순상관계수인 .343보다 그 크기가 약 1/3 정도 줄어든 .228(유의확률=.000)로 나타나고 있다. 이러한 결과는 상사지원이 조직몰입에 직접적인 영향을 미칠 뿐만 아니라 직무만족을 통해서 간접적인 영향도 미친다는 것을 강력하게 시사한다.

[표 9-3] 편상관분석 결과

통제변수			상사지원	조직몰입
직무만족	상사지원	상관	1.000	.228
		유의수준(단측)	.	.000
		df	0	702
	조직몰입	상관	.228	1.000
		유의수준(단측)	.000	.
		df	702	0

CHAPTER 10

선형 회귀분석과 다중공선성

10.1 목적

우리는 앞에서 두 변수 간의 관계에 대한 다양한 검정방법에 대해서 살펴보았다. 어떤 연구에서는 단순히 두 변수 간에 유의미한 관계가 존재하는지 여부를 확인하는 것으로 충분하다. 그러나 두 변수 간의 관계 검정을 넘어서 하나 혹은 여러 개의 독립변수가 종속변수에 어떤 영향을 미치는지를 확인할 필요가 있을 때가 있다. 예컨대, 학력, 연령, 경력 등의 요인들이 소득에 어떠한 영향을 미치는지를 알고 싶어할 때가 그런 경우에 해당된다. 이때 매우 유용한 통계분석방법이 회귀분석(regression analysis)이다.

사회과학 이론의 궁극적 목적은 현상의 설명과 예측에 있다. 설명이라는 것은 원인과 결과 간의 관계, 즉 인과관계를 밝히는 것을 의미한다. 그러므로 어떤 이론이 현상에 대한 정확한 설명을 하고 있다면, 그 이론에 근거하여 정확하게 미래를 예측할 수 있을 것이다. 따라서 설명과 예측은 동전의 앞뒷면과 같은 관계에 있다. 현상의 설명과 예측을 추구하는 사회과학 이론의 특성에 가장 잘 부합하는 것이 바로 회귀분석이다. 회귀분석의 목적은 탐구 중인 어떤 현상을 가장 잘 설명하는 회귀식을 찾아내는 데 있으며, 그러한 회귀식이 도출된다면 그에 근거하여 미래에 대한 예측도 가능해지는 것이다.

상관분석과 마찬가지로, 회귀분석의 경우에도 독립변수와 종속변수가 모두 연속변수일 것을 요구한다. 또한 독립변수와 종속변수 간에는 선형 관계가 존재한다고 가정한다. 이런 의미에서 회귀분석은 선형 회귀분석(linear regression analysis)라고도 부른다. 회귀분석 시에 독립변수가 하나이면 단순 회귀분석(simple regression analysis)이라고 부르고, 독립변수가 둘 이상이면 중다 회귀분석(multiple regression analysis)라고 부른다. 그런데 사회현상은 매우 복잡하기 때문에 단일한 원인에 의해서 결과가 완벽하게 설명되는 경우는 드물다. 다시 말해서 어떤 현상을 야기한 원인은 여러 개인 경우가 일반적이다. 이런 이유로 사회과학에서는 중다회귀분석이 일반적으로 사용된다.

본 장에서는 중다회귀분석에 초점을 맞춰 회귀분석방법을 설명하고자 한다. 그리고 회귀분석의 중요한 가정 중의 하나는 심각한 다중공선성(multicollinearity)이 없어야 한다는 것이다. 따라서 이 장에서 다중공선성 진단과 해결방법도 함께 다루고자 한다.

10.2 선형 회귀분석

1 회귀식의 추정

종속변수 Y에 영향을 미치는 k개의 독립변수 $X_1, X_2, ...X_k$가 있다고 가정할 때, i번째 관찰값에 대한 회귀모형(regression model)은 다음과 같이 표현된다.

$$Y_i = a + b_1X_{1i} + b_2X_{2i} + ... + b_kX_{ki} + e_i \quad \text{……… 식(1)}$$

위 식에서 상수 a는 Y축의 절편을 나타내고, 회귀모형에서 회귀계수(regression coefficient)라고 불리는 기울기 b_i는 Y에 대한 X_i의 영향(effect)을 나타낸다. e_i항은 i번째 관찰값이 예측방정식(prediction equation)에 의해서 완전히 설명되지 못하는 부분을 고려한 것으로써 잔차(residual) 혹은 오차(error)항이라고 부른다. 이 경우 예측방정식은 다음과 같다.

$$\hat{Y}_i = a + b_1X_{1i} + b_2X_{2i} + ... + b_kX_{ki} \quad \text{……… 식(2)}$$

위의 식(1)과 식(2)로부터 잔차항은 다음과 같이 구할 수 있다.

$$e_i = Y_i - \hat{Y}_i$$

상수 a와 회귀계수 $b_1, b_2 .... b_k$는 다음과 같이 표현되는 잔차항의 제곱의 합을 최소한으로 해주는 방법을 사용하여 추정한다.

$$\sum_{i=1}^{N}(Y_i - \hat{Y}_i)^2 = \sum_{i=1}^{N}e_i^2$$

이 방법을 최소제곱법(Ordinary Least Squares, OLS)이라고 부르며, 상수와 회귀계수들은 OLS방법을 사용하여 추정하였다고 말한다. 따라서 OLS에 의해 추정된 회귀식, 즉 예측방정식은 예측 잔차의 제곱의 합을 최소로 해주는 특징을 지니고 있다.

OLS방법을 사용하여 원자료로부터 추정된 회귀식은 독립변수들과 종속변수간의 관계가 선형적이라는 가정 하에서 독립변수 X_i의 특정값에 대한 종속변수 Y의 예측값을 나타낸다. 독립변수 X_i의 회귀계수 b_i는 비표준화 회귀계수(unstandardized regression coefficient)라고 부른다. 이것은 다른 독립변수들을 통제했을 때 독립변수 X_i의 한 단위 변화가 Y의 증가 또는 감소를 가져오는 정도를 나타낸다. 다시 말해서, 회귀계수b_i는 Y에 대한 독립변수 X_i의 순영향(net effect)을 가리킨다.

예컨대, 신앙심(X_1, 측정단위: 점))과 교육수준(X_2, 측정단위: 년)이 성적 개방성(Y, 측정단위: 점)에 미치는 영향에 대한 회귀분석 결과 다음과 같은 추정식을 얻었다고 가정하자.

$$\hat{Y} = 1.813 - .127X_1 + .065X_2$$

위의 식은 신앙심이 1점 높아지면 성적 개방성은 .127점 낮아지며, 교육수준이 1년 높아지면 성적 개방성은 .065점 높아진다는 것을 의미한다.

2 표준화 회귀계수

종속변수에 영향을 미치는 여러 개의 독립변수들이 있을 때 과연 어떤 독립변수가 종속변수에 가징 중요한 영향을 미치고, 두 번째 혹은 세 번째로 중요한 영향을 미치는 독립변수는 무엇인지 알고 싶을 때가 있다. 이것은 변수의 상대적 중요성이라고 한다.

그런데 회귀식에 포함된 변수들의 측정단위가 서로 다르거나, 직무만족이나 소외 등의 변수처럼 자연적인 측정단위가 없는 경우가 매우 많다. 이 경우 변수의 상대적 중요성을 결정하기란 매우 어렵다. 예컨대, 앞의 예에서 신앙심과 교육수준의 두 독립변수의 측정단위가 서로 달라서 두 변수 중에 어느 것이 종속변수인 성적 개방성에 더 큰 영향을 미치는지 판단하기가 곤란하다.

그래서 변수들을 평균이 0이고 표준편차가 1인 Z점수로 전환하여 회귀계수를 구한다. 이처럼 변수들이 표준화되었을 경우의 회귀계수를 표준화 회귀계수(standardized regression coefficient) 혹은 베타계수(beta coefficient)라고 부르며 β로 표기한다. 표준화 회귀계수로 구성된 회귀식에서는 상수 a는 항상 0이 된다. 그 이유는 변수들의 평균이 모두 0의 값을 갖도록 표준화되었기 때문이다. 따라서 종속변수 및 독립변수들이 각각 Z_Y, Z_{X_1}, Z_{X_2} .... Z_{X_K} 로 표준화되었을 경우 예측방정식은 다음과 같이 표현된다.

$$\widehat{Z_Y} = \beta_1 Z_{X_1} + \beta_2 Z_{X_2} + ... + \beta_K Z_{X_k}$$

i번째 독립변수 X_i의 표준화회귀계수를 β_i라 할 때, 이것은 독립변수 X_i가 표준편차 1 단위만큼 변화할 때 종속변수 Y는 표준편차 β_i만큼 변한다는 것을 의미한다. 따라서 독립변수들의 상대적 중요성은 표준화 회귀계수의 상대적 크기에 의해서 결정된다. 다시 말해서, 표준화 회귀계수의 절대값이 가장 큰 독립변수가 종속변수에 가장 큰 영향을 미치는 변수이며, 표준화 회귀계수의 절대값이 두 번째로 큰 독립변수가 종속변수에 두 번째로 큰 영향을 미치는 변수가 되는 것이다.

예컨대, 앞의 예에서 신앙심(X_1)과 교육수준(X_2), 성적 개방성(Y)의 세 변수를 표준화해서 회귀식을 추정하여 아래의 식과 같은 결과를 얻었다고 하자.

$$Z_Y = -.325 Z_{X_1} + .200 Z_{X_2}$$

이 식은 신앙심의 표준편차가 한 단위 증가하면 종속변수인 성적 개방성의 표준편차는 .325만큼 감소하고, 교육수준의 표준편차가 한 단위 증가하면 성적 개방성의 표준편차는 .200만큼 증가한다는 것을 가리킨다. 따라서 교육수준보다 신앙심이 성적 개방성에 더 큰 영향을 미친다고 말할 수 있다.

3 결정계수 R^2

회귀분석은 종속변수에 대한 독립변수들의 영향을 파악하기 위한 회귀식 추정에만 그치지 않는다. 회귀분석은 독립변수들과 종속변수 간의 관계의 강도를 파악하는데도 사용된다. 일반적으로 관찰값들은 회귀식에 의해 설명된 체계적 요소(systematic component)와 설명되지 못한 오차요소(error component)로 나누어 볼 수 있다. 즉, 제8장에서 설명한 분산분석 논리에 따라, 아래의 식과 같이 총제곱합(SS_{total})은 회귀식에 의해 설명된 부분인 회귀제곱합(regression sum of squares, SS_{reg})과 설명되지 않고 남은 부분인 잔차제곱합(residual sum of squares, SS_{error})으로 분해된다.

$$\sum(Y_i - \overline{Y})^2 = \sum(Y_i - \widehat{Y}_i)^2 + \sum(\widehat{Y}_i - \overline{Y})^2$$
$$SS_{total} = SS_{reg} + SS_{error}$$

여기서 다음과 같은 식을 얻을 수 있다.

$$R^2 = SS_{reg}/SS_{total} = 1 - SS_{error}/SS_{total}$$

회귀제곱합과 총제곱합의 비율로 표현되는 R^2은 결정계수(coefficient of determination)라고 불리며, (1 - R^2)은 비결정계수라고 한다. 결정계수 R^2의 최대값은 1이고 최소값은 0이며, 1의 값에 가까울수록 독립변수들과 종속변수간의 관계의 강도가 크다는 것을 의미한다. 또한 R^2은, 달리 표현하면, 회귀식 혹은 회귀식에 포함된 독립변수들에 의해 설명되는 종속변수의 총 변이의 비율을 가리킨다. 이런 점에서 R^2은 회귀모형의 설명력 혹은 적합도를 측정하는 중요한 지표로 사용된다.

R^2값은 일반적으로 독립변수의 수가 증가하면 계속 커지는 경향이 있다. 이러한 문제점을 교정한 것이 바로 조정 R^2(Adjusted R^2)이다. 조정 R^2은 다음의 계산공식을 이용해서 구한다.

$$\text{Adjusted } R^2 = 1 - (1 - R^2)\frac{N-1}{N-k}$$

이 식에서 N은 표본의 크기, k는 독립변수의 수를 가리킨다.

4 결정계수의 유의성 검정

모집단의 결정계수를 ρ^2라고 하면 표본 결정계수 R^2의 유의성 검정을 위한 가설은 다음과 같이 설정된다.

$$H_1: \rho^2 > 0 \text{ or } \rho^2 \neq 0$$
$$H_0: \rho^2 = 0$$

R^2의 유의성 검정은 분산분석과 F 검정을 통해서 이루어진다. F 검정통계량을 구하는 절차는 이미 제8장에서 설명한 분산분석과 F 검정통계량의 계산 절차와 동일하다.

회귀제곱합 SS_{reg}과 관련된 자유도는 독립변수의 수인 K이며, 오차제곱합 SS_{error}와 관련된 자유도는 (N-K-1)이다. 각 제곱합을 관련 자유도로 나누면, 각각 회귀평균제곱(Regression Mean Square, MS_{reg})과 오차평균제곱(Error Mean Square, MS_{error})이라고 불리는 두 종류의 분산이 얻어진다.

$$MS_{reg} = \frac{SS_{reg}}{K}$$

$$MS_{error} = \frac{SS_{error}}{N-K-1}$$

이 두 분산의 비율이 바로 F 검정통계량이며, F 값은 자유도가 각각 k와 $(N-k-1)$인 F분포를 따른다.

$$F = \frac{MS_{reg}}{MS_{error}} \sim F(k,\ N-k-1)$$

이상의 논의를 정리하면, [표 10-1]의 분산분석표와 같이 된다.

[표 10-1] 분산분석표

	제곱합(SS)	자유도(DF)	평균제곱(MS)	F
회귀 (Regression)	SS_{reg}	k	MS_{reg}	$\frac{MS_{reg}}{MS_{error}}$
오차 (Error)	SS_{error}	N-k-1	MS_{error}	
합계 (Total)	SS_{total}	N-1		

5 회귀계수의 유의성 검정

F 검정 결과 영가설 $\rho^2 = 0$이 기각되었을 때 이것이 회귀식에 포함된 모든 독립변수들이 종속변수에 유의미한 영향을 미친다는 것을 의미하는 것은 아니다. 구체적으로 어떤 독립변수들이 종속변수에 유의미한 영향을 미치는지를 파악하기 위해서는 개별 회귀계수에

대한 유의성 검정을 실시해야 한다.

i번째 독립변수 X_i의 표본 회귀계수를 b_i, 모집단 회귀계수를 β_i라고 하자. 이 경우 영가설은 H_0: $\beta_i = 0$이 된다. 그리고 회귀계수의 방향이 예측될 경우에는 단측검정을 하고, 그렇지 않을 때는 양측검정을 하면 된다. 방향이 예측될 때 검정되는 가설은 다음과 같다.

$$H_1: \beta_i > 0 \text{ or } \beta_i < 0$$
$$H_0: \beta_i = 0$$

방향이 예측되지 않을 때 검정되는 가설은 다음과 같다.

$$H_1: \beta_i \neq 0$$
$$H_0: \beta_i = 0$$

가설검정을 위한 t 검정통계량은 다음과 같이 계산되며, 이 때 t 값은 자유도가 $(N-k-1)$인 t 분포를 따른다.

$$t = \frac{b_i}{S_{bi}} \sim t(N-k-1)$$

위의 식에서 S_{bi}은 b_i의 표준오차(standard error)를 가리키며, 계산공식이 너무 복잡하기 때문에 여기서는 생략하기로 한다.

회귀분석 수행 시 분석 순서를 정리하면 다음과 같다.

① 우선 회귀모형 적합도(설명력)를 나타내는 결정계수 R^2에 대한 유의성 검정을 실시한다. $\rho^2 = 0$라는 영가설이 기각되지 않으면 추가적인 분석은 무의미하므로 이 단계에서 분석을 종료한다.

② $\rho^2 = 0$라는 영가설이 기각되면 개별 회귀계수 b_i에 대한 검정을 실시한다.

③ 유의미한 영향을 미치는 것으로 밝혀진 독립변수들에 한해서 표준화 회귀계수의 상대적 크기에 근거하여 독립변수들의 상대적 중요성을 판단한다.

6 SPSS 실행 및 결과분석

(1) 실행방법

직무만족 이론에 근거하여 다음의 세 가설이 도출되었다고 가정하고, '근로자실태조사.sav' 파일을 이용해서 이 가설들을 검정해보기로 하자.

H1: 직무다양성은 근로자의 직무만족에 영향을 미칠 것이다
H2: 직무자율성은 근로자의 직무만족에 영향을 미칠 것이다
H3: 직무도전성은 근로자의 직무만족에 영향을 미칠 것이다

① [PASW Statistics Data Editor]에 '근로자실태조사.sav' 파일을 가져온 후 메뉴에서 다음과 같이 실행하여 [선도표 회귀모형] 대화상자를 연다.

분석(A) → 회귀분석(R) → 선형(L)

② [그림 10-1]과 같이 [선도표 회귀모형] 대화상자가 열리면 왼쪽의 변수목록에서 종속변수인 '직무만족'을 선택하여 오른쪽의 [종속변수(D)] 상자로 보내고, 독립변수들인 '직무다양성', '직무자율성' 및 '직무중요성'은 [독립변수(I)] 상자로 옮긴다. 독립변수 선택방법으로 [방법]에서 [입력]을 선택(기본설정으로 지정되어 있음)한 후 [확인]을 누른다. [선형 회귀분석] 대화상자의 아래쪽에 있는 [통계량], [도표], [저장] 및 [옵션] 버튼은 주로 회귀진단(regression diagnostics)에 필요한 것들로써 이들에 대한 자세한 설명은 나중에 하기로 하겠다.

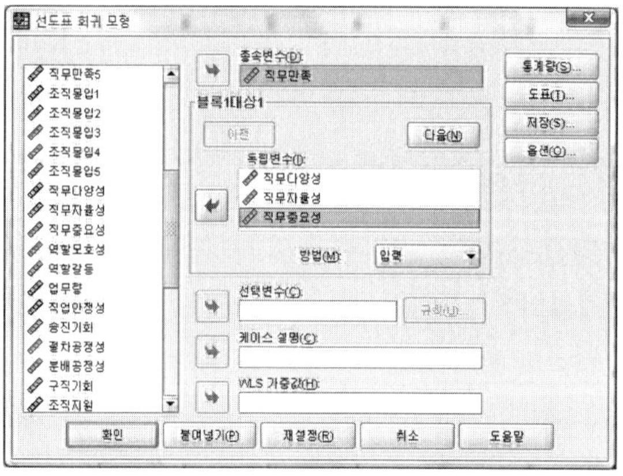

[그림 10-1] 선도표 회귀모형 대화상자

(2) 분석결과와 해석

[표 10-2]에서 R^2은 .307이고, 수정된 R^2는 .304이다. 일반적으로 R^2값은 독립변수의 수가 증가함에 따라 그에 비례하여 증가하는 경향이 있기 때문에 독립변수의 수를 고려하여 값을 조정한 것이 수정된 R^2이다.

[표 10-2] 모형요약

모형	R	R 제곱	수정된 R 제곱	표준 오차 추정값의 표준오차
1	.554[a]	.307	.304	.61567

a. 예측값: (상수), 직무중요성, 직무자율성, 직무다양성

R^2에 대한 유의성 검증결과를 보여주고 있는 [표 10-3]을 보면, F(3, 701)=103.734, 유의확률=.000이므로 유의수준 .01에서 영가설 p^2=0은 기각된다. 이상의 결과는 직무다양성, 직무자율성, 직무도전성의 세 독립변수를 포함하고 있는 회귀식이 직무만족 변이의 30.4%를 설명한다는 것을 의미한다.

[표 10-3] 분산분석

모형		제곱합	자유도	평균 제곱	F	유의확률
1	회귀 모형	117.963	3	39.321	103.734	.000[a]
	잔차	265.716	701	.379		
	합계	383.679	704			

a. 예측값: (상수), 직무중요성, 직무자율성, 직무다양성

b. 종속변수: 직무만족

영가설 $\rho^2 = 0$이 기각되었을 경우 개별 회귀계수에 대한 유의성 검정을 실시한다. 우리는 앞에서 설정한 연구가설에서 종속변수에 대한 독립변수들의 영향의 방향을 구체적으로 예측하고 있다. 따라서 단측검정을 실시하기로 하겠다.

[표 9-4]에 제시된 유의확률은 양측검정 시의 유의확률이다. 단측검정 시에는 각 유의확률이 절반으로 작아지는데, 본 분석의 경우 세 독립변수의 회귀계수와 관련된 t 검정통계량의 유의확률이 모두 .000이므로 양측검정이든 단측검정이든 유의확률은 동일한 값을 갖는다.

단측검정 시 직무다양성, 직무자율성 및 직무중요성의 회귀계수 각각의 t 검정통계량에 대한 유의확률이 모두 .000으로써 유의수준 .01보다 작다. 따라서 직무다양성(b=.265), 직무자율성(b=.143) 및 직무중요성(b=.312)의 세 독립변수 모두 근로자의 직무만족에 유의미한 정의 영향을 미친다는 것을 알 수 있다. 다시 말해서, 직무다양성이 클수록, 승진기회가 많을수록, 그리고 직업안정성이 클수록, 근로자의 직무만족이 증대된다는 것을 의미한다.

[표 10-4] 계수

모형		비표준화 계수		표준화 계수		
		B	표준 오차 오류	베타	t	유의확률
1	(상수)	.952	.154		6.197	.000
	직무다양성	.265	.030	.300	8.976	.000
	직무자율성	.143	.027	.172	5.250	.000
	직무중요성	.312	.035	.297	8.904	.000

a. 종속변수: 직무만족

한편 표준화 회귀계수의 크기를 보면, 직무다양성(β=.300)이 가장 크고, 그 다음으로 직무중요성(β=.297)과 직무자율성(β=.172)의 순으로 나타나고 있다. 따라서 직무다양성이 직무만족에 가장 큰 영향을 미치며, 직무중요성이 두 번째, 그리고 직무자율성이 세 번째로 큰 영향을 미치고 있다는 것을 알 수 있다.

10.3 다중공선성

1 다중공선성의 본질과 영향

다중공선성(multicollinearty)이란 용어는 원래 회귀식에 포함된 독립변수들 간의 완벽한 (perfect) 선형관계의 존재를 가리키기 위하여 사용되었다. 그러나 오늘날에는 이처럼 완벽하지는 않을지라도 독립변수들이 서로 상관되어 있는 경우도 포함하는 보다 넓은 의미로 사용되고 있다.

회귀분석은 독립변수들 간에 다중공선성이 없다는 가정에 기초해 있다. 그 이유는 완벽한 다중공선성이 존재하는 경우, 회귀계수의 해(解)를 구할 수 없고 표준오차가 무한이 되기 때문이다. 또한 이처럼 완벽하지 않을지라도 심각한 다중공선성이 존재할 경우, 회귀계수를 정밀하게 추정할 수 없고 또한 표준오차도 매우 커지는 문제점을 야기한다.

심각한 다중공선성이 존재하는 경우 나타나는 결과들을 구체적으로 살펴보면 다음과 같다.

첫째, 신뢰구간이 넓어진다. 표준오차가 커지기 때문에 이에 따라 관련 모수에 대한 신뢰구간이 넓어진다. 따라서 틀린 영가설을 기각하지 못하는 2종 오류가 커진다.

둘째, t 검정통계량의 유의성이 감소한다. 심각한 다중공선성이 존재할 경우 표준오차가 급격하게 증가하기 때문에 이의 영향으로 t 값이 급격하게 작아진다. 따라서 영가설을 기각하지 못할 가능성이 급격하게 커진다.

셋째, 심각한 다중공선성이 존재할 경우 종속변수에 대한 독립변수의 영향(효과)의 방향이 바뀌기도 한다. 예컨대, 양의 효과가 부의 효과로 바뀌는가 하면 음의 효과가 양의 효과로 바뀌기도 한다.

넷째, 결정계수인 R^2값은 상당히 크지만, 유의미한 t 값들은 거의 발견되지 않는다. 다시 말해서, 회귀모형의 설명력은 매우 높은 것으로 나타나고 있는데, 종속변수에 유의미한 영향을 미치는 독립변수들은 별로 없는 현상이 발생한다.

이처럼 심각한 다중공선성의 존재는 정확한 회귀계수의 추정과 유의성 검정을 어렵게 만드는 문제를 야기한다.

2 진단과 해결

다중공선성 진단과 해결책을 논하기에 앞서 다중공선성의 성격을 알아 둘 필요가 있다.

첫째, 다중공선성은 존재 여부(presence/absence)의 문제가 아니라 정도(degree)의 문제라는 것이다. 따라서 다중공선성이 있다거나 없다는 식의 표현은 옳지 않다.

둘째, 다중공선성은 모집단의 특징이 아니라 표본의 특징이라는 것이다. 따라서 우리는 모집단의 "다중공선성을 검정"하지 않으며, 단지 특정 표본에서 다중공선성의 정도를 측정할 뿐이라는 점이다.

다중공선성을 진단하고 그 강도를 측정하는 단일한 완벽한 방법은 존재하지 않는다. 이 점을 염두에 두고, 다중공선성 진단에 사용되는 다양한 방법들을 살펴보기로 하자.

① 단순상관계수: 독립변수들 간의 단순상관계수를 검토하여 상관계수가 .80 이상이면 다

중공선성이 심각하다고 본다.

② 결정계수 R^2: i번째 독립변수를 다른 독립변수들에 대해 회귀분석했을 때의 결정계수를 R_i^2라 했을 때 R_i^2가 .90 이상이면 다중공선성이 심각하다고 본다.

③ 공차(Tolerance): 공차는 $(1 - R_i^2)$로 정의된다. 이 값이 0.1보다 작으면 다중공선성이 심각하다고 본다.

④ VIF(Variance Inflation Factor): VIF는 $(\frac{1}{1 - R_i^2})$로 정의된다. 이 값이 10보다 크면 다중공선성이 심각하다고 본다.

⑤ 상태지수(Condition Index, CI)와 분산비율(variance propotions): 상태지수는 $\sqrt{\frac{(\text{최대 고유값})}{(\text{최소 고유값})}}$ 로 정의된다. 이 값이 최대값이 10 이상이면 다중공선성을 경계하고, 30 이상이면 심각한 다중공선성을 의심하며, 100을 넘으면 다중공선성이 심각하다고 판단한다. 한편, 상태지수에 덧붙여, 최대의 상태지수를 갖는 고유벡터가 설명하는 분산비율이 90% 이상인 독립변수의 수가 2개 이상이면 다중공선성이 심각하다고 본다.

[표 10-5] 다중공선성 진단방법별 판단기준

다중공선성 진단방법	판단기준
① 단순상관계수	.80 이상
② 결정계수 R^2	.90 이상
③ 공차	.10 이하
④ VIF	10 이상
⑤ 상태지수와 분산비율	• 상태지수가 30 이상 의심, 100 이상 심각 • 분산비율 90% 이상인 독립변수 2개 이상 심각

다중공선성은 표본의 문제이기 때문에, 다중공선성 진단의 경우와 마찬가지로 이 문제를 해결할 수 있는 단일한 완벽한 방법은 없다. 그러나 일반적으로 다음의 두 방법 중의 하나가 널리 사용된다.

한 방법은 공선성문제를 야기하는 변수를 회귀식에서 배제(exclude)하는 것이다. 그러나 이것은 나중에 논의할 설정오류(specification error)라는 또 다른 문제를 야기할 수 있다. 다른 방법은 다중공선성이 있는 변수들을 하나의 변수로 결합(combine)하는 것이다. 예컨대, 단순상관계수가 .80 이상으로 나타난 변수들을 하나로 묶는다든지, 아니면 요인분석 등과 같은 다변수분석기법을 사용하여 독립변수들을 몇 개의 요인으로 묶는다.

3 SPSS 실행 및 결과분석

(1) 실행방법

앞 절에서 우리는 직무다양성, 직무자율성 및 직무중요성이 근로자의 직무만족에 미치는 영향을 분석하기 위해서 회귀분석을 실행하였다. 이 예를 그대로 사용해서 다중공선성을 진단해보기로 하자.

① [PASW Statistics Data Editor]에 '근로자실태조사.sav' 파일을 가져온 후 메뉴에서 다음과 같이 실행하여 [선형 회귀분석] 대화상자를 연다.

분석(A) → 회귀분석(R) → 선형(L)

② [선형 회귀분석] 대화상자가 열리면 왼쪽의 변수목록에서 종속변수인 '직무만족'을 선택하여 오른쪽의 [종속변수(D)] 상자로 보내고, 독립변수들인 '직무다양성', '직무자율성' 및 '직무중요성'은 [독립변수(I)] 상자로 옮긴다. 독립변수 선택방법으로 [방법]에서 [입력]을 선택한다.

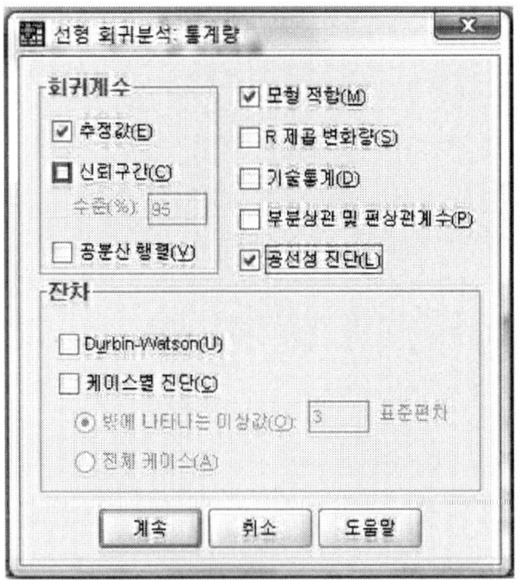

[그림 10-2] 선형회귀분석: 통계량 대화상자

③ [선형 회귀분석] 대화상자의 오른쪽에 있는 [통계량(S)] 버튼을 누른 후에 [그림 10-2]와 같이 [선형회귀분석: 통계량] 대화상자가 나타나면 [공선성 진단(L)]" 항목을 선택한다. [계속]을 누른 후에 [확인]을 누른다.

(2) 분석결과 및 해석

[표 10-6]의 공차를 보면, 직무다양성은 .883, 직무자율성은 .916, 직무중요성은 .890으로 모두 0.1보다 매우 큰 값을 보여주고 있다. VIF를 보면, 직무다양성은 1.132, 직무자율성은 1.091, 직무중요성은 1.124로서 모두 10보다 매우 작다. 또한 [표 10-7]의 상태지수를 보면 최대값이 16.585로서 심각한 다중공선성이 의심되는 값인 30보다 작을 뿐만 아니라, 최대의 상태지수를 갖는 고유벡터가 설명하는 분산비율이 90% 이상인 독립변수가 하나도 없다. 이상의 결과를 종합하면, 직무다양성, 직무자율성, 직무중요성간에는 심각한 다중공선성 문제는 없다고 판단할 수 있다.

[표 10-6] 공선성 진단 결과 (1)

모형		비표준화 계수 B	비표준화 계수 표준 오차 오류	표준화 계수 베타	t	유의확률	공선성 통계량 공차	공선성 통계량 VIF
1	(상수)	.952	.154		6.197	.000		
	직무다양성	.265	.030	.300	8.976	.000	.883	1.132
	직무자율성	.143	.027	.172	5.250	.000	.916	1.091
	직무중요성	.312	.035	.297	8.904	.000	.890	1.124

a. 종속변수: 직무만족

[표 10-7] 공선성 진단 결과 (2)

모형	차원	고유값	상태지수	분산비율 (상수)	분산비율 직무다양성	분산비율 직무자율성	분산비율 직무중요성
1	1	3.893	1.000	.00	.00	.00	.00
	2	.057	8.240	.01	.16	.94	.02
	3	.036	10.425	.10	.83	.05	.17
	4	.014	16.585	.88	.00	.01	.80

a. 종속변수: 직무만족

CHAPTER 11

비선형 회귀분석과 가변수 회귀분석

11.1 비선형 회귀분석

1 목적

회귀분석은 독립변수와 종속변수 간 선형 관계(linear relation)가 존재한다는 가정에 근거해있다. 따라서 회귀분석에 앞서 이러한 선형 가정이 충족되는지 확인할 필요가 있으며, 그 결과 선형 가정이 위반되는 것으로 나타날 때가 있다. 한편, 이론이나 경험적 연구에 근거하여 변수들간에 비선형 관계(nonlinear relationship)가 예상될 수도 있다. 이처럼 선형 가정이 위반되었을 때 이용되는 것이 비선형 회귀분석(nonlinear regression)이다.

2 선형 가정 체크

앞에서 언급했듯이, 회귀분석은 선형 가정에 기초해 있지만, 이 가정이 실제로 맞아떨어지기도 하고 그렇지 않을 수도 있다. 두 변수가 선형 관계를 맺고 있는지 그렇지 않은지를 경험적으로 확인할 수 있는 통계적 분석방법들이 있다.

상관분석을 다룬 제9장에서, 우리는 산점도(scatterplot)를 작성하여 선형 관계의 존재 여부를 확인할 수 있다는 것을 설명하였다. 그러나 점들이 흩어져있는 분포상태를 나타내는 산포도를 보고 선형 가정의 충족 혹은 위반 여부를 판단하는게 쉽지 않다. 산포도가 관계의 형태를 뚜렷하게 보여주지 못하는 경우가 많기 때문이다.

선형 가정을 확인할 수 있는 보다 손쉬운 방법은 "선형성의 편차(deviation from linearity)"를 통계적으로 분석하는 것이다. 이 방법은 다음과 같은 절차를 따라서 이루어진다.

① 선형 회귀분석을 실시하여 독립변수 X에 의해 설명되는 종속변수 Y의 변이 비율을 나타내는 R^2를 구한다.

② 일원배치분산분석을 실시하여 독립변수 X에 의해 설명되는 종속변수 Y의 변이 비율을 나타내는 η^2를 구한다. SPSS의 [평균비교] 명령문은 2단계까지의 절차를 한 번에 수행해준다.

③ η^2와 R^2를 비교한다. 만약 전자가 후자보다 유의적으로 더 크다면 선형 가정은 기각된다.

④ 선형 가정이 기각되었을 경우, 원래의 분포를 크게 왜곡시키지 않는 한도 내에서 몇 개의 범주로 독립변수의 값들을 묶어서 각 범주별 평균을 구한다.

⑤ X축과 Y축으로 이뤄진 이차원 평면에 평균값들을 표시하고, [그림 11-1]과 같이 그래프로 그려서 비선형 관계에 적합한 함수 형태를 찾아낸다.

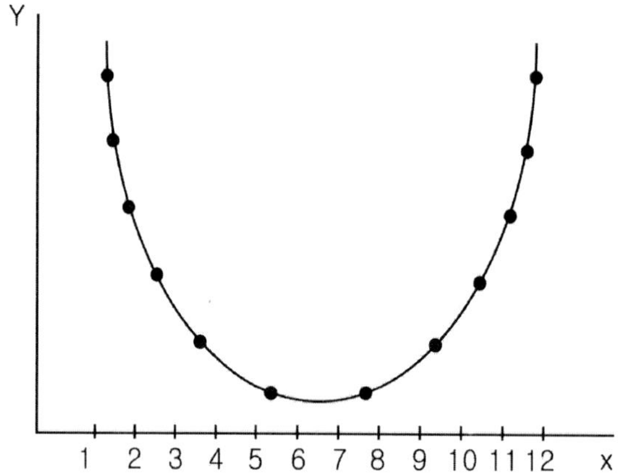

[그림 11-1] X와 Y 간의 관계 그래프

3 비선형 회귀분석

독립변수 X와 종속변수 Y간에 비선형적 관계가 존재할 경우 문제해결은 간단하다. 두 변수간의 비선형적 관계에 적합한 함수를 찾아내서 변수들을 함수 형태에 맞도록 전환시킨 후에 선형 회귀분석을 실시하면 된다. X와 Y간의 비선형적 함수관계는 매우 다양한 형태를 띨 수 있다. 그 중 몇 가지만 들어보면, [그림 11-2]처럼 다항식 관계(Y가 X^k의 함수), 대수적 관계(Y가 X의 log함수), 승수적 관계(Y가 X의 b승의 함수), 역함수적 관계(Y가 1/X의 함수) 등이 있다.

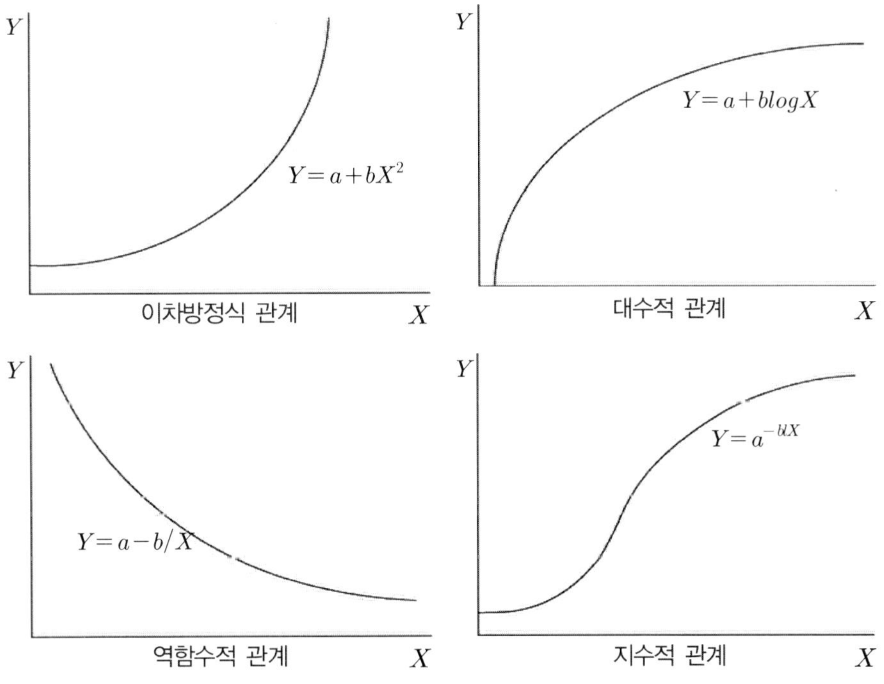

[그림 11-2] 비선형관계의 유형

이론이나 선행연구에서 변수들 간에 비선형 관계를 예측할 수도 있다. 예컨대, 이론에 따르면, 직무스트레스와 조직효과성 간에는 역U자형 관계가 존재한다고 예측하고 있다. 또한 집단응집성과 집단성과 간에도 역U자형 관계가 존재할 것으로 예상하고 있다. 이러한 이론적 예측의 타당성을 경험적으로 검정하기 위해서는 예측된 관계에 적합한 함수형태로 변수들을 전환시킨 후에 회귀분석을 실시해야 한다.

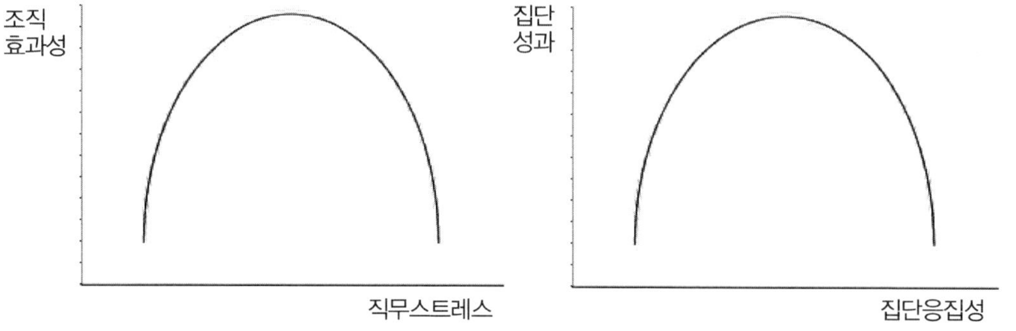

[그림 11-3] 변수들 간의 이론적 관계

SPSS에서 [변수계산(C)] 명령문을 사용하면 변수들을 제곱, log, 제곱근, 승수로 쉽게 전환시킬 수 있으며, 또한 변수전환에 사용할 수 있는 70가지 이상의 함수를 내장하고 있기 때문에 이를 적절히 활용하면 된다.

예컨대, [변수계산(C)] 명령문을 이용하여 독립변수 X를 $\frac{1}{X}$ 과 log(X)로 전환시키는 방법은 다음과 같다.

① 예: X를 $\frac{1}{X}$ 로 전환

Ⓐ 주요 메뉴에서 [변환(T)] → [변수계산(C)]의 순으로 실행하여 [변수계산(C)] 대화상자를 연다.

Ⓑ [그림 11-3]과 같이 [숫자표현식(E)] 상자에서 계산식 $\frac{1}{X}$ 을 만들고 [대상변수(T)] 상자에 계산된 변수값을 받아들일 새로운 변수이름 "X역수"를 입력한 후 [확인] 버튼을 누른다. 새로운 변수이름으로 "X역수" 대신에 연구자의 편의에 따라 다른 이름을 입력해도 무방하다.

② 예: X를 log(X)로 전환

Ⓐ 주요 메뉴에서 [변환(T)] → [변수계산(C)]의 순으로 실행하여 [변수계산(C)] 대화상자를 연다.

Ⓑ [그림 11-4]와 같이 [함수] 상자에서 log를 선택하여 [숫자표현식(E)] 상자에서 계산식 log(X)를 만들고 [대상변수(T)] 상자에 계산된 변수값을 받아들일 새로운 변수이름 "X대수"를 입력한 후 [확인] 버튼을 누른다.

[그림 11-3] 변수계산 대화상자

[그림 11-4] 변수계산 대화상자

변수들을 적합한 형태로 전환시킨 후에 전환된 변수들을 사용해서 제9장에서 이미 설명한 선형회귀분석 절차를 따라서 분석을 하면 원하는 결과를 얻을 수 있다. 다시 말해서, 변수들간에 비선형 관계가 존재하더라도 관계에 적합한 함수형태로 전환시키면 선형회귀분석 방법을 그대로 적용해도 문제가 없다. 비선형 회귀분석을 실행하여 추정된 회귀계수는 종속변수의 추정치에 대한 전환된 독립변수의 효과라는 측면에서 해석되어야 한다.

비선형회귀분석과 관련하여 다항식 관계를 분석할 때 주의해야 할 사항이 있다. 예컨대, X와 Y간에 다음과 같은 2차방정식 관계가 존재한다고 하자.

$$Y = a + b_1 X + b_2 X^2$$

이 경우 X와 X^2은 사실상 동일한 변수이기 때문에 이 두 독립변수 간에는 심각한 다중공선성 문제가 발생할 가능성이 매우 높다. 이 문제를 해결하기 위해서는 변수들을 표준화시키는 센터링(Centering) 절차를 거쳐야 한다. 이 절차는 나중에 상호작용효과 검정문제를 다룰 제12장에서 자세히 설명하도록 하겠다.

4 SPSS 실행 및 결과분석

(1) 실행방법

'근로자실태조사.sav' 파일에는 '역할모호성'과 '직무만족'의 두 변수가 포함되어 있다. '선형성의 편차'를 검정하는 방법을 사용하여 이 두 변수 간에 선형 관계가 존재하는지를 확인해 보기로 하자.

① [PASW Statistics Data Editor]에 '근로자실태조사.sav' 파일을 가져온 후 메뉴에서 다음과 같이 실행하여 [집단별평균분석(M)] 대화상자를 연다.

> 분석(A) → 평균비교(M) → 집단별평균분석(M)

② [그림 11-5]처럼 [집단별평균분석(M)] 대화상자가 열리면 왼쪽의 변수목록에서 '역할모호성'을 선택하여 [독립변수(I)] 상자로 옮긴 후 다시 변수목록에서 '직무만족'을 선택하여 [종속변수(D)]상자로 옮긴다.

[그림 11-5] 평균 대화상자

③ [집단별평균분석(M)] 대화상자에 있는 옵션(O) 버튼을 누르면 [그림 11-6]과 같이 [집단별 평균분석: 옵션] 대화상자가 나타난다. 이 대화상자에 있는 [첫번째 레이어에 대한 통계량] 상자에서 [선형성 검정(T)]을 선택한다. [계속] 버튼을 누른 후에 [확인] 버튼을 누른다.

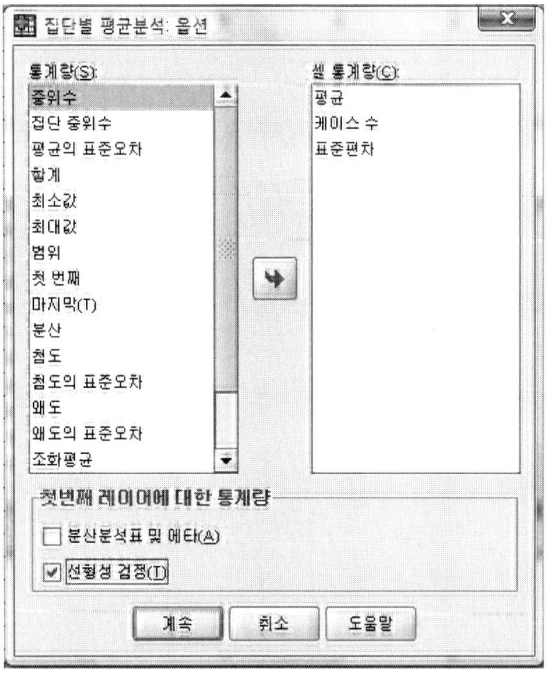

[그림 11-6] 집단별 평균분석: 옵션 대화상자

(2) 분석결과 및 해석

[표 11-1]은 독립변수인 역할모호성의 측정값 각각에 대한 직무만족의 평균값과 사례수(N) 및 표준편차를 보여주고 있다. [표 11-1]에서 알 수 있듯이, 역할모호성의 측정값들이 커지면 전반적으로 각 측정값에 상응하는 직무만족 평균값들이 작아지는 추세를 보이고 있다.

[표 11-1] 보고서

직무만족

역할모호성	평균	N	표준편차
1.00	3.8295	183	.77218
1.50	3.6641	153	.71952
2.00	3.4890	182	.63715
2.50	3.3812	85	.62000
3.00	3.1649	57	.67520
3.50	2.8960	25	.84876
4.00	3.1500	12	.62158
4.50	3.3500	8	.63920
합계	3.5478	705	.73824

[표 11-2]는 “선형성”은 R^2에 대한 유의도 검정 결과이며, “선형성의 편차”는 η^2와 R^2 간의 차이에 대한 유의도 검정 결과이다. 그리고 [표 11-3]에서 R과 R제곱(R^2)은 두 변수 역할모호성과 직무만족 간에 선형관계를 가정했을 때의 결합측도이며, 에타(η)와 에타제곱(η^2)은 비선형 관계를 가정했을 때의 결합측도이다. 우선 [표 11-2]에서 “선형성의 편차”, 즉 η^2와 R^2간의 차이(.106-.095=.011)에 대한 유의도 검정 결과를 보면, F(6)=1.475, 유의확률=.184로서 유의수준 .05에서 η^2와 R^2간의 차이는 유의미하지 않다는 것을 알 수 있다. 이것은 역할모호성과 직무만족 간에는 비선형관계가 존재하지 않는다는 것을, 즉 두 변수 간에는 선형관계가 존재한다는 것을 의미한다.

[표 11-2] 분산분석표

			제곱합	자유도	평균제곱	F	유의확률
직무만족 * 역할모호성	집단-간	(조합)	40.769	7	5.824	11.838	.000
		선형성	36.414	1	36.414	74.016	.000
		선형성의 편차	4.355	6	.726	1.475	.184
	집단-내		342.910	697	.492		
	합계		383.679	704			

[표 11-3]에 제시되어 있듯이, 선형 관계를 가정할 경우 역할모호성과 직무만족 간의 상관계수(R)는 -.308이며, 역할모호성에 의해 설명되는 직무만족 변이의 비율(R^2)은 .095이다. 이 통계량들에 대한 유의도 검정결과가 제시되어 있는 [표 11-2]의 "선형성"을 보면, F(1)=74.016, 유의확률=.000으로서 유의수준 .05에서 역할모호성과 직무만족 간에 유의미한 선형 관계가 존재한다는 것을 보여주고 있다. 이상의 결과들을 종합하면, 역할모호성과 직무만족 간에는 선형관계가 존재하므로 변수들을 다른 함수형태로 변환하지 않고 그대로 선형 회귀분석을 실시하면 된다.

[표 11-3] 결합측도

	R	R 제곱	에타	에타제곱
직무만족 * 역할모호성	-.308	.095	.326	.106

11.2 가변수 회귀분석

1 목적

회귀분석은 모형에 포함된 독립변수와 종속변수 모두 연속변수일 것을 요구하고 있다. 그러나 경우에 따라서는 독립변수와 종속변수가 범주형 변수인 이산변수일 때가 종종 있다. 예컨대, 남자와 여자의 두 속성을 지니는 성별 변수를 독립변수로 사용해야 할 때도 있고, 독립변수로 사용될 연령 변수를 20대, 30대, 40대 등의 범주로 묶어 측정할 때도 있다. 또한 투표 여부, 특정 이슈에 대한 찬반, 이직 여부 등과 같은 이산변수를 종속변수로 사용해야 할 경우도 있다.

이처럼 독립변수나 종속변수가 이산변수이거나 혹은 독립변수와 종속변수 모두 이산변수일 때는 선형회귀분석방법을 그대로 적용할 수 없으며, 다른 분석방법을 이용해야 한다. 종속변수는 연속변수인 반면에 독립변수가 이산변수인 경우에는 가변수 회귀분석(dummy variable regression)을 사용한다. 독립변수는 연속변수인 반면에 종속변수가 2개의 범주를 갖는 이산변수일 때는 프로빗(probit), 로짓(logit) 등의 분석방법을, 그리고 3개 이상의 범주를 갖는 이산변수일 때는 다항로짓(multinomial logit) 등의 방법을 사용한다. 마지막으로, 독립변수와 종속변수가 모두 이산변수인 경우에는 로그리니어 분석(loglinear analysis)을 사용한다. 본 절에서는 가변수 회귀분석만을 다루기로 하겠다. 다른 분석방법에 관심이 있는 독자들은 다른 통계학 교재들을 참고하기 바란다.

[표 11-4] 변수의 종류와 분석방법

구 분		독립변수	
		연속변수	이산변수
종속변수	연속변수	선형 회귀분석	가변수 회귀분석
	이산변수	• probit, logit 등 • multinomial logit 등	loglinear analysis

2 범주형 독립변수의 처리

(1) 연속변수로 전환

범주형 독립변수를 처리하는 한 방법은 연속변수로 전환하는 것이다. 예컨대, 연령 변수를 [표 11-5]의 예처럼 20대, 30대, 40대, 50대의 4개의 응답범주로 측정했다고 하자. 이 경우 SPSS의 [새로운 변수로 코딩변경] 명령문을 사용하여 [표 11-5]에서처럼 각 범주의 중간값(midpoint)을 취하여 연속변수로 전환할 수 있다.

[표 11-5] 연속변수로의 전환 예

구 분	기존값	새로운 값
연령	1) 20대	1 → 25세
	2) 30대	2 → 35세
	3) 40대	3 → 45세
	4) 50대	4 → 55세
학력	1) 무학	1 → 0년
	2) 초등졸	2 → 6년
	3) 중졸	3 → 9년
	4) 고졸	4 → 12년
	5) 전문대졸	5 → 14년
	6) 대졸	6 → 16년
	7) 대학원이상	7 → 18년

한편 학력을 [표 11-5]의 에처럼 7개의 응답범주로 측정했다고 하자. 이 경우에 중퇴자는 별로 많지 않을 것이기 때문에 각 응답범주의 상한값(upper limit)을 취하여 연속변수로 전환할 수 있다. 그리고 대학원 이상의 경우 박사학위 소지자는 매우 드물 것이므로 모두 석사로 간주하여 교육연수 18년으로 전환해도 별 문제가 없을 것이다.

범주형 변수를 연속변수로 전환할 때 종종 부딪히는 문제는 '60대 이상', '400만원 이상' 등의 경우처럼 마지막 응답범주가 상한값이 설정되어 있지 않은 개방형 범주(open-ended category)인 경우가 많다는 것이다. 개방형 응답범주를 해결하는 한 방법은 ① '해당 범주의 하한값(lower limit)을 사용'하는 것이다. 다른 한 방법은 표본에 대한 정보나 지식에 근거하여 ② '임의의 값을 할당'하는 것이다. 소득 변수의 경우에 개방형 응답범주의 중간값(MD)은 다음과 같은 공식을 사용하여 추정하기도 한다.

$$MD = 10^{\frac{.301}{\nu}}$$

이 식에서 ν는 다음의 공식을 사용하여 계산한다.

$$\nu = \frac{\log(\text{앞 범주 누적백분율}) - \log(\text{개방 범주 백분율})}{\log(\text{개방 범주 하한값}) - \log(\text{앞 범주 하한값})}$$

연속변수로 전환이 가능한 범주형 변수들은 위와 같은 방법을 이용하여 연속변수로 전환한 뒤 회귀분석에 투입하면 된다. 이와 같은 불편한 전환과정을 거치지 않는 한 방법은 응답자들로 하여금 연령이나 소득 등의 수치를 구체적으로 기입하게 하는 방식으로 연속변수로 측정하는 것이다. 그러나 응답자들로 하여금 수치를 직접 기입하도록 하는 방식으로 연령이나 소득 등을 측정하면 응답율이 저조해지는 문제가 발생하기도 한다. 즉, 양자 간에는 일종의 트레이드-오프(trade-off)가 존재한다.

(2) 가변수로 전환

범주형 변수들의 경우 연속변수로 전환이 가능한 경우도 있지만, 그렇지 못한 경우도 있다. 예컨대, 성별, 인종, 종교, 고향 등을 측정한 이산변수들은 연속변수로의 전환이 불가능하다. 이런 이산변수들을 회귀식에 투입하기 위해서는 가변수(dummy variable)로 바꿔주어야 한다. 가변수란 어떤 속성의 존재를 나타내는 것은 1의 값으로 하고, 그러한 속성이 없는 것을 나타내는 것은 0의 값을 갖도록 만들어진 변수를 말한다.

예컨대, 1=황인종, 2=백인종, 3=흑인종의 응답범주를 갖는 인종 변수가 있다고 하자. 이 인종변수를 가변수로 만들면 다음과 같다.

D_1: 황인종이면 1, 그렇지 않으면 0

D_2: 백인종이면 1, 그렇지 않으면 0

D_3: 흑인종이면 1, 그렇지 않으면 0

이 가변수들을 회귀분석에 투입할 경우 독립변수로서 3개의 가변수 중 2개만 넣을 수 있다. 모든 정보가 3개 중 2개의 가변수에 모두 포함되어 있기 때문이다. 즉, 만일 어떤 사람이 D_1에 1, D_2에 0이라는 것을 안다면 그 사람은 당연히 D_3에도 0인 것을 알 수 있다. 어떤 사람이 황인종이면서 동시에 흑인종일 수는 없기 때문이다.

따라서 일반적으로 한 변수가 J개의 범주를 가질 때 (J-1)개의 가변수를 만들어 회귀분석에 사용한다. SPSS의 [새로운 변수로 코딩변경(R)] 명령문을 이용하면 J개의 범주를 갖는 이산변수를 (J-1)개의 가변수로 쉽게 전환할 수 있다. 예컨대, [표 11-6]의 예에 제시되어 있듯이, 남자=1, 여자=2의 값을 갖는 성별 변수의 경우 [새로운 변수로 코딩변경(R)] 명령문을 이용하여 남자=1, 여자=0의 새로운 값을 갖는 가변수 Dsex로 전환하면 된다.

그리고 황인종=1. 백인종=2, 흑인종=3의 값을 갖는 인종 변수는 황인종=1, 그렇지 않은 경우=0의 값을 갖는 가변수 Drace1과 백인종=1, 그렇지 않은 경우=0의 값을 갖는 가변수 Drace2의 2개의 가변수로 전환하면 된다. 물론 흑인종 대신 백인종을 준거범주(reference category)로 설정하여 Drace2를 흑인종=1, 그렇지 않은 경우=0의 값을 갖는 가변수로 만들어도 된다.

[표 11-6] 가변수로의 전환 예

변수	기존값	새로운 값
성별	남자=1, 여자 =2	Dsex; 남자 = 1, 여자 =0
인종	황인종 =1, 백인종 =2, 흑인종 =3	Drace1; 황인 =1, otherwise =0 Drace2; 백인 =1, oherwise =0

3 가변수 회귀계수의 해석

이처럼 범주형 변수를 가변수로 전환하여 회귀분석을 하는 것을 가변수 회귀분석이라고 한다. 가변수 회귀분석은 앞의 제10장에서 이미 설명한 선형회귀분석 절차를 그대로 따라서 실행하면 되고, 독립변수로 가변수를 사용한다는 것 외에는 기존의 선형 회귀분석 절차와 아무런 차이가 없다.

그러나 가변수 회귀분석의 경우 회귀계수에 대한 해석에 주의할 필요가 있다. 이때 회귀계수는 해당 가변수와 준거범주 간의 평균의 차이를 의미한다. 예컨대, 성별 변수를 가변수(Dsex; 남자=1, 여자=0)로 전환한 후 종속변수인 소득에 대한 회귀분석을 하여 다음과 같은 추정식을 얻었다고 하자.

$$\hat{Y} = a + b^* Dsex$$

위 방정식에서 Dsex=1, 즉 남자일 때의 방정식은 다음과 같다.

$$\hat{Y}_{남자} = a + b^*(1) = a + b$$

그리고 위 방정식에서 Dsex=0, 즉 여자일 때의 방정식은 다음과 같다.

$$\hat{Y}_{여자} = a + b^*(0) = a$$

위의 식이 보여주듯이, 남자의 평균소득은 (a + b)이고 여자의 평균소득은 a이다. 따라서 남자와 여자의 평균소득의 차이는 b이다. 즉, 회귀계수 b는 해당 가변수와 준거범주 간의 평균의 차이를 가리킨다는 것을 알 수 있다. 회귀계수 b에 대한 유의성 검정 결과 유의미한 것으로 나타난다면, 이것은 남자와 여자의 평균소득 간에는 유의미한 차이가 있다는 것을 의미한다.

지금까지의 분석결과가 시사하듯이, 범주가 2개인 독립변수를 가변수로 전환하여 가변수 회귀분석한 결과는 독립표본 t 검정 결과와 동일하다는 것을 알 수 있다. 범주가 3개 이상인 독립변수를 가변수로 전환하여 가변수 회귀분석한 결과는 물론 일원배치 분산분석 결과와 동일하다.

4 SPSS 실행 및 결과분석

(1) 실행방법

제8장에서 우리는 30대, 40대, 50대 이상의 세 범주를 갖는 '연령' 변수와 '주택규모' 변수간의 관계를 검정하기 위해서 일원배치분산분석을 실행하였다. 동일한 변수들을 사용하여

가변수 회귀분석을 연습해보기로 하자.

Ⓐ **연령 변수의 가변수로의 전환**

우선 [새로운 변수로 코딩변경(R)] 명령문을 이용하여 '연령' 변수를 'Dage1'(40대=1, 그렇지 않은 경우=0)과 'Dage2'(50대 이상=1, 그렇지 않은 경우=0)의 두 가변수로 전환시킨다. 구체적인 전환 절차는 다음과 같다.

① '주거현황조사.sav' 파일을 [PASW Statistics Data Editor]에 가져온 후 주요 메뉴에서 다음과 같은 순서로 실행하여 [새로운 변수로 코딩변경(R)] 대화상자를 연다.

변환(T) → 새로운 변수로 코딩변경(R)

② [새로운 변수로 코딩변경(R)] 대화상자가 나타나면 [그림 11-7]과 같이 왼쪽의 변수목록에서 '연령' 변수를 선택하여 [변수입력(V)] 상자로 이동시키고 [출력변수] 상자에 이름 "Dage1"을 입력한 후 [바꾸기] 버튼을 누른다.

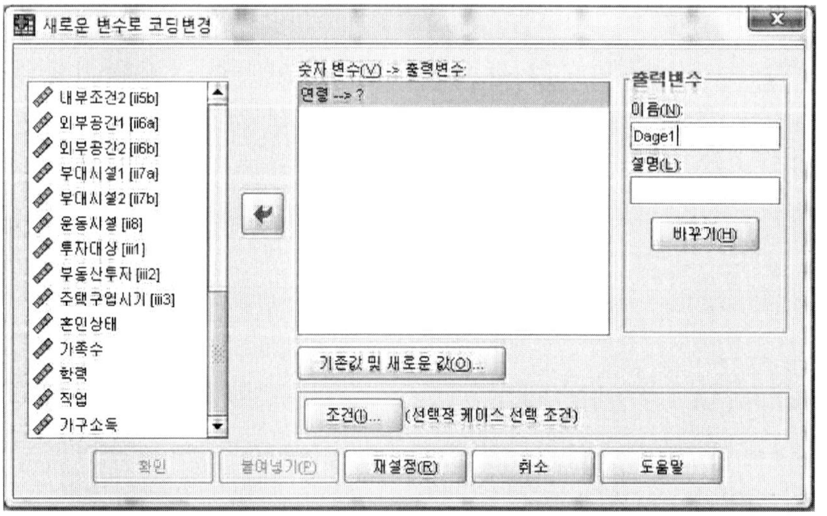

[그림 11-7] 새로운 변수로 코딩변경 대화상자

③ [기존값 및 새로운 값(O)]을 선택한 후 [그림 11-8]과 같은 대화상자가 열리면 왼쪽 상단에 있는 [기존값] 상자의 [값(V)]에 "2"를, 그리고 오른쪽 상단 [새로운 값] 상자

에 있는 [기준값(A)]에 "1"을 입력한 후에 [추가(A)] 버튼을 누른다. 이어서 왼쪽 하단에 있는 [기타 모든 값(O)]을 선택하고 오른쪽 상단에 있는 [기준값(A)]에 "0"을 입력한 후 [추가(A)] 버튼을 누른다. [계속] 버튼에 이어서 [확인] 버튼을 누른다.

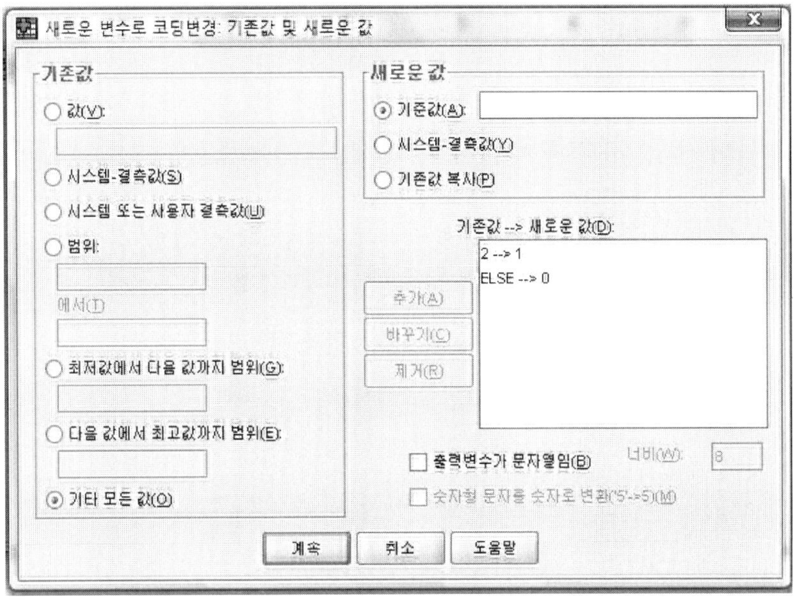

[그림 11-8] 새로운 변수로 코딩변경: 기존값 및 새로운 값 대화상자 "Dage1"

④ 위의 ① 단계 과정을 다시 반복 실시하여 [새로운 변수로 코딩변경] 대화상자가 나타나면 하단 중앙에 있는 [재설정(R)] 버튼을 눌러서 대화상자를 깨끗이 한다. 그리고 ② 단계를 다시 반복하되 [출력변수] 상자에 이름 "Dage2"를 입력한 뒤 [바꾸기] 버튼을 누른다.

⑤ [기존값 및 새로운 값] 선택 후 [그림 11-9]와 같은 대화상자가 열리면 왼쪽 상단에 있는 [값(V)]에 "3"을, 그리고 오른쪽 상단에 있는 [기준값(A)]에 "1"을 입력한 후에 [추가(A)] 버튼을 누른다. 이어서 오른쪽 하단에 있는 [기타 모든 값(O)]을 선택하고 왼쪽 상단에 있는 [기준값(A)]에 "0"을 입력한 후 [추가(A)] 버튼을 누른다. [계속] 버튼을 누른 후에 [확인] 버튼을 누른다.

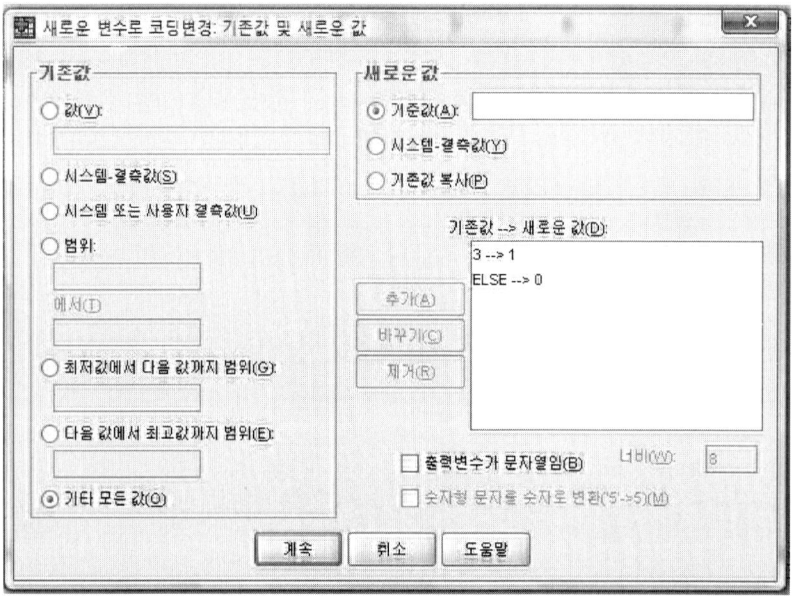

[그림 11-9] 새로운 변수로 코딩변경: 기존값 및 새로운 값 대화상자 "Dage2"

Ⓑ **가변수 회귀분석의 실행**

'Dage1'과 'Dage2'의 두 가변수를 독립변수로 하여 종속변수인 '주택규모'에 대하여 회귀분석을 실행한다.

① 주요 메뉴에서 다음과 같은 순서로 실행하여 [선형회귀분석] 대화상자를 연다.

> 분석(A) → 회귀분석(R) → 선형(L) 선택

② [그림 11-10]과 같이 [선도표 회귀모형] 대화상자가 열리면 왼쪽의 변수목록에서 종속변수인 '주택규모'를 선택하여 오른쪽의 [종속변수(D)] 상자로 보내고, 다시 변수목록에서 가변수들인 'Dage1' 및 'Dage2'를 선택하여 [독립변수(I)] 상자로 옮긴다. 독립변수 선택방법으로 [방법]에서 [입력]을 선택한 후 [확인]을 누른다.

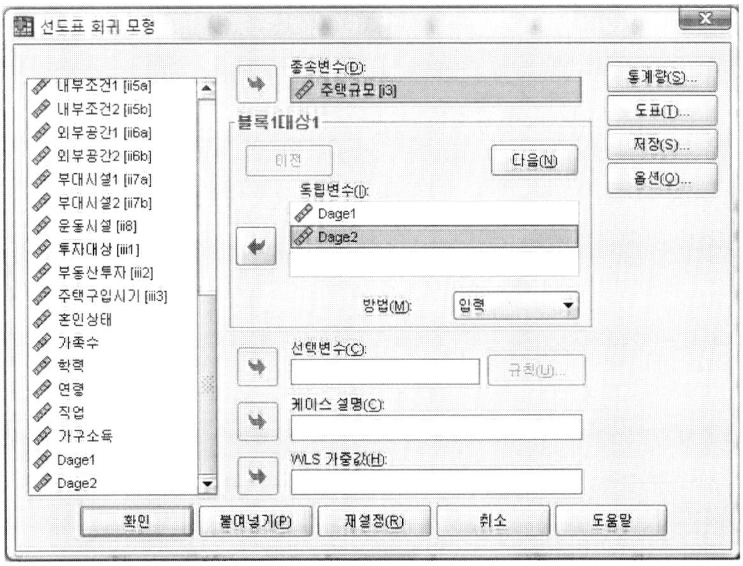

[그림 11-10] 선형 회귀모형 대화상자

(2) **분석결과 및 해석**

[표 11-7]과 [표 11-8]의 분석결과를 보면, 두 가변수 'Dage1'과 'Dage2'를 포함하는 회귀식이 종속변수인 '주택규모' 변이의 6.9%(수정된 R^2)를 설명하고 있으며, F(2, 661)=25.498, 유의확률=.000으로서 유의확률 .01보다 작으므로 $\rho^2 = 0$라는 영가설은 기각된다.

[표 11-7] 모형요약

모형	R	R 제곱	수정된 R 제곱	표준 오차 추정값의 표준오차
1	.268[a]	.072	.069	15.021

a. 예측값: (상수), Dage2, Dage1

[표 11-8] 분산분석

모형		제곱합	자유도	평균 제곱	F	유의확률
1	회귀 모형	11506.279	2	5753.140	25.498	.000[a]
	잔차	149142.555	661	225.632		
	합계	160648.834	663			

a. 예측값: (상수), Dage2, Dage1

b. 종속변수: 주택규모

[표 11-9] 계수

모형		비표준화 계수		표준화 계수	t	유의확률
		B	표준 오차 오류	베타		
1	(상수)	28.839	.999		28.863	.000
	Dage1	5.055	1.387	.157	3.645	.000
	Dage2	10.496	1.470	.307	7.139	.000

a. 종속변수: 주택규모

[표 11-9]의 분석결과에 따르면, 가변수 회귀식은 다음과 같이 표현된다.

주택규모 = 28.839 + 5.055*Dage1 + 10.496*Dage2

위 식에서 30대, 40대 및 50대 이상의 평균주택규모는 다음과 같이 계산되며, 30대는 28.839평, 40대는 33.894평, 50대 이상은 39.335평이다.

주택규모(30대) = 28.839 + 5.055*(0) + 10.496*(0) = 28.839

주택규모(40대) = 28.839 + 5.055*(1) + 10.496*(0) = 33.894
주택규모(50대 이상) = 28.839 + 5.055*(0) + 10.496*(1) = 39.335

위 식에서 알 수 있듯이, 상수 28.839는 준거범주인 30대의 평균주택규모를 의미하며, Dage1의 계수인 5.055는 준거범주인 30대와 40대 간의 평균주택규모의 차이를, 그리고 Dage2의 계수인 10.496은 준거범주인 30대와 50대 이상 간의 평균주택규모의 차이를 가리킨다. 그리고 Dage1과 Dage2의 각 계수에 대한 유의도 검정 결과를 보면, 모두 유의확률이 .000으로서 유의수준 .01보다 작다. 이것은 유의수준 .01에서 30대와 40대, 그리고 30대와 50대 이상 간의 평균주택규모 간에는 유의미한 차이가 있다는 것을 의미한다. 이 분석결과를 동일한 자료를 가지고 분산분석을 수행한 결과인 제8장의 [표 8-7] ~ [표 8-11]과 비교해보면, 두 분석 결과가 완전히 일치한다는 것을 알 수 있다. 즉, 여기서 알 수 있듯이, 가변수 회귀분석은 두 평균 간 차이검정에 사용되는 독립표본 t 검정이나 여러 평균 간 차이 검정에 사용되는 분산분석과 기본적으로 동일하다.

CHAPTER 12

상호작용과 설정오류

12.1 상호작용

1 상호작용의 의미

이제까지 회귀분석을 논의하면서 우리는 암묵적으로 가법모형(additive model)을 전제하였다. 가법모형은 독립변수들의 결합효과(joint effects)는 개별 독립변수들이 종속변수에 미치는 효과를 모두 더한 것과 동일한 것으로 보는 것이다. 이를 식으로 표현하면 다음과 같다.

$$Y = a + b_1X_1 + b_2X_2$$

그러나 여러 개의 독립변수들이 함께 작용하다 보면, 결합효과가 개별 독립변수들의 효과의 총합보다 크거나 작아지는 경우가 있다. 예를 들면, 치료제 A와 B의 치료효과가 각각 10과 15라고 할 때, 두 치료제를 함께 복용했을 경우 치료효과가 50으로 배가되거나 아니면 오히려 부작용이 나타나서 치료효과가 5로 줄어드는 경우가 있을 수 있다. 변수들의 결합이 이와 같은 특이한 효과를 나타내는 경우에, 우리는 변수들간에 상호작용(interaction)이 존재한다거나 상호작용효과(interaction effect)가 있다고 말한다. 이를 식으로 표현하면 다음과 같으며, 승법모형(multiplicative model)이라고 부른다.

$$Y = a + b_1X_1 + b_2X_2 + b_3(X_1X_2)$$

위의 식에서 두 독립변수 X_1과 X_2의 곱으로 만들어진 X_1X_2는 상호작용항이라고 하며,

상호작용항 X_1X_2의 회귀계수인 b_3는 상호작용효과를 나타낸다. 상호작용효과는 종속변수에 대한 한 독립변수의 영향이 다른 독립변수의 수준에 따라서 달라진다는 것을, 즉 한 독립변수와 종속변수 간의 관계가 다른 독립변수에 의해 조절된다는 것을 의미한다. 그런 의미에서 상호작용효과는 조절효과(moderating effect)라고도 부른다.

2 변수 유형과 상호작용효과

변수 유형별로 변수들 간의 상호작용을 검토해 보기로 하자. 우선 이산변수들 간의 상호작용을 살펴보기로 하자. 이산변수들 간의 상호작용효과를 포함하는 방정식은 아래의 식과 같이 표현된다.

$$\hat{Y} = a + b_1D_1 + b_2D_2 + b_3(D_1D_2)$$

위의 식에서 Y=연간 의류지출비, D_1(도시=1, 농촌=0)과 D_2(여=1, 남=0)는 각각 지역과 성별 가변수라고 하자. 위 식은 연평균 의류지출비가 도시사람들이 농촌사람들보다 b_1만큼 더 많고 여성들이 남성들보다 b_2만큼 더 많다는 것을 가리킨다. 그리고 지역 변수와 성별 변수간의 상호작용항 D_1D_2의 회귀계수 b_3는 도시여성들의 연평균 의류지출비가 도시남성들의 연평균의류지출비보다 b_3만큼 더 많다는 것을 의미한다.

이번에는 이산변수와 연속변수 간의 상호작용을 살펴보기로 하자. 이산변수와 연속변수 간의 상호작용효과를 포함하는 방정식은 아래의 식과 같이 표현된다.

$$\hat{Y} = a + b_1D + b_2X + b_3(D_1X)$$

위 식에서 Y=연간 의류지출비, X는 소득을 나타내는 연속변수, D(여=1, 남=0)는 성별 가변수라고 하자. 위 식은 여자가 남자보다 그리고 소득이 많을수록 연평균 의류지출비가 더 많으며, 소득이 많은 여성들의 연평균 의류지출비는 한층 더 많다는 것을 의미한다.

마지막으로 연속변수들 간의 상호작용효과를 살펴보자. 연속변수들 간의 상호작용효과를 포함하는 방정식은 아래의 식과 같이 표현된다.

$$\hat{Y} = a + b_1X_1 + b_2X_2 + b_3(X_1X_2)$$

위의 식에서 Y=연간 의류지출비, X_1과 X_2는 각각 소득과 학력을 나타내는 연속변수라고 하자. 위 식은 소득이 높을수록 그리고 학력이 높을수록 연평균 의류지출비는 증가하며, 연간 의류지출비에 대한 소득의 영향은 학력이 높을수록 더 커진다는 것을 의미한다.

3 상호작용효과의 검정

상호작용효과를 검정하기 위해서는 상호작용항이 생략된 방정식(가법 모형)의 결정계수(R_1^2)와 상호작용항이 포함된 방정식(승법 모형)의 결정계수(R_2^2)를 비교한다. 예컨대, 세 변수 X_1, X_2, X_3가 있는데, X_1과 X_2, 그리고 X_1과 X_3간의 상호작용효과를 검정하고자 한다고 하자. 이 경우 상호작용항이 생략된 가법 모형과 상호작용항이 포함된 승법 모형은 다음과 같이 표현된다.

$$\text{가법 모형: } Y = a + b_1X_1 + b_2X_2 + b_3X_3$$
$$\text{승법 모형: } Y = a + b_1X_1 + b_2X_2 + b_3X_3 + b_4(X_1X_2) + b_5(X_1X_3)$$

그런데 결정계수를 구하기 위해서 회귀분석을 할 경우, 상호작용항들이 독립변수들 간의 곱으로 만들어졌기 때문에 독립변수들과 상호작용항들 간에 심각한 다중공선성 문제가 발생할 우려가 있다. 이것은 다항식 관계에 대한 회귀분석의 경우에도 마찬가지다. 이런 문제를 해결하기 위해서는 변수들을 표준화시키는 센터링(Centering) 절차를 거쳐야 한다. 센터링이란 모든 이론적 변수들을 평균이 0, 표준편차가 1의 값을 갖도록 표준화시키는 것을 말한다. 센터링 후에 표준화된 변수들을 가지고 변수들 간의 상호작용항을 만들거나 다항식 관계를 구성한 후에 회귀분석을 실행해야 한다.

상호작용효과를 검정하기 위한 구체적인 검정 절차는 다음과 같다.

Ⓐ 센터링

모든 이론적 변수(독립변수와 종속변수)들을 평균이 0, 표준편차가 1의 값을 갖도록 표준화시킨다. SPSS의 [기술통계(D)]의 [표준화된 값을 변수로 저장] 명령문을 이용하면 손쉽게 센터링을 실행할 수 있다.

Ⓑ 상호작용항 구성

센터링 단계를 통해서 표준화된 변수들을 사용하여 상호작용항들을 만든다. 상호작용항 작성에는 SPSS의 [변수계산(C)] 명령문을 이용하면 된다.

Ⓒ 단계적 회귀분석(hierarchical regression)

상호작용항들이 생략된 가법 모형(M_1)과 상호작용항들을 포함하는 승법 모형(M_2)의 변수의 수와 결정계수는 각각 [표 12-1]과 같다고 하자. 결정계수 R_1^2과 R_2^2을 구하기 위해서 단계적 회귀분석을 실시한다.

[표 12-1] 회귀모형별 변수의 수와 결정계수

회귀모형	변수의 수	결정계수
M_1(가법 모형)	k_1(독립변수 수)	R_1^2
M_2(승법 모형)	k_2(독립변수의 수+ 상호작용항 수)	R_2^2

1단계(M_1): $Z_Y = \beta_1 Z_{X_1} + \beta_2 Z_{X_2} + \beta_3 Z_{X_3}$

2단계(M_2): $Z_Y = \beta_1 Z_{X_1} + \beta_2 Z_{X_2} + \beta_3 Z_{X_3} + \beta_4 (Z_{X_1} {}^* Z_{X_3}) + \beta_5 (Z_{X_2} {}^* Z_{X_3})$

Ⓓ 상호작용효과 검정

두 모형의 결정계수의 차이인 $\Delta R^2(R_2^2 - R_1^2)$에 대한 유의성 검정을 실시한다. 유의성 검정은 블록 검정(block test)이라고 불리기도 한다. 표본의 크기를 N, 가법 모형과 승법모형의 변수의 수를 각각 k_1과 k_2, 그리고 결정계수를 각각 R_1^2과 R_2^2라고 하면, ΔR^2의 유의성 검정, 즉 블록 검정에 사용되는 F 검정통계량은 아래의 공식에 의해 계산된다. 이 때의 F값은 자유도가 $(k_2 - k_1)$과 $(N - k_2 - 1)$인 F 분포를 따른다.

$$\mathrm{F} = \frac{(R_2^2 - R_1^2)/(k_2 - k_1)}{(1 - R_2^2)/(N - k_2 - 1)} \quad \sim F(k_2 - k_1, N - k_2 - 1)$$

Ⓔ 개별 상호작용항의 유의성 검정

상호작용효과 검정 단계에서의 검정 결과가 유의미한 것으로 판명되면, 개별 상호작용항에 대한 유의성 검정을 실시한다.

4 SPSS 실행 및 결과분석

(1) 실행방법

기존의 이론들에 따르면, 직무스트레스 변수인 역할모호성과 역할갈등은 근로자들의 직무만족에 부정적 영향을 미친다고 한다. 그러나 직무만족에 대한 역할모호성과 역할갈등의 부정적 영향은 동료지원이 클수록 감소한다고 주장하고 있다. 즉 동료지원이 직무만족과 역할모호성 및 역할갈등 간의 관계를 조절한다는 것이다. 별도로 제공된 '근로자실태조사.sav' 파일을 이용하여 앞에서 설명한 검정절차에 따라서 동료지원의 조절효과를 검정해보도록 하자.

Ⓐ 센터링

① [PASW Statistics Data Editor]에 '근로자실태조사.sav' 파일을 가져온 후 메뉴에서 다음과 같이 실행하여 [기술통계(D)] 대화상자를 연다.

분석(A) → 기술통계량 → 기술통계(D)

② [그림 12-1]과 같은 [기술통계] 대화상자에서 오른 쪽의 변수목록에서 '역할모호성', '역할갈등', '동료지원', '직무만족'의 네 변수를 선택하여 오른 쪽의 [변수(V)]상자로 옮긴다. 대화상자의 왼쪽 하단에 있는 [표준화된 값을 변수로 저장]을 선택한 후에 [확인] 버튼을 누른다. 그러면 데이터 파일에 "Z역할모호성", "Z역할갈등", "Z동료지원" 및 "Z직무만족"이라는 네 개의 표준화된 변수들이 새롭게 생성된다. 이후의 상호작용항 구성 및 단계적 회귀분석은 모두 이 표준화된 변수들을 이용하여 수행된다는 섬에 유의할 필요가 있나.

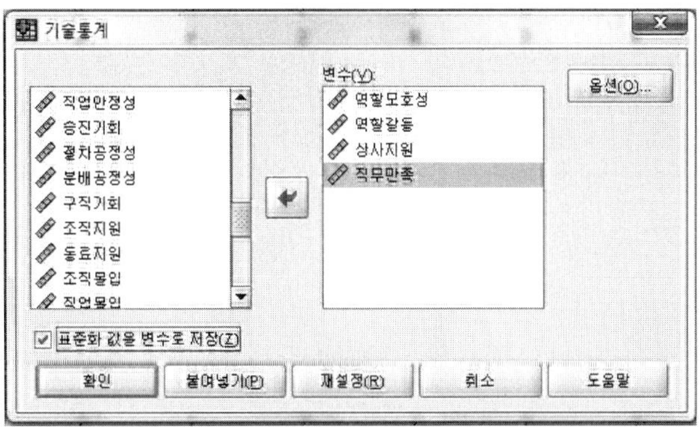

[그림 12-1] 기술통계 대화상자

Ⓑ 상호작용항 구성

① 주요 메뉴에서 다음과 같이 실행하여 [변수계산(C)] 대화상자를 연다.

변환(T) → 변수계산(C)

② [그림 12-2]와 같은 변수계산 대화상자에서 [대상변수(T)]로 '모호동료'를 입력하고 변수목록에서 'Z역할모호성'과 'Z동료지원'의 두 변수를 [문자표현식(E)] 상자로 이동시켜 'Z역할모호성*Z상사지원'의 상호작용항을 구성한 후 [확인] 버튼을 누른다.

[그림 12-2] 변수계산 대화상자

③ 다시 ① 단계로 돌아가 변수계산 대화상자가 나오면 대화상자 하단의 [재설정(R)] 단추를 눌러 대화상자를 깨끗이 한다. 그리고 ② 단계와 동일한 절차를 거쳐서 대상변수(T)로 "갈등동료"를 입력하고 변수목록에서 'Z역할갈등'과 'Z동료지원'의 두

변수를 [문자표현식(E)] 상자로 이동시켜 'Z역할갈등*Z동료지원'의 상호작용항을 구성한 후 [확인] 버튼을 누른다.

ⓒ 단계적 회귀분석 실시

① 주요 메뉴에서 다음과 같이 실행하여 [선도표 회귀모형] 대화상자를 연다.

분석(A) → 회귀분석(R) → 선형(L)

② [그림 12-3]과 같은 [선도표 회귀모형] 대화상자에서 왼쪽에 있는 변수목록에서 'Z직무만족' 변수를 선택하여 [종속변수(D)] 상자로, 그리고 'Z역할모호성', 'Z역할갈등', 'Z동료지원'의 세 변수를 선택하여 [독립변수(I)] 상자로 옮긴다.

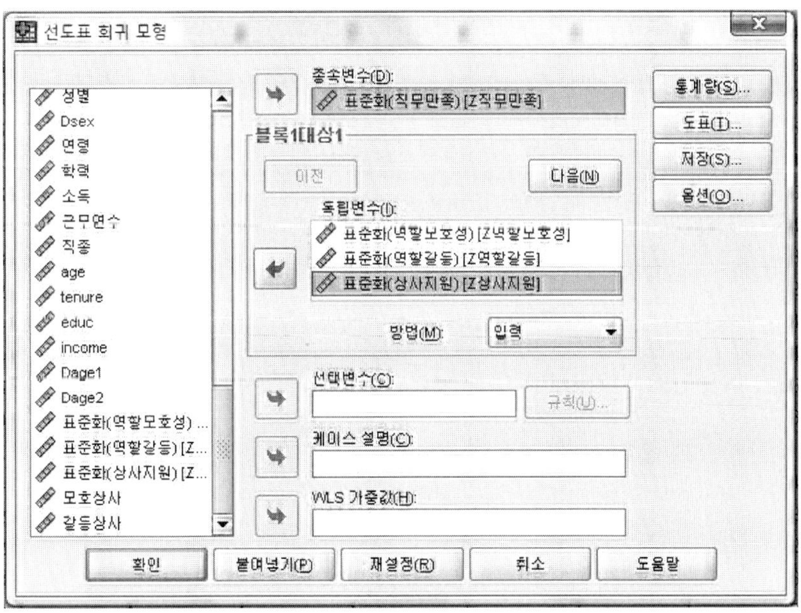

[그림 12-3] 선도표 회귀모형 대화상자

③ 대화상자에서 [다음(N)]을 선택 한 후 [그림 12-4]와 같은 [다음(N)] 대화상자가 나타나면 '모호동료', '갈등동료'의 두 상호작용항을 [독립변수(I)] 상자로 옮긴다.

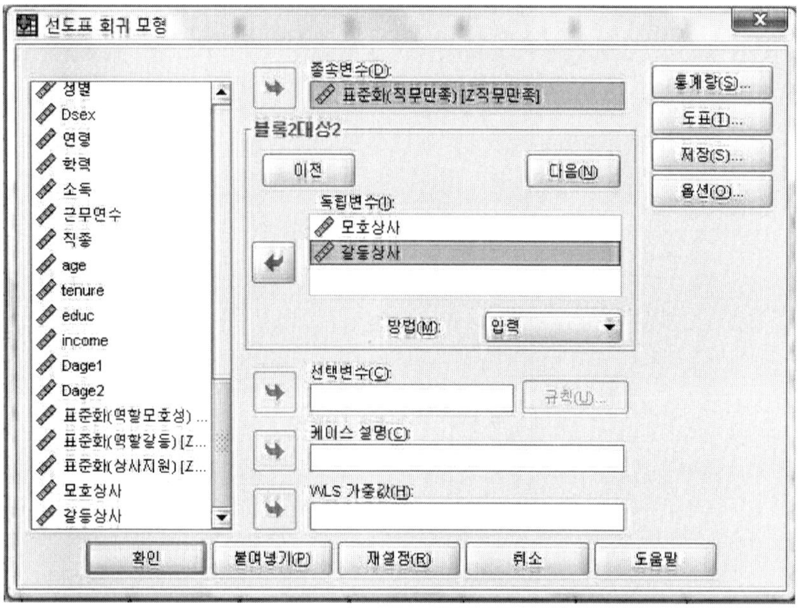

[그림 12-4] 다음(N) 대화상자

④ 대화상자의 오른쪽 상단에 있는 [통계량(S)] 버튼을 누른 후에 [그림 12-5]와 같은 [선형회귀분석: 통계량] 대화상자가 나타나면 [R 제곱변화량(S)]을 선택한다. [계속] 버튼에 이어서 [확인] 버튼을 누른다.

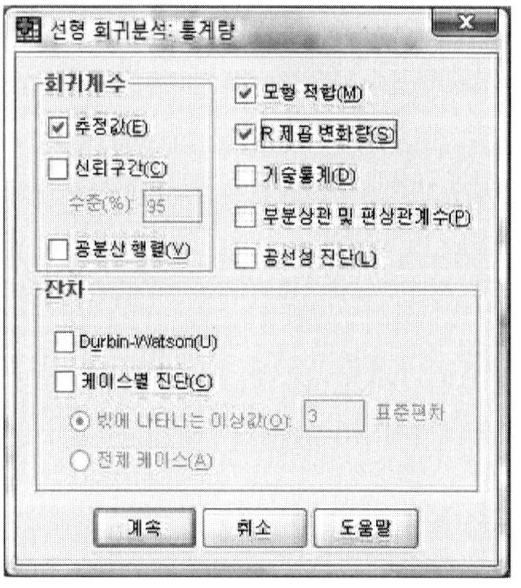

[그림 12-5] 선형 회귀분석: 통계량 대화상자

(2) 분석결과 및 해석

[표 12-2]에서 역할모호성, 역할갈등 및 동료지원의 세 독립변수를 포함하는 모형1의 R^2은 .122(수정된 R^2=.118)이며, 모형1의 설명력(F(3, 701)=32.349, 유의확률=.000)은 유의수준 .01에서 유의미하다. 이것은 역할모호성, 역할갈등 및 동료지원의 세 변수를 포함하는 회귀식이 직무만족 변이의 11.8%를 설명한다는 것을 의미한다.

[표 12-2] 모형요약

모형	R	R 제곱	수정된 R 제곱	표준 오차 추정값의 표준오차	통계량 변화량				
					R 제곱 변화량	F 변화량	df1	df2	유의확률 F 변화량
1	.349[a]	.122	.118	.93923097	.122	32.349	3	701	.000
2	.367[b]	.134	.128	.93372680	.013	5.144	2	699	.006

a. 예측값: (상수), 표준화(동료지원), 표준화(역할갈등), 표준화(역할모호성)

b. 예측값: (상수), 표준화(동료지원), 표준화(역할갈등), 표준화(역할모호성), 모호동료, 갈등동료

한편, 역할모호성, 역할갈등 및 동료지원에 두 개의 상호작용항인 모호동료(역할모호성*동료지원), 갈등동료(역할갈등*동료지원)이 추가된 모형2를 보자. 모형2에서 두 개의 상호작용항이 추가되었을 때 ΔR^2(R제곱변화량)은 .013(수정된 ΔR^2=.010)이고, 이 값에 대한 유의성 검정 결과(F(2, 699)=5.144, 유의확률=.006) 유의수준 .01에서 유의미하다. 이것은 회귀식에 모호동료(역할모호성*상사지원)와 갈등동료(역할갈등*상사지원)의 두 상호작용항이 추가되었을 때 직무만족 변이를 1%만큼 추가적으로 설명한다는 것을 가리키며, 이 결과를 달리 표현하면 조절효과(상호작용효과)가 있다는 것을 의미한다.

[표 12-3]은 역할모호성, 역할갈등 및 동료지원의 세 독립변수를 포함하는 모형1의 설명력과 역할모호성, 역할갈등 및 동료지원에 두 개의 상호작용항인 모호동료(역할모호성*동료지원), 갈등동료(역할갈등*동료지원)이 추가된 모형2의 설명력에 대한 유의도 검정 결과를 보여준다. 분산분석 결과는 두 모형의 설명력 모두 유의수준 .01에서 유의미하다는 것을 보여주고 있다.

[표 12-4]는 모형1과 모형2의 개별 회귀계수와 그에 대한 유의성 검정결과를 보여주고 있다. 변수들이 모두 표준화되어 있으므로, 표에서 비표준화 회귀계수가 아닌 표준화 회귀계수(베타)에 근거하여 분석결과를 해석해야 한다. 모형1의 결과를 보면, 역할모호성(β=-.264, 유의확률=.000)과 역할갈등(β=-.086, 유의확률=.030) 모두 직무만족에 유의미한 부의 영향을 미치는 반면에, 동료지원(β=.143, 유의확률=.000)은 직무만족에 유의미한 정의 영향을 미치고 있다.

[표 12-3] 분산분석

모형		제곱합	자유도	평균 제곱	F	유의확률
1	회귀 모형	85.609	3	28.536	32.349	.000[a]
	잔차	618.391	701	.882		
	합계	704.000	704			
2	회귀 모형	94.580	5	18.916	21.696	.000[b]
	잔차	609.420	699	.872		
	합계	704.000	704			

a. 예측값: (상수), 표준화(동료지원), 표준화(역할갈등), 표준화(역할모호성)

b. 예측값: (상수), 표준화(동료지원), 표준화(역할갈등), 표준화(역할모호성), 모호동료, 갈등동료

c. 종속변수: 표준화(직무만족)

[표 12-4] 계수

모형		비표준화 계수		표준화 계수	t	유의확률
		B	표준 오차 오류	베타		
1	(상수)	3.593E-15	.035		.000	1.000
	표준화(역할모호성)	-.264	.040	-.264	-6.670	.000
	표준화(역할갈등)	-.086	.039	-.086	-2.175	.030
	표준화(동료지원)	.143	.035	.143	4.049	.000
2	(상수)	.000	.035		.008	.994
	표준화(역할모호성)	-.278	.040	-.278	-7.011	.000
	표준화(역할갈등)	-.073	.040	-.073	-1.839	.066
	표준화(동료지원)	.151	.035	.151	4.270	.000
	모호동료	-.068	.039	-.072	-1.760	.079
	갈등동료	.115	.036	.132	3.204	.001

a. 종속변수: 표준화(직무만족)

상호작용항들을 포함하고 있는 모형2를 보면, 역할모호성(β=-.278, 유의확률=.000)은 여전히 직무만족에 유의미한 부의 영향을 미치는 반면에 동료지원(β=.151, 유의확률=.000)은 직무만족에 유의미한 정의 영향을 미치고 있다. 그러나 역할갈등(β=-.073, 유의확률=.066)도 직무만족에 부의 영향을 미치기는 하나 유의수준 .05에서 유의미하지 않은 것으로 나타났다. 한편 상호작용항들을 보면, 역할모호성과 동료지원간의 곱으로 만들어진 상호작용항인 모호동료((β=-.072, 유의확률=.079)는 직무만족에 유의미한 영향을 미치지 않는 반면에, 역할갈등과 동료지원간의 곱으로 만들어진 상호작용항인 갈등동료((β=.132, 유의확률=.001)

는 직무만족에 유의미한 정의 영향을 미치고 있는 것으로 나타났다. 이것은 역할갈등이 직무만족에 미치는 부정적인 영향을 동료지원이 조절한다는 것을 가리킨다. 구체적으로 말하면, 동료지원이 증가할수록 역할갈등이 직무만족에 미치는 부정적인 영향이 감소한다는 것을 의미한다.

12.2 설정오류와 통제변수

1 목적

회귀분석의 가정 중의 하나는 분석에 사용되는 회귀모형이 "정확하게(correctly)" 설정되어 있다는 것이다. 즉, 회귀분석은 설정오류(specificatation error)가 없다는 가정에 기초해 있다. 설정오류가 없다는 것은 분석에 포함될 변수들이 올바르게 선정되었을 뿐만 아니라 변수들 간의 관계를 나타내는 함수형태에 있어서도 올바른 함수형태를 선택했다는 것을 의미한다. 함수형태와 관련된 쟁점들은 이미 비선형 회귀분석에 관한 절에서 다루었다. 따라서 본 절에서는 변수선정과 관련된 설정오류 문제와 해결방안에 대해서만 논의하기로 하겠다.

2 통계량의 바람직한 특성

설정오류가 야기하는 결과를 이해하기 위해서는 통계량의 바람직한 특성을 먼저 이해하는 것이 필요하다. 우리는 표본 통계량을 사용하여 모수를 추정한다. 그런데 모수 추정치(parameter estimator)로 사용되려면 통계량은 비편파성(unbiasedness), 효율성(efficiency) 및 일관성(consistency)과 같은 바람직한 특성을 지녀야 한다. 이 특성들의 의미를 구체적으로 살펴보면 다음과 같다.

(1) 비편파성

같은 모집단에서 크기가 N인 모든 가능한 표본을 뽑아 구한 통계량의 평균이 모집단 모수와 같을 경우 그 통계량은 비편파적이라고 한다. 예를 들어, 표본 평균은 중앙집중한계 정리에 의해 모집단 평균과 동일하다. 따라서 표본평균은 모집단 평균에 대한 비편파적 추정치이다. 그러나 표본 중위수는 비편파성을 조건을 충족시키지 못하기 때문에 모집단 모수에 대한 편파적 추정치이다. 한편, 표본분산을 구할 때 편차의 제곱의 합을 표본의 크기인 N이 아니라 자유도인 N-1로 나눈다. 그 이유는 모집단 모수에 대한 비편파적 추정치를 얻기 위해서이다.

(2) 효율성

효율성은 표본 통계량들의 분포는 최소한의 분산을 가져야 한다는 것이다. 모집단 평균의 추정치로서 표본평균과 중위수를 비교해보면, 평균들의 분포의 분산보다 중위수들의 분포의 분산이 1.57배 더 큰 것으로 알려져 있다. 이것은 평균이 중위수보다 모집단 평균의 추정치로서 약 1.5배 정도 더 효율적이라는 것을 의미한다.

(3) 일관성

일관성이 있는 추정치란 표본의 크기 N이 커짐에 따라 모집단 모수에 더욱 접근하는 추정치를 뜻한다. 표본평균과 중위수는 모두 모집단 평균에 대한 일관성 있는 추정치이다. 그러나 평균이 중위수보다 더 비편파적이고 더 효율적이기 때문에 모집단 평균에 대해 더 좋은 추정치가 된다.

통계분석에서 표본평균과 표본분산이 널리 사용되는 이유는 이들이 비편파적이고, 효율적이며, 일관성이 있어서 모집단 평균과 분산에 대한 좋은 추정치들이기 때문이다.

3 설정오류의 결과

앞에서 언급했듯이, 회귀분석은 분석에 사용되는 모형은 정확하게 설정되어 있다는 가정에 기초해 있다. 이제까지 회귀분석 및 관련 쟁점들을 논의해오는 과정에서 우리는 설정오류가 없다고 암묵적으로 가정하였다. 그러나 설정오류가 있는 경우 어떤 결과가 발생하는가? 유관한 변수들이 생략되는 경우와 무관한 변수들이 포함되는 경우로 나누어서 살펴보기로 하자.

(1) 유관 변수 생략

참 모형(true model)과 우리가 실제로 분석하는 모형(fitting model)이 각각 다음과 같다고 하자.

$$\text{참 모형:} \quad Y_i = \beta_1 + \beta_2 X_{1i} + \beta_3 X_{2i} + \mu_i$$
$$\text{분석 모형:} \quad Y_i = \alpha_1 + \alpha_2 X_{1i} + \nu_i$$

위의 실제 분석모형에는 유관변수(relevant variable)인 X_2가 빠져 있는데, 이때 야기되는 결과는 다음과 같다.

① 생략된 변수 X_2가 X_1과 상관되어 있는 경우 α_1과 α_2의 OLS 추정치들은 편파적(biased)이고 비일관적(inconsistent)인 추정치가 된다.

② 생략된 변수 X_2가 X_1과 상관되어 있지 않은 경우에도 α_1의 OLS 추정치는 편파적이 된다. 그리고 α_2의 OLS 추정치는 비편파적이 되지만, α_2의 분산의 OLS 추정치는 편파적이 된다.

③ 따라서 이러한 추정치들에 근거하여 가설검정을 하면 잘못된 결론이 도출될 가능성이 높아진다.

(2) 무관 변수 포함

이번에는 참 모형과 달리 실제 분석모형에 무관 변수(irrelevant variable)인 X_2를 포함시킨 경우를 살펴보자. 이 경우 참 모형과 분석 모형은 다음과 같다.

$$\text{참 모형:} \quad Y_i = \beta_1 + \beta_2 X_{1i} + \mu_i$$
$$\text{분석 모형:} \quad Y_i = \alpha_1 + \alpha_2 X_{1i} + \alpha_3 X_{2i} + \nu_i$$

① 관련이 없는 변수인 X_2를 분석 모형에 포함시킨 경우 α_3의 OLS 추정치는 0이 된다. 그리고 α_1과 α_2의 OLS 추정치는 비편파적이고 일관성이 있지만, 비효율적(inefficient)인 추정치가 된다.

② 따라서 이러한 추정치들에 근거하여 가설검정을 하면 잘못된 결론이 도출될 가능성이 높아진다.

4 해결방안

유관변수가 모형에 포함되지 않는 경우 그 결과는 매우 심각하다. 무관변수가 모형에 포함될 경우에도 그 결과에 문제는 있지만, 유관변수가 생략되는 경우에 비해서는 덜 심각하다.

설정오류를 해결하는 한 방법은 이론이나 선행연구에 근거하여 '완벽한' 모형을 구성하는 것이다. 즉, 유관 변수들이 모두 포함되고 무관 변수들은 포함되지 않도록 모형을 구성하는 것이다. 그러나 자연과학과 달리 사회과학 이론들은 정밀하지 못한 경우가 많다. 따라서 이론에 근거하여 완벽한 모형을 구성하는 것이 쉽지 않다. 뿐만 아니라 연구자들은 종속변수에 영향을 미치는 중요한 모든 독립변수들에 주목을 하기보다는 관심 있는 소수의 독립변수들만 선정하여 탐구하는 경우가 많다.

두 번째 방법은 모형에 포함되지 않는 유관 변수들의 영향을 통제하기 위해서 모형에 통제변수(control variables)를 집어넣는 것이다. 설정오류를 최소화하기 위한 방법으로 사실 이 두 번째 방법이 가장 널리 이용되고 있으며, 통제변수로는 보통 인구학적 변수들을 많이 사용한다. 그 이유는 성별, 연령, 학력, 소득 등과 같은 인구학적 변수들이 거의 모든 사회현상과 밀접한 관련을 맺고 있기 때문이다.

통제변수를 사용할 때는 앞 절에서 설명한 단계적 회귀분석을 사용하는게 바람직하다. 구체적인 분석절차는 다음과 같다.

① 단계적 회귀분석

통제변수만 포함하는 모형(M_1)과 통제변수와 독립변수를 모두 포함하는 모형(M_2)을 각각 회귀분석하여 각 모형의 결정계수 R_1^2과 R_2^2를 구한다.

[표 12-5] 회귀모형별 모형구성 비교

회귀모형	모형 구성	변수의 수	결정계수
M_1	통제변수	k_1	R_1^2
M_2	통제변수 + 독립변수	k_2	R_2^2

② ΔR^2에 대한 유의성 검정

두 모형의 결정계수의 차이인 $\Delta R^2(R_2^2 - R_1^2)$에 대한 유의성 검정을 실시한다. 표본의 크기를 N, 모형 M_1과 M_2의 변수 수를 각각 k_1과 k_2, 그리고 결정계수를 각각 R_1^2과 R_2^2라고 하면, ΔR^2의 유의성 검정에 사용되는 F 검정통계량은 아래의 공식에 의해 계산된다. 이 때의 F값은 자유도가 $(k_2 - k_1)$과 $(N - k_2 - 1)$인 F 분포를 따른다.

$$\mathrm{F} = \frac{(R_2^2 - R_1^2)/(k_2 - k_1)}{(1 - R_2^2)/(N - k_2 - 1)} \quad \sim F(k_2 - k_1, N - k_2 - 1)$$

③ 회귀계수에 대한 유의성 검정

ΔR^2에 대한 유의성 검정에서 ΔR^2이 유의미한 것으로 결과가 나오면, 독립변수들의 회귀계수 각각에 대한 유의성 검정을 실시한다. 그리고 유의미한 영향을 미치는 것으로 나타난 독립변수들의 표준화 회귀계수들에 근거하여 독립변수들의 상대적 중요성을 판단한다.

5 SPSS 실행 및 결과분석

(1) 실행방법

제10장에서 우리는 '근로자실태조사.sav' 파일을 이용하여 '직무다양성', '직무자율성' 및 '직무중요성'의 세 독립변수가 종속변수인 '직무만족'에 미치는 영향을 파악하기 위해서 회귀분석을 실행하였다. 이 예제를 이용하여 '성별' 변수를 가변수로 설정(Dsex, 남자=1, 여자=0)하고, 이 '성별' 가변수와 연속변수인 '연령', '학력', '소득' 변수들을 통제변수로 사용한 회귀분석을 실행해 보기로 하자.

① 먼저 '성별' 변수를 가변수로 전환하기 위하여 '근로자실태조사.sav'를 [PASW Statistics Data Editor]에 가져온 후 주요 메뉴에서 다음과 같이 실행하여 [새로운 변수로 코딩변경(R)] 대화상자를 연다.

변환(T) → 새로운 변수로 코딩변경(R)

② 대화상자가 열리면 변수목록에서 '성별' 변수 선택하여 [변수입력(V)]창으로 이동시키고 [출력변수] 상자에 이름 'Dsex'를 입력한 후 [바꾸기] 버튼을 누른다.

③ [기존값 및 새로운 값(O)]을 선택한 후 [그림 12-6]과 같은 대화상자가 열리면 왼쪽 상단에 있는 [값(V)]에 "1"을, 그리고 오른쪽 상단에 있는 [기준값(A)]에 "1"을 입력한 후에 [추가(A)] 버튼을 누른다. 이어서 왼쪽 하단에 있는 [기타 모든 값(O)]을 선택하고 오른쪽 상단에 있는 [기준값(A)]에 "0"을 입력한 후 [추가(A)] 버튼을 누른다. [기타 모든 값(O)] 대신에 대화상자의 왼쪽 상단에 있는 [값(V)]에 "2"를, 그리고 오른쪽 상단에 있는 [기준값(A)]에 "0"을 입력한 후에 [추가(A)] 버튼을 눌러도 된다.

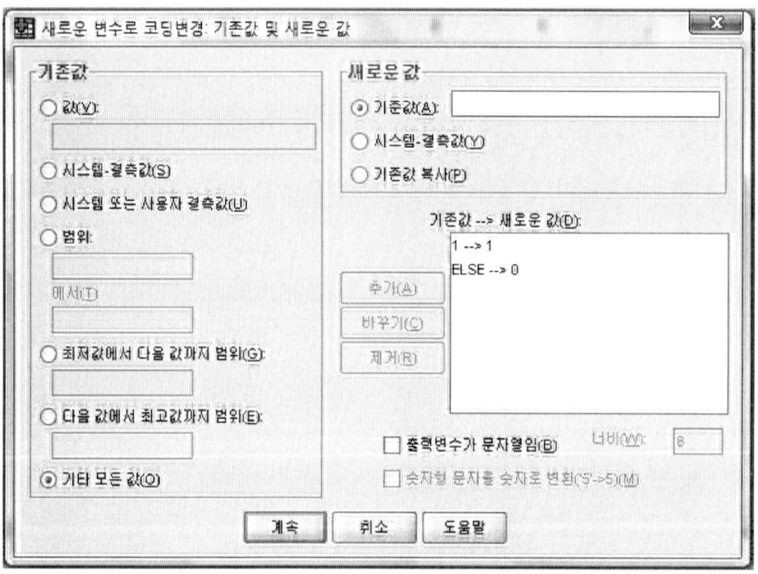

[그림 12-6] 새로운 변수로 코딩변경: 기존값 및 새로운 값 대화상자

④ [계속] 버튼을 누른 다음 [새로운 변수로 코딩변경] 대화상자가 나타나면 [확인] 버튼을 누른다.

⑤ 주요 메뉴에서 다음과 같이 실행하여 [선도표 회귀모형] 대화상자를 연다.

분석(A) → 회귀분석(R) → 선형(L)

⑥ [그림 12-7]과 같은 [선도표 회귀분석] 대화상자가 나타나면 왼쪽에 있는 변수목록에서 '직무만족'을 선택하여 [종속변수(D)] 상자로 옮기고 이어서 변수목록에서 'Dsex', '연령', '학력', '소득' 변수를 선택하여 [독립변수(I)] 상자로 이동한다.

⑦ 대화상자에서 [다음(N)]을 선택 한 후 왼쪽의 변수목록에서 '직무다양성', '직무자율성', '직무중요성'을 선택하여 [독립변수(I)] 상자로 옮긴다.

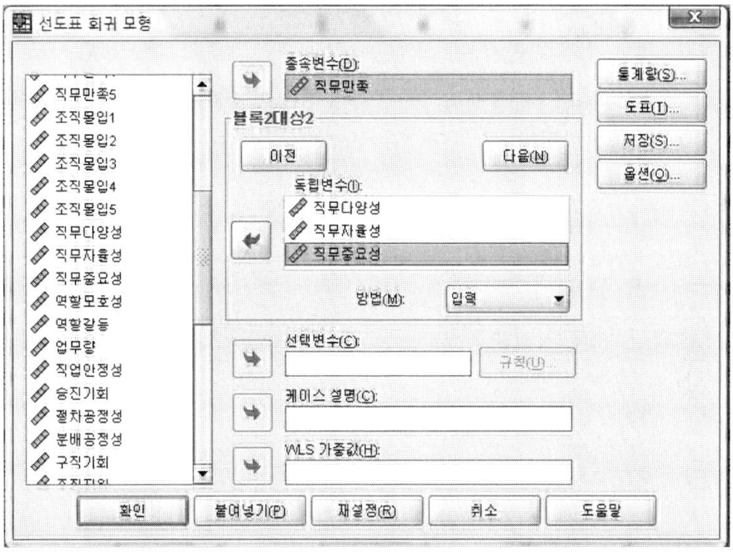

[그림 12-7] 선도표 회귀모형 대화상자

⑧ 대화상자의 오른 쪽 상단에 있는 [통계량(S)] 버튼을 누른 후에 [그림 12-8]과 같은 [선형회귀분석: 통계량] 대화상자가 나타나면 [R 제곱변화량(S)]을 선택한다. [계속] 버튼에 이어서 [확인] 버튼을 누른다.

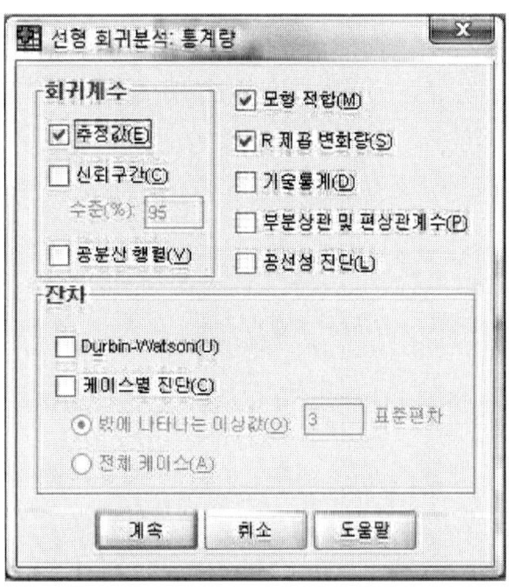

[그림 12-8] 통계량 대화상자

(2) **분석결과 및 해석**

[표 12-6]에서 우선 소득, Dsex, 학력, 연령의 네 통제변수를 포함하는 모형1은 종속변수인 직무만족 변이의 9.7%(수정된 R^2)를 설명하며, 이 값은 유의수준 .01에서 유의미(F(4, 700)=19.923, 유의확률=.000)하다. 모형2를 보면, 모형1에 직무다양성, 직무자율성 및 직무중요성 3개의 독립변수가 추가되었을 때 직무만족 변이의 25.2%(수정된 ΔR^2)를 추가로 설명하며, ΔR^2(R제곱변화량)은 유의수준 .01에서 유의미(F(3, 697)=91.471, 유의확률=.000)하다.

[표 12-6] 모형요약

모형	R	R 제곱	수정된 R 제곱	표준 오차 추정값의 표준오차	통계량 변화량 R 제곱 변화량	F 변화량	df1	df2	유의확률 F 변화량
1	.320[a]	.102	.097	.70149	.102	19.923	4	700	.000
2	.597[b]	.356	.349	.59548	.254	91.471	3	697	.000

a. 예측값: (상수), 소득, Dsex, 학력, 연령

b. 예측값: (상수), 소득, Dsex, 학력, 연령, 직무다양성, 직무중요성, 직무자율성

이 결과를 통제변수를 포함시키지 않고 회귀분석한 결과인 제10장의 [표 10-2]와 비교해 보자. 통제변수들을 포함시키지 않았을 때는 직무다양성, 직무자율성 및 직무중요성 3개의 독립변수가 종속변수인 직무만족 변이의 30.4%를 설명하는 것으로 나타난 반면, 통제변수들을 포함시켰을 때는 직무다양성, 직무자율성 및 직무중요성 3개의 독립변수의 설명력이 이보다 약 5% 적은 25.2%로 나타나고 있다.

[표 12-7]는 소득, Dsex, 학력, 연령의 네 통제변수를 포함하는 모형1과 여기에 직무다양성, 직무중요성 및 직무자율성 3개의 독립변수가 추가된 모형2의 설명력에 대한 유의도 검정결과를 보여준다. 두 모형의 설명력 모두 유의수준 .01에서 유의미한 것으로 나타나고 있다.

[표 12-7] 분산분석

모형		제곱합	자유도	평균 제곱	F	유의확률
1	회귀 모형	39.215	4	9.804	19.923	.000[a]
	잔차	344.464	700	.492		
	합계	383.679	704			
2	회귀 모형	136.523	7	19.503	55.001	.000[b]
	잔차	247.157	697	.355		
	합계	383.679	704			

a. 예측값: (상수), 소득, Dsex, 학력, 연령

b. 예측값: (상수), 소득, Dsex, 학력, 연령, 직무다양성, 직무중요성, 직무자율성

c. 종속변수: 직무만족

[표 12-8]의 모형2에 제시된 결과를 보면, 직무다양성, 직무자율성 및 직무중요성의 세 독립변수 모두 유의수준 .01에서 직무만족에 유의미한 정의 영향을 미치는 것으로 나타났다. 그리고 표준화회귀계수의 크기에 근거하여 변수들의 상대적 중요성을 살펴보면, 직무다양성((β=.317)이 직무만족에 가장 큰 영향을 미치고, 그 다음으로 직무중요성(β=.244)과 직무자율성(β=.156)의 순으로 나타나고 있다.

다시 이 결과를 통제변수를 포함시키지 않고 회귀분석한 결과인 제10장의 [표 10-4]와 비교해 보자. 제10장의 [표 10-4]에 제시되어 있듯이, 통제변수를 포함시키지 않았을 때 독립변수들의 표준화 회귀계수값을 보면 직무다양성은 .300, 직무중요성은 .297, 직무자율성은 .172이며, 통제변수를 포함시켰을 때와 마찬가지로 세 변수 모두 직무만족에 유의미한 정의 영향을 미치는 것으로 나타났다.

[표 12-8] 계수

모형		비표준화 계수		표준화 계수	t	유의확률
		B	표준 오차 오류	베타		
1	(상수)	2.532	.189		13.393	.000
	Dsex	-.161	.063	-.104	-2.554	.011
	연령	.028	.004	.329	6.978	.000
	학력	-.005	.013	-.017	-.375	.708
	소득	.000	.000	.029	.535	.593
2	(상수)	.714	.198		3.602	.000
	Dsex	-.136	.054	-.088	-2.511	.012
	연령	.022	.004	.252	6.137	.000
	학력	-.022	.011	-.075	-1.970	.049
	소득	1.454E-5	.000	.002	.041	.967
	직무다양성	.280	.029	.317	9.749	.000
	직무자율성	.129	.028	.156	4.539	.000
	직무중요성	.256	.035	.244	7.354	.000

a. 종속변수: 직무만족

그러나 이 결과를 통제변수들을 포함시켰을 때의 회귀분석 결과인 [표 12-8]과 비교해보면, 통제변수를 포함시켰을 때 직무다양성의 표준화 회귀계수는 .317로서 0.017만큼 커지는 반면에, 직무중요성의 표준화회귀계수는 .244로서 0.053만큼 작아지고, 직무자율성의 회귀계수도 .156으로서 0.016만큼 작아지고 있다. 즉, 통제변수를 포함시켰을 때와 포함시키지 않았을 때 독립변수의 회귀계수에는 적지 않은 차이가 발생한다는 것을 알 수 있다. 이상의 결과는 설정오류가 있을 때는 모수 추정치에 왜곡이 발생한다는 것을 보여주고 있다. 따라서 모수 추정치의 왜곡을 최소화하기 위해서 종속변수와 밀접한 관련이 있는 인구학적 변수들을 통제변수로 사용할 필요가 있다.

인과모형과 경로분석

13.1 목적

회귀모형은 복수의 독립변수와 하나의 종속변수로 구성되어 있다. 그러나 변수들 간의 인과관계는 이보다 복잡한 경우가 많다. 독립변수들과 종속변수 간에 매개변수들이 있는가 하면, 매개변수들이 서로 영향을 주고받는 등 변수들 간의 인과관계가 복잡하게 얽힌 인과모형(causal model)을 다뤄야 할 때가 있다. 이처럼 복잡한 인과모형을 분석할 때 사용하는 통계분석기법이 경로분석(path analysis)이다. 경로분석은 회귀분석을 확대 적용한 것이다. 따라서 경로분석을 실행하기 위해서는 회귀분석의 기본가정들이 마찬가지로 충족되어야 한다.

13.2 인과모형

인과모형을 작성하는 일반적 규칙은 다음과 같다.

① 변수의 명칭은 약자나 문자로 표현한다.
② 인과적으로 선행하는 변수들은 모형의 왼쪽에 위치시킨다.
③ 동일한 인과수준에 있는 변수들은 동일한 수직축에 위치시킨다.
④ 변수 간 인과관계는 단일방향의 화살로 표시한다.
⑤ 인과성의 방향은 화살표를 따라 +나 -를 붙여 표시한다.
⑥ 상관되어 있는 변수들은 곡선의 양쪽 화살로 연결한다(그러나 이것은 모형의 단순화를 위해서 생략하는 경우도 많다).

아래의 도형은 위의 작성규칙에 따라 만들어진 인과모형의 한 예이다.

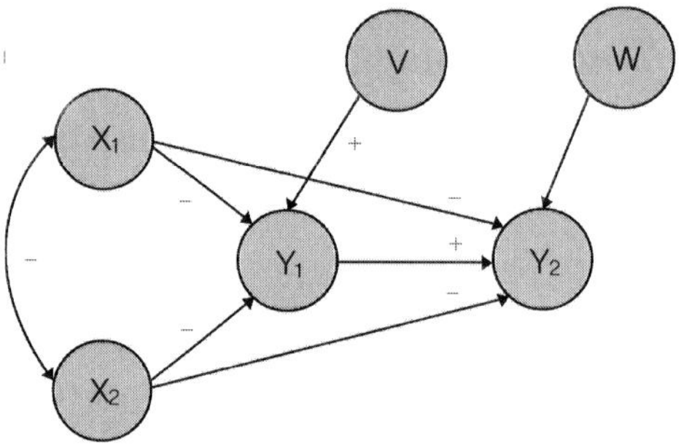

[그림 13-1] 인과모형의 예

위의 예에서 X_1과 X_2는 독립변수, Y_1은 매개변수, Y_2는 종속변수, V와 W는 다른 변수들과 관련이 없는 잔여변수(residual variables)이다. 인과모형에서는 독립변수를 외생변수(exogenous variables), 매개변수와 종속변수를 한데 묶어서 내생변수(endogenous variables)라고도 부른다. 외생변수는 모형 내의 변수들에 의해서 영향을 받지 않는 변수를 의미하며, 내생변수는 모형 내의 변수들에 의해 영향을 받는 변수를 가리킨다.

인과모형은 내생변수들간의 인과관계에 따라 축자모형(recursive model)과 비축자모형(non-recursive model)로 나뉜다. 전자는 내생변수들 간에 단일방향적인 인과관계만 존재하는 모형을 가리키며, 후자는 내생변수들 간에 쌍방향적 혹은 순환적 인과관계가 존재하는 모형을 가리킨다.

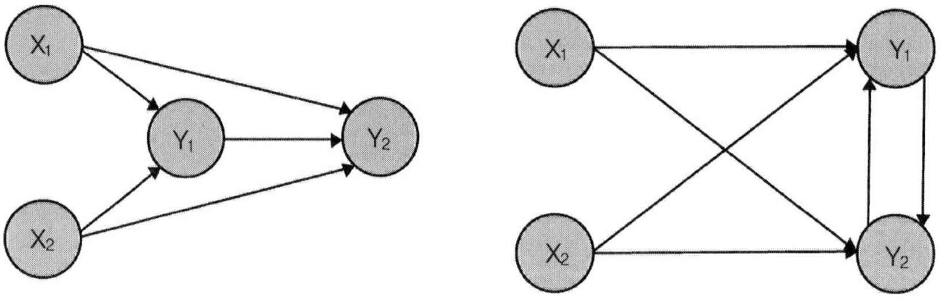

(a) 축자모형　　(b) 비축자모형

[그림 13-2] 인과모형의 유형

인과모형에서 변수들 간의 인과적 영향(효과)은 직접효과(direct effect)와 간접효과(indirect effect)로 나누어진다. X가 Y의 직접적인 원인으로 작용할 때 X가 Y에 미치는 영향은 직접효과라고 하고, X가 Z라는 매개변수를 통해서 간접적으로만 Y에 영향을 미칠 때 X가 Y에 미치는 영향은 간접효과라고 한다. 경우에 따라서는 X가 Y에 직접 영향을 미칠 뿐만 아니라 매개변수 Z를 통해서 간접적으로 영향을 미칠 때도 있다. 이 경우 X가 Y에 미치는 영향은 직접효과와 간접효과 두 가지가 있으며, 이 두 효과를 합쳐서 총효과(total effect)라고 한다.

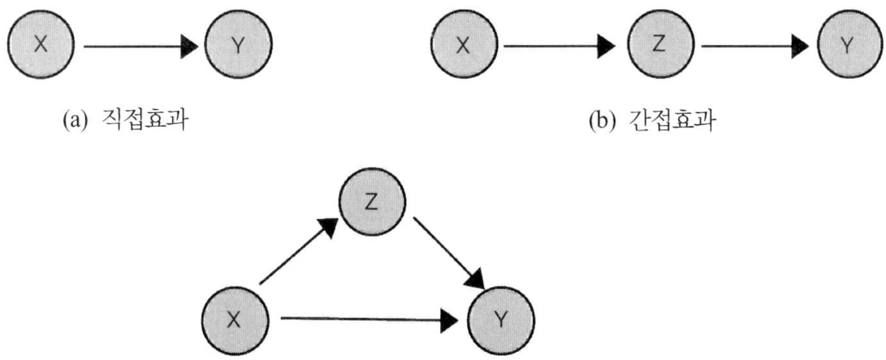

(a) 직접효과 (b) 간접효과

(c) 직접 및 간접효과

[그림 13-3] 효과의 종류

13.3 경로분석

경로분석은 복잡한 인과관계를 가지고 있는 변수들의 인과적 영향(효과)을 경험적으로 추정하는 통계분석기법이다. 경로분석은 회귀분석을 확장시킨 분석방법이기 때문에 경로분석을 실행할 수 있기 위해서는 먼저 회귀분석을 숙달해야 할 필요가 있다.

1 방정식 구성

경로분석은 인과모형에 제시된 변수들 간의 인과관계에 상응하는 일련의 방정식을 구성하는 것으로부터 시작된다. 모형에서 가장 왼쪽에 있는 내생변수를 시작으로 각 내생변수에 직접적인 인과적 영향을 미치는 선행변수들을 독립변수로 하는 방정식들을 구성한다. 경로분석에서는 일반적으로 평균이 0, 표준편차가 1인 표준화된 변수들을 사용한다. 앞에 예시된 [그림 13-1]의 인과모형을 예로 들면, 이 모형에 포함된 X_1, X_2, Y_1, Y_2의 네 변수는 다음과 같은 2개의 방정식으로 표현된다.

- $Y_1 = P_{Y_1X_1}X_1 + P_{Y_1X_2}X_2 + P_{Y_1V}V$
- $Y_2 = P_{Y_2Y_1}Y_1 + P_{Y_2X_1}X_1 + P_{Y_2X_2}X_2 + P_{Y_2W}W$

위의 식에서 P는 경로계수(Path Coefficients)이고, V와 W는 Y_1과 Y_2에 대한 잔여변수들이다.

경로계수의 추정은 매우 간단하다. 위의 두 식에 대해 각각 중다회귀분석을 실시하여 표준화 회귀계수를 구하면 그것이 바로 경로계수이다. 그리고 V 및 W의 경로계수는 비결정계수의 제곱근으로서 계산공식은 다음과 같다.

$$\text{V 및 W의 경로계수} = (\sqrt{1 - R_i^2})$$

2 효과의 분해

경로분석의 두 번째 단계는 내생변수에 대한 선행변수들의 직접효과, 간접효과 및 총효과를 구하는 것이다. 각각의 경로계수가 바로 내생변수에 대한 해당 선행변수의 직접효과이다. 간접효과는 직접효과들을 곱해서 구한다. 예컨대, Y_2에 대한 X_1의 간접효과($X_1 \rightarrow Y_1 \rightarrow Y_2$)는 Y_1에 대한 X_1의 직접효과 $P_{Y_1X_1}$와 Y_2에 대한 Y_1의 직접효과 $P_{Y_2Y_1}$를 곱한 값인 $P_{Y_1X_1}{*}P_{Y_2Y_1}$이다. 그리고 직접효과와 간접효과를 합하면 총효과가 된다. 앞의 예를 사용해서 종속변수 Y_2에 대한 선행변수들의 직접효과, 간접효과 및 총효과를 계산하면 아래의 [표13-1]과 같다.

[표 13-1] Y_2에 대한 직접효과, 간접효과 및 총효과

변수	직접효과	간접효과	총효과
X_1	$P_{Y_2X_1}$	$P_{Y_1X_1}{*}P_{Y_2Y_1}$	$P_{Y_2X_1} + P_{Y_1X_1}{*}P_{Y_2Y_1}$
X_2	$P_{Y_2X_2}$	$P_{Y_1X_2}{*}P_{Y_2Y_1}$	$P_{Y_2X_2} + P_{Y_1X_2}{*}P_{Y_2Y_1}$
Y_1	$P_{Y_2Y_1}$	0	$P_{Y_2Y_1}$

경로분석에서 변수들의 상대적 중요성은 총효과의 상대적 크기에 근거하여 판단한다. 그리고 각 선행변수별로 총효과에서 직접효과와 간접효과가 차지하는 비중을 계산하여 두 종류의 효과 중에서 어느 것이 더 큰 영향을 미치는지를 분석하기도 한다.

3 SPSS 실행 및 결과분석

(1) 실행방법

'근로자실태조사.sav' 파일을 이용하여 다음의 인과모형을 경로분석으로 분석해 보자. 아래의 인과모형은 조직몰입에 영향을 미치는 독립변수로서 상사지원과 동료지원의 단 두 변수만 상정하고 있다. 그러나 조직몰입 관련 문헌을 보면 이 두 변수 외에도 조직몰입에 영향을 미치는 중요한 다른 많은 변수들이 있다. 따라서 아래에 제시된 인과모형에는 설정오류가 있으며, 제12장에서 이미 설명했듯이 설정오류로 인한 모수추정치의 왜곡을 최소화하기 위해서는 통제변수를 사용해야 한다. 그러나 여기서는 SPSS를 이용한 경로분석 실행방법을 설명하는데 주된 목적이 있으므로, 분석을 단순화하기 위해서 이 모형에는 설정오류가 없다고 가정하기로 하겠다.

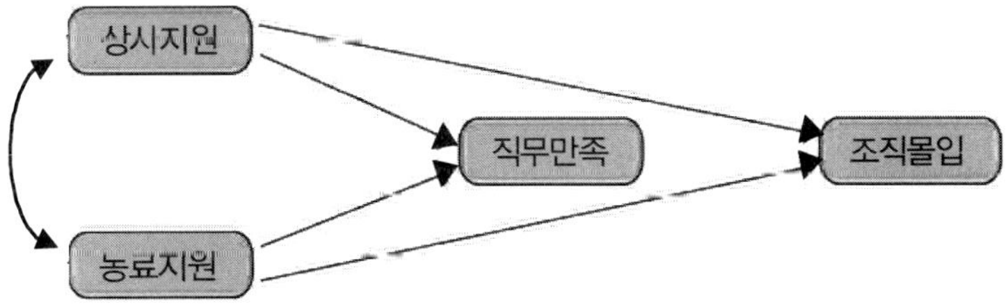

Ⓐ **직무만족 = P_1(상사지원) + P_2(동료지원)**

직무만족을 종속변수 그리고 상사지원과 동료지원을 독립변수로 하여 회귀분석을 실시한다.

① [PASW Statistics Data Editor]에 '근로자실태조사.sav' 파일을 가져온 후 주요 메뉴에서 다음과 같이 실행하여 [선도표 회귀모형] 대화상자를 연다.

분석(A) → 회귀분석(R) → 선형(L)

② [그림 13-4]와 같이 [선도표 회귀모형] 대화상자가 열리면 왼쪽의 변수목록에서 종속변수인 '직무만족'을 선택하여 오른쪽의 [종속변수(D)] 상자로 보내고, 독립변수들인 '상사지원' 및 '동료지원'은 [독립변수(I)] 상자로 옮긴다. 독립변수 선택방법으로 [방법]에서 [입력]을 선택한 후 [확인]을 누른다.

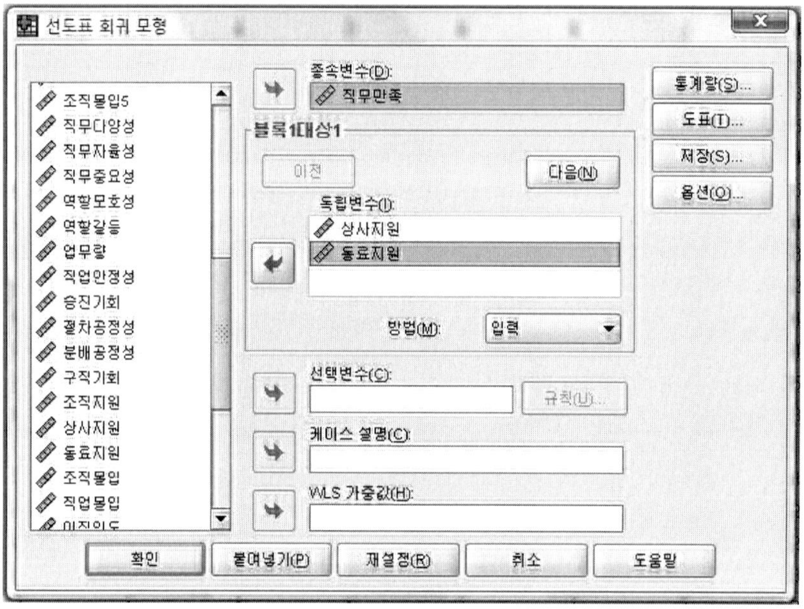

[그림 13-4] 선도표 회귀모형 대화상자

Ⓑ **조직몰입** = P_3(**직무만족**) + P_4(**상사지원**) + P_5(**동료지원**)

조직몰입을 종속변수, 그리고 직무만족, 상사지원, 동료지원을 독립변수로 하여 회귀분석을 실시한다.

① 주요 메뉴에서 다시 다음과 같이 실행하여 [선도표 회귀모형] 대화상자를 연다.

분석(A) → 회귀분석(R) → 선형(L)

② [그림 13-5]와 같이 [선도표 회귀모형] 대화상자가 열리면 왼쪽의 변수목록에서 종속변수인 '조직몰입'을 선택하여 오른쪽의 [종속변수(D)] 상자로 보내고, 독립변수들인 '직무만족', '상사지원' 및 '동료지원'은 [독립변수(I)] 상자로 옮긴다. 독립변수 선택방법으로 [방법]에서 [입력]을 선택한 후 [확인]을 누른다.

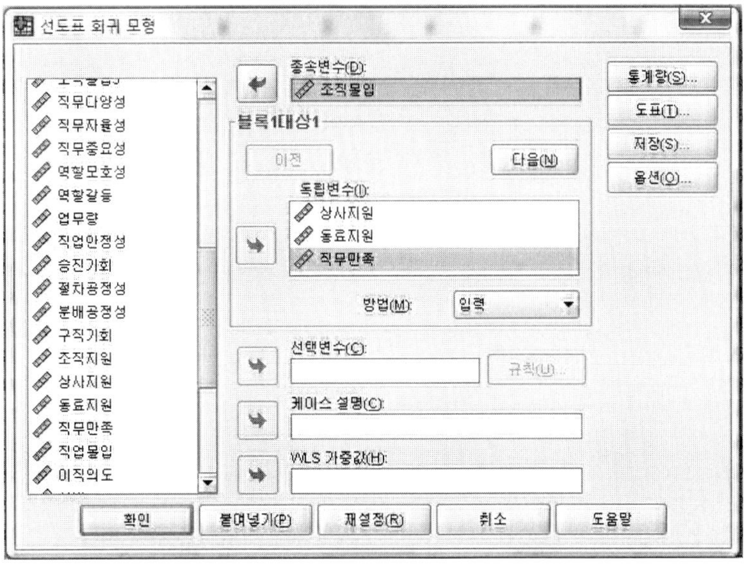

[그림 13-5] 선도표 회귀모형 대화상자

(2) 분석결과 및 해석

Ⓐ 직무만족 = P_1(상사지원) + P_2(동료지원)

[표 13-2]에서 R^2은 .086이고, 수정된 R^2는 .083이다. R^2에 대한 유의성 검정결과를 보여주고 있는 [표 13-3]을 보면, F(2, 702)=33.034, 유의확률=.000이므로 유의수준 .01에서 영가설 p^2=0은 기각된다. 이상의 결과는 상사지원과 동료지원의 두 독립변수를 포함하고 있는 회귀식이 직무만족 변이의 8.3%를 설명한다는 것을 의미한다.

[표13-4]에서 개별 회귀계수에 대한 유의성 검정결과를 보면, 상사지원 및 동료지원이 회귀계수 각각의 t검정통계량에 대한 유의확률이 모두 유의수준 .01보다 작다. 따라서 상사지원(β=.252)과 동료지원(β=.109) 모두 근로자의 직무만족에 유의미한 정의 영향을 미치며, 경로계수의 크기에 근거해볼 때 상사지원이 동료지원보다 직무만족에 더 큰 영향을 미친다는 것을 알 수 있다.

[표 13-2] 모형요약

모형	R	R 제곱	수정된 R 제곱	표준 오차 추정값의 표준오차
1	.293[a]	.086	.083	.70678

a. 예측값: (상수), 동료지원, 상사지원

[표 13-3] 분산분석

모형		제곱합	자유도	평균 제곱	F	유의확률
1	회귀 모형	33.003	2	16.502	33.034	.000[a]
	잔차	350.676	702	.500		
	합계	383.679	704			

a. 예측값: (상수), 동료지원, 상사지원

b. 종속변수: 직무만족

[표 13-4] 계수

모형		비표준화 계수		표준화 계수	t	유의확률
		B	표준 오차 오류	베타		
1	(상수)	2.477	.146		17.008	.000
	상사지원	.215	.031	.252	6.851	.000
	동료지원	.102	.035	.109	2.953	.003

a. 종속변수: 직무만족

Ⓑ **조직몰입** = P_3**(직무만족)** + P_4**(상사지원)** + P_5**(동료지원)**

[표 13-5]에서 R^2은 .432이고, 수정된 R^2는 .429이다. R^2에 대한 유의성 검정 결과를 보여주고 있는 [표 13-6]을 보면, F(3, 701)=177.503, 유의확률=.000이므로 유의수준 .01에서 영가설 p^2=0은 기각된다. 이상의 결과는 상사지원, 동료지원 및 직무만족의 세 독립변수를 포함하고 있는 회귀식이 조직몰입 변이의 42.9%를 설명한다는 것을 의미한다.

[표 13-5] 모형요약

모형	R	R 제곱	수정된 R 제곱	표준 오차 추정값의 표준오차
1	.657[a]	.432	.429	.57658

a. 예측값: (상수), 직무만족, 동료지원, 상사지원

[표 13-6] 분산분석

모형		제곱합	자유도	평균 제곱	F	유의확률
1	회귀 모형	177.032	3	59.011	177.503	.000[a]
	잔차	233.047	701	.332		
	합계	410.080	704			

a. 예측값: (상수), 직무만족, 동료지원, 상사지원

b. 종속변수: 조직몰입

[표13-7]에서 개별 회귀계수에 대한 유의성 검정결과를 보면, 상사지원과 직무만족의 회귀계수 각각의 t검정통계량에 대한 유의확률이 모두 .000으로 유의수준 .01보다 작으며, 동료지원 회귀계수의 t검정통계량에 대한 유의확률은 .018로서 유의수준 .05보다 작다. 따라서 상사지원(β=.173), 동료지원(β=.069) 및 직무만족(β=.571) 모두 근로자의 조직몰입에 유의미한 정의 영향을 미친다는 것을 알 수 있다.

[표 13-7] 계수

모형		비표준화 계수		표준화 계수	t	유의확률
		B	표준 오차 오류	베타		
1	(상수)	.591	.141		4.188	.000
	상사지원	.153	.026	.173	5.773	.000
	동료지원	.067	.028	.069	2.362	.018
	직무만족	.590	.031	.571	19.168	.000

a. 종속변수: 조직몰입

이상의 경로분석결과에 근거하여 인과모형을 작성하면 [그림 13-6]과 같다. 모형에 제시된 값들은 모두 표준화회귀계수, 즉 경로계수들이다(제시되는 모형을 단순화하기 위해서 계수값들은 모두 소수점 셋째 자리에서 반올림하였고 잔여변수들의 경로계수는 생략하였다).

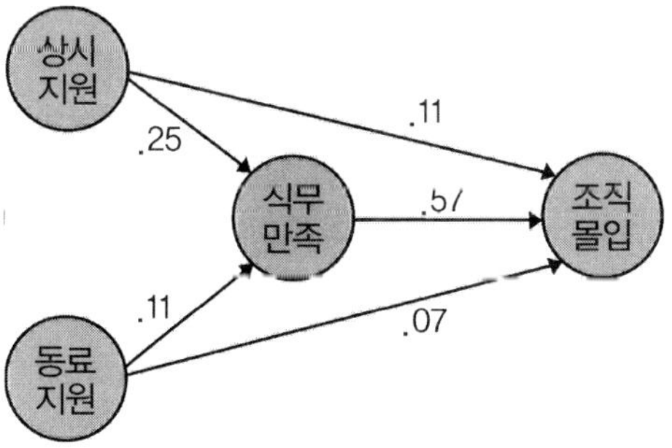

[그림 13-6] 인과모형의 추정결과

경로분석의 두 번째 단계는 내생변수에 대한 선행변수들의 직접효과, 간접효과 및 총효과를 구하는 것이다. 앞에서 설명한 계산방식에 따라 종속변수인 조직몰입에 대한 선행변수들의 직접효과, 간접효과 및 총효과를 계산하면 아래의 [표 13-8]과 같다. 우선 총효과의 크기에 근거하여 조직몰입에 대한 선행변수들의 상대적 중요성을 판단하면, 직무만족의 총효과가 .57로서 조직몰입에 가장 큰 영향을 미치며, 그 다음으로 상사지원과 동료지원의 순으로 조직몰입에 중요한 영향을 미치고 있는 것으로 나타났다.

[표 13-8] 조직몰입에 대한 직접, 간접 및 총효과

변수	직접효과	간접효과	총효과
상사지원	.17 (54.8%)	.25*.57=.14 (45.2%)	.17+.14=.31 (100.0%)
동료지원	.07 (53.8%)	.11*.57=.06 (46.2%)	.07+.06=.13 (100.0%)
직무만족	.57 (100.0%)	0	.57 (100.0%)

한편 직무만족은 조직몰입에 직접적인 영향만 미치지만, 상사지원과 동료지원 모두 조직몰입에 직접적으로 영향을 미칠 뿐만 아니라 직무만족을 통해서 간접적으로도 영향을 미치고 있다. 그리고 직접효과와 간접효과의 상대적 크기를 비교해보면, 조직몰입에 대한 상사지원과 동료지원의 직접효과가 직무만족을 통한 간접효과보다 약간 더 크다는 것을 알 수 있다.

타당도 및 신뢰도 분석

14.1 목적

자료수집이 완료되면 일차적으로 빈도분석과 기술통계분석을 실시하여 자료의 전체적인 특성을 파악한 후에 이어서 변수들의 측정에 사용된 측정도구, 즉 척도들의 타당도와 신뢰도를 분석한다. 그러나 타당도와 신뢰도 분석을 이해하기 위해서는 일정 수준 이상의 통계적 지식이 필요하기 때문에 마지막 장에서 다루게 된 것이다.

측정도구를 이용해서 개념을 측정할 때 여러 가지 이유로 인하여 실제값(true value)과 측정값(observed value) 간에 차이가 발생하게 되는데, 이러한 차이를 측정오차(measurement error)라고 한다. 측정과정에서 측정오차는 항상 발생하게 되어 있는데, 이러한 측정오차는 크게 체계적 오차(systematic error)와 비체계적 오차(random error)로 구분된다. 체계적 오차는 측정 시에 오차가 항상 일정한 방향으로 나타나는 오차를 가리키며, 비체계적 오차는 이러한 방향성을 띠지 않은 무작위적 오차를 의미한다. 전자는 척도의 타당도와 관련되며, 후자는 척도의 신뢰도와 관련된다.

타당도(validity)는 척도가 측정하고자 하는 개념이나 속성을 정확하게 측정해내는 정도를 가리키며, 신뢰도(reliability)는 척도를 이용하여 측정을 반복했을 때 얻어지는 측정값들의 일관성을 의미한다. 간단하게 말하면, 타당도는 측정의 정확성을 의미하고, 신뢰도는 측정의 일관성을 가리킨다. 척도의 타당도와 신뢰도를 추정하는 방법에는 여러 가지가 있다. 본 장에서는 다양한 타당도와 신뢰도 추정방법들을 소개한 후에 타당도 및 신뢰도 분석에 가장 널리 사용되는 요인분석과 Cronbach's alpha(α)를 상세하게 다루도록 하겠다.

14.2 타당도 분석

1 타당도 평가방법

(1) 액면타당도

액면타당도(face validity)는 측정도구가 과연 그것이 측정하고자 하는 바를 얼마나 제대로 측정하고 있는가를 연구자가 주관적으로 평가하는 것을 가리킨다. 따라서 연구자가 개념규정, 측정절차, 측정속성 등을 세심하게 논리적으로 검토하여 타당도를 결정한다. 이런 측면에서 액면타당도는 논리타당도(logical validity)라고도 불린다. 액면타당도는 연구자의 인식론적 판단에 의해 좌우되기 때문에 동일한 측정도구의 타당성에 대해서 다른 연구자는 다른 기준에 근거하여 달리 판단할 수도 있다. 그러나 다른 방법에 의해 측정도구의 타당도를 평가하기에 앞서 우선적으로 액면타당도를 검토할 필요가 있다.

(2) 내용타당도

내용타당도(content validity)는 측정도구에 포함된 내용이 측정하고자 하는 행위나 속성의 모집단을 얼마나 대표하는가를 가리킨다. 이런 의미에서 내용타당도는 표집타당도(sampling validity)라고도 불린다. 예컨대, 초등학생들을 대상으로 수학적 연산능력을 알아보기 위한 시험에서 덧셈과 뺄셈을 묻는 문제들만 포함시키고 곱셈이나 나눗셈에 대한 문제들은 제외시켰다면 그 시험은 내용타당도가 낮은 것이다. 액면타당도와 마찬가지로 내용타당도의 경우에도 이를 평가하는 객관적인 기준이 없다. 따라서 누가 평가하느냐에 따라 타당도가 달라질 수 있다는 문제점이 있다.

(3) 기준관련 타당도

기준관련 타당도(criterion-related validity)는 다른 기준과의 관련성을 이용해 측정수단의 타당도를 추정하는 방법이다. 평가의 바탕이 되는 그 기준이 현재에 있으면 동시적 타당도(concurrent validity)라고 하고, 그 기준이 미래에 있으면 예측적 타당도(predictive validity)라고 한다. 기준관련 타당도의 예를 들면, 대학수학능력시험의 타당도는 대학진학 후 학생들이 취득한 평균학점을 기준으로 삼아 평가할 수 있다. 만일 학생들의 수능시험 점수와 평균학점 간에 상관계수가 매우 높다면 수능시험은 타당도가 높다고 할 수 있다.

기준관련 타당도의 문제점은 많은 경우 평가의 바탕으로 삼을 기준이 존재하지 않는다는 것이다.

(4) 개념구성 타당도

개념구성 타당도(construct validity)는 어떤 개념의 측정도구를 사용하여 얻어진 경험적 관계가 그 개념과 관련하여 이론적으로 예측된 관계와 일치하는 정도를 가리킨다. 이런 측면에서 개념구성 타당도는 이론적 타당도(theoretical validity)라고도 불린다. 일반적으로 개념구성타당도는 사회과학에서 매우 중요시하는 타당도이다.

개념구성 타당도의 문제점은 경험적 관계와 이론적 관계가 일치하지 않는다고 해서 해당 측정도구의 타당도가 없다고 결론짓기 곤란하다는데 있다. 경험적 관계와 이론적 관계가 일치하지 않는 이유는 해당 개념을 측정하는 그 도구의 타당도가 결여되었기 때문일 수도 있지만, 다른 개념들의 측정에 문제가 있거나 이론적인 예측에 오류가 있기 때문일 수도 있기 때문이다.

(5) 수렴/판별 타당도

수렴 및 판별타당도(convergent/discriminant validity)는 원래 Capbell과 Fiske가 제시한 개념이다. 이들이 제시한 기법은 오는날 많이 사용되지 않고 있지만, 그들의 타당도 개념은 널리 사용되고 있다. 만일 동일한 개념을 측정하는 상이한 두 측정도구나 방법이 강하게 상관된다면 수렴타당도가 있는 것이다. 반면에 동일한 방법으로 측정된 상이한 개념들이 약하게 상관된다면 판별타당도가 있다고 말한다.

이 타당도 개념은 오늘날 주로 요인분석(factor analysis) 결과에 적용되어 사용되고 있다. 그런 의미에서 요인타당도(factorial validity)라고도 불린다. 만일 개념들을 측정하기 위해 만들어진 측정도구의 문항들이 요인분석 결과 해당 요인에만 부하되고 다른 요인들에는 부하되지 않는다면 그 측정도구들은 수렴 및 판별타당도를 가지고 있다고 말한다.

2 요인분석

앞에서 살펴보았듯이, 측정도구의 타당도를 평가하는 다양한 방법들이 있지만, 요인분석을 이용한 타당도 평가방법이 가장 널리 사용되고 있다. 요인분석은 원래 여러 변수 간의 관계성이나 패턴을 파악하고 변수들이 갖고 있는 정보를 잠재된 적은 수의 구조로 축약하거나 요약하기 위해 사용하는 다변량 통계기법이다. 요인분석의 기본적인 접근방법은 밀접하게 상관되어 있는 변수들은 하나의 공통 개념(요인)에 도달한다는 논리를 근거로 하여 상관관계를 갖는 변수들을 선형결합에 의해 새로운 합성 변수(요인)로 결합하는 것이다.

요인분석은 일반적으로 (1) 요인추출방법의 선택, (2) 요인 수의 결정, (3) 요인의 회전, (4) 요인척도의 구성의 절차를 거쳐서 이루어진다.

(1) 요인추출방법 선택

요인분석의 첫 단계는 변수들 간의 상관관계를 적절하게 설명하는 요인의 수를 추출하는 것이다. 이를 위해서 요인추출방법을 결정해야 한다. 요인추출방법으로는 아래의 [표 14-1]에 제시되어 있듯이 다양한 방법들이 있다. 요인추출방법들마다 각각의 장단점이 있지만, 어떤 추출방법을 사용하든 간에 분석결과에는 큰 차이가 없다. 요인추출방법으로 일반적으로 주성분분석(principal components analysis)방법이 가장 널리 사용되고 있다. 그러나 이 방법은 측정오차가 없다는 비현실적인 가정에 기반하고 있다는 점에 유의할 필요가 있다.

[표 14-1] 요인추출방법

요인추출방법
① principal components analysis
② unweighted least-squares method
③ generalized least squares method
④ maximum likelihood method
⑤ principal axis factoring
⑥ Alpha factoring
⑦ Image analysis

(2) 요인 수의 결정

요인분석의 두 번째 단계는 요인추출방법을 사용하여 추출할 요인의 수를 결정하는 것이다. 요인의 수를 결정하는 방법 혹은 기준들은 다음과 같다.

① 스크리 검사법(scree test): 요인의 고유값(eigenvalue)은 해당 요인이 설명하는 변수들

의 분산을 가리킨다. 스크리 검사법은 고유값이 갑자기 작아지고 평준화되는 지점까지를 유의미한 요인의 수로 판단한다.

② 카이저 규칙(Kaiser rule): 이것은 요인의 고유값이 1을 넘어야 한다는 기준이다.

③ 누적분산비율: 추출되는 요인들이 누적적으로 설명하는 분산의 비율을 기준으로 하여 요인의 수를 결정한다. 기준으로는 누적분산비율이 75~80%되는 요인의 수가 제시되기도 하고, 누적분산비율이 50% 되는 요인의 수가 제시되기도 한다. 누적분산비율 기준이 높을수록 요인의 수가 많아지며, 누적분산비율 기준이 낮을수록 요인의 수가 적어진다.

④ 해석가능성: 연구주제 혹은 이론에 근거하여 요인의 수를 결정한다.

위의 기준들 중에 카이저 규칙이 가장 널리 사용된다. 그러나 각 기준들마다 장단점이 있으며, 어떠한 기준도 다른 기준들과 비교해서 절대적 우위를 지니고 있다고 말할 수 없다. 따라서 요인의 수를 결정할 때 전적으로 카이저 규칙에 의존하는 것은 바람직하지 않으며, 복수의 기준을 종합적으로 고려하여 요인의 수를 결정하는게 좋다.

(3) 요인의 회전

1단계에서 선택한 요인추출방법을 사용하여 2단계에서 결정된 요인의 수를 추출하면 요인구조(factor structure)가 얻어진다. 그러나 초기 요인구조는 해석이 쉽지 않으며 각 요인들이 뚜렷한 의미를 갖지 못하는 경우가 많다. 따라서 더 단순하고 쉽게 해석이 가능한 요인구조를 찾기 위해서 요인들을 회전시킨다. 즉, 요인회전의 기본 원리는 요인부하량(factor loadings)이 큰 값은 더욱 크게 하고 작은 값은 더욱 작게 하여 요인구조의 해석을 쉽게 하는 것이다.

요인회전 방법에는 회전축이 직각을 유지하는 직각회전(orthogonal rotation)과 회전축을 직각 이외의 각으로 회전시키는 사각회전(oblique rotation)이 있다. 추출되는 요인들이 서로 독립적일 경우(즉, 상관관계가 0일 경우)에는 직각회전을 사용하며, 요인들간에 상관관계가 존재할 경우에는 사각회전을 사용한다. 직각회전과 사각회전에는 [표 14-2]에 제시되어 있듯이 다양한 종류가 있다.

추출되는 요인들 간에 상관관계가 존재하지 않는 경우는 현실적으로 거의 없으므로 직각회전은 사실 비현실적인 가정에 바탕을 두고 있다는 문제점이 있다. 그러나 사각회전의 경우 회전 후에 얻어지는 요인구조가 명확하지 않아서 해석이 곤란한 경우가 종종 발생한다는 문제점을 안고 있다. 직각회전과 사각회전은 이처럼 각각 장단점을 지니고 있다. 그럼에도 불구하고, 요인회전방법으로 사각회전보다는 주로 직각회전, 그 중에서도 배리맥스(Varimax)가 주로 사용되고 있는데, 직각회전이 비현실적인 가정에 기초해 있다는 점에 유의할 필요가 있다.

[표 14-2] 회전방법과 종류

직각회전	사각회전
① Varimax ② Quartimax ③ Equimax	① direct oblimin ② promax

직각회전의 경우 요인부하량은 요인과 변수간의 상관계수에 해당한다. 사각회전의 경우 요인부하량은 회귀분석의 표준화 회귀계수(혹은 경로분석의 경로계수)에 해당한다. 요인구조의 해석에 있어서 각 변수들은 요인부하량이 가장 높은 요인에 속하는 것으로 본다. 요인부하량의 크기에 대한 기준과 관련하여 일반적으로 절대값이 0.3 이상이면 해당 요인에 속한다고 본다. 그러나 보다 보수적으로 0.4 혹은 0.5 이상을 기준으로 사용하기도 한다.

(4) 요인척도의 구성

요인분석은 각 요인들에 속하는 변수들의 선형결합으로 묶여진 변수인 요인값(factor score)들을 제공해준다. 이 값들로 요인척도(factor scale)를 구성하여 회귀분석이나 t검정, 분산분석 등에 활용할 수 있다. 요인분석을 이용한 측정도구의 타당도 평가는 앞의 3단계에서 마무리된다. 그러므로 요인값을 이용한 통계분석은 다루지 않기로 하겠다.

3 SPSS 실행 및 결과분석

(1) 실행방법

'근로자실태조사.sav' 파일에 포함되어 있는 '직무만족' 및 '조직몰입' 변수는 각각 '직무만족1'~'직무만족5'의 5개 문항과 '조직몰입1'~'조직몰입5'의 5개 문항으로 측정된 것이다. 이 10개의 문항들을 가지고 요인분석을 실시하여 수렴 및 판별타당도를 알아보기로 하자.

① [PASW Statistics Data Editor]에 '근로자실태조사.sav' 파일을 가져온 후 주요 메뉴에

서 다시 다음과 같이 실행하여 [요인분석] 대화상자를 연다.

> 분석(A) → 차원감소(D) → 요인분석(F)

② [그림 14-1]과 같이 [요인분석] 대화상자가 열리면 왼쪽의 변수목록에서 '직무만족1'~'직무만족5', '조직몰입1'~'조직몰입5'의 10개 변수(문항)를 선택하여 [변수(V)] 상자로 옮긴다.

[그림 14-1] 요인분석 대화상자

③ [요인분석] 대화상자의 오른 쪽 상단에 있는 [기술통계(D)] 버튼을 누른 후 [요인분석: 기술통계] 대화상자가 나타나면 [그림 14-2]와 같이 [상관행렬] 상자에서 [계수(C)]와 [KMO와 Batlet의 구형성 검정(K)]을 선택한다. [초기해법]은 초기공통성, 고유값, 설명된 분산의 비율을 표시하는 옵션으로 기본설정으로 지정되어 있다.

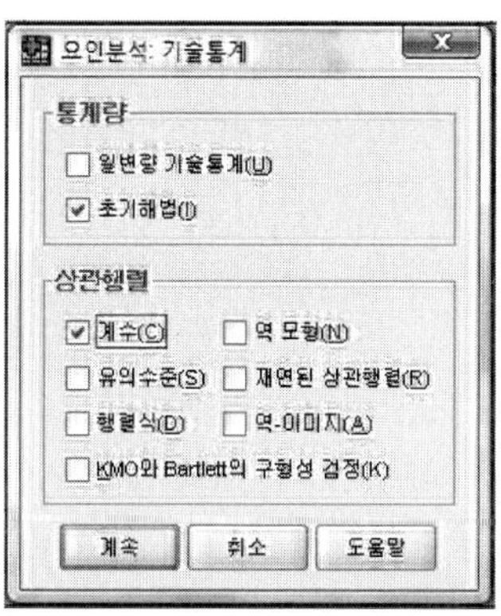

[그림 14-2] 요인분석: 기술통계 대화상자

④ [요인분석] 대화상자의 오른 쪽 상단에 있는 [요인추출(E)] 버튼을 누른 후 [그림 14-3]이 나타나면 [방법(M)]상자에서 요인추출방법으로 [주성분]을 선택한다. [추출]상자에서 요인추출기준으로 [고유값 기준]을 선택한다. 이것은 이미 기본설정으로 지정되어 있다. 그리고 [표시] 상자에서 [스크리도표]를 선택한 후 [계속] 버튼을 누른다.

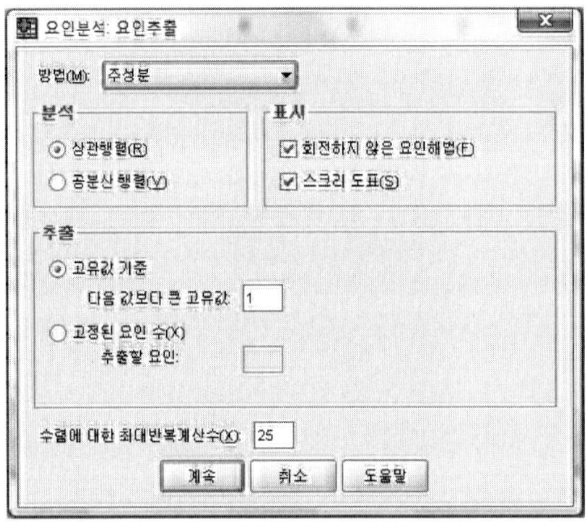

[그림 14-3] 요인분석: 요인추출 대화상자

⑤ [요인분석] 대화상자가 다시 나타나면 오른 쪽 상단에 있는 [요인회전(T)] 버튼을 누른다. [그림 14-4]와 같이 [요인분석: 요인회전] 대화상자가 나타나면 [방법] 상자에서 요인회전방법으로 [베리맥스(V)]를 선택한다. [계속] 버튼에 이어 [확인] 버튼을 누른다.

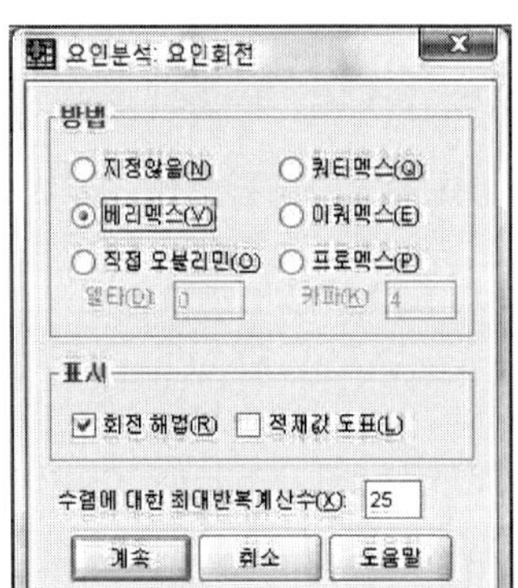

[그림 14-4] 요인분석: 요인회전 대화상자

(2) 분석결과 및 해석

[표 14-3]에 제시된 상관행렬을 보면 직무만족 측정문항들인 '직무만족1'에서 '직무만족5'까지의 문항들 상호간에 그리고 조직몰입 측정문항들인 '조직몰입1'에서 '조직몰입5'까지의 문항들 상호간에 높은 상관관계를 보여주고 있다.

[표 14-3] 상관행렬

		직무만족1	직무만족2	직무만족3	직무만족4	직무만족5	조직몰입1	조직몰입2	조직몰입3	조직몰입4	조직몰입5
상관계수	직무만족1	1.000	.614	.641	.641	.543	.495	.528	.412	.473	.462
	직무만족2	.614	1.000	.524	.565	.422	.378	.419	.445	.406	.420
	직무만족3	.641	.524	1.000	.764	.547	.436	.474	.434	.408	.407
	직무만족4	.641	.565	.764	1.000	.607	.423	.450	.433	.381	.384
	직무만족5	.543	.422	.547	.607	1.000	.402	.446	.401	.392	.350
	조직몰입1	.495	.378	.436	.423	.402	1.000	.767	.458	.686	.639
	조직몰입2	.528	.419	.474	.450	.446	.767	1.000	.462	.723	.671
	조직몰입3	.412	.445	.434	.433	.401	.458	.462	1.000	.507	.438
	조직몰입4	.473	.406	.408	.381	.392	.686	.723	.507	1.000	.712
	조직몰입5	.462	.420	.407	.384	.350	.639	.671	.438	.712	1.000

KMO 표본적합성 측도(Kiser-Meyer-Olkin's measure of sampling adequacy)는 분석에 투입된 변수(문항)들간의 상관행렬이 요인분석에 적합한 정도를 측정하는데 사용된다. KMO값이 1에 가까울수록 좋은 것이며, 최소한 .50 이상이어야 요인분석에 적합하다고 할 수 있다. KMO값이 .50 미만이면 분석에 포함된 문항들간의 상관행렬이 요인분석에 적합하지 않다는 것을 가리킨다. 본 분석결과인 [표 14-4]를 보면 KMO값이 .910으로서 아주 높은 값을 보이고 있기 때문에 분석에 투입된 10개의 변수(문항)들간의 상관행렬은 요인분석에 매우 적합하다고 할 수 있다.

Bartlett의 구형성 검정(Bartlett's test of sphericity)도 KMO와 마찬가지로 요인분석에 투입된 상관행렬의 적합성을 검정하는데 사용되며, "상관행렬은 단위행렬(대각선이 1이고 나머지는 0인 행렬)이다(즉, 측정문항들이 서로 상관되어 있지 않다)"라는 영가설을 검정하는 것이다. [표 14-4]의 구형성 검정결과를 보면 유의확률이 .000으로 유의수준 .01보다 작기 때문에 상관행렬이 단위행렬이라는 영가설이 기각된다. 따라서 요인분석에 투입된 문항들간의 상관행렬이 단위행렬이 아니기 때문에 요인분석에 적합하다고 할 수 있다.

[표 14-4] KMO와 Bartlett의 검정

표준형성 적절성의 Kaiser-Meyer-Olkin 측도.		.910
Bartlett의 구형성 검정	근사 카이제곱	4273.100
	자유도	45
	유의확률	.000

[표 14-5]에는 공통성(communalities, h^2)이 나와 있다. 요인분석에 투입되는 변수(문항)들은 분석에 앞서 모두 표준화되기 때문에 평균은 0, 분산은 1의 값을 갖는다. 표에 제시된 초기값은 분석에 투입된 변수들의 분산을 가리킨다. 따라서 초기값은 항상 모두 1이며, 추출값을 보아야 한다. 추출값은 추출된 공통의 요인들에 의해 설명되는 특정 변수의 분산의 비율을 나타내며, 특정 변수의 모든 요인부하량을 제곱하여 합한 값과 같다. 예컨대, '직무만족1'의 추출값 .690은 추출된 요인들([표 14-6]을 보면 추출된 요인이 2개이므로 즉 2개의 요인)이 '직무만족1'의 분산의 69%를 설명한다는 것을 의미하며, 이 값은 [표 14-8]의 성분행렬에 제시된 '직무만족1'의 요인부하량들을 제곱하여 합한 값과 동일하다. 일반적으로, 공통성이 0.4 이상 되어야 하며, 공통성이 0.4 미만인 문항들은 제거해야 한다고 주장된다. 본 분석에서는 공통성이 0.4 미만이 문항들이 없는 것으로 나타났다.

[표 14-5] 공통성

	초기	추출
직무만족1	1.000	.690
직무만족2	1.000	.563
직무만족3	1.000	.742
직무만족4	1.000	.796
직무만족5	1.000	.569
조직몰입1	1.000	.756
조직몰입2	1.000	.789
조직몰입3	1.000	.441
조직몰입4	1.000	.795
조직몰입5	1.000	.728

추출 방법: 주성분 분석.

[표 14-6]을 보면 첫째 열에 10개의 성분(component)이 나와 있다. 이는 요인분석을 통해서 추출되는 가능한 최대 요인수가 분석에 투입된 전체 변수(문항)의 수(10개)와 동일하

기 때문이다. 각 요인(성분) 바로 오른 쪽에 제시된 값들은 초기 고유값인데, 이것은 각 요인에 의해 설명되는 각 변수(문항)의 분산의 총합으로서 각 요인별로 변수들의 요인부하량을 제곱하여 더한 값과 동일하다.

[표 14-6] 설명된 총분산

성분	초기 고유값			추출 제곱합 적재값			회전 제곱합 적재값		
	합계	% 분산	% 누적	합계	% 분산	% 누적	합계	% 분산	% 누적
1	5.537	55.370	55.370	5.537	55.370	55.370	3.479	34.791	34.791
2	1.332	13.324	68.694	1.332	13.324	68.694	3.390	33.902	68.694
3	.644	6.436	75.130						
4	.596	5.959	81.089						
5	.459	4.585	85.674						
6	.385	3.848	89.522						
7	.329	3.289	92.811						
8	.271	2.711	95.522						
9	.230	2.305	97.826						
10	.217	2.174	100.000						

추출 방법: 주성분 분석.

좀 더 구체적으로 설명하면, 분석에 포함된 변수들은 모두 표준화되어 있기 때문에 변수들의 분산은 모두 1로 동일하다. 본 분석에 포함된 변수가 모두 10개이므로 변수들의 분산을 모두 합하면 10이 된다. 따라서 표에 제시된 성분1과 성분2의 고유값 5.537과 1.332는 첫 번째 요인과 두 번째 요인에 의해 설명되는 변수들의 분산의 총합이 각각 5.537과 1.332만큼 된다는 것을 가리킨다. 그리고 두 번째 열에 제시된 고유값들을 모두 합하면 전체 분산의 크기인 10이 된다. 본 분석에서는 요인수 결정기준으로 카이저 규칙을 선택하였으며, 고유값이 1이상인 요인의 수가 2개이므로 요인 수를 2개로 결정한다.

분산설명비율(%분산)은 각 고유값들을 전체 분산으로 나눈 비율을 백분율로 나타낸 것이다. 따라서 요인1과 요인2의 분산설명비율은 각각의 고유값 5.537과 1.332를 전체 분산인 10으로 나눈 후 백분율로 나타낸 값인 55.370%과 13.324%가 된다. 누적분산비율(%누적)은 분산설명비율의 누적비율을 가리킨다. 따라서 요인2의 누적분산비율은 68.694%(55.370%+ 13.324%)가 된다. 앞에서 설명했듯이 이 누적분산비율이 요인 수의 결정기준으로 사용되기도 한다.

[표 14-7]에 제시된 스크리 도표는 고유값의 변화를 그래프로 보여주고 있다. 스크리 도표를 요인 수의 결정기준으로 사용할 때는 고유값이 급격하게 작아지는 지점에서 요인의 수를 결정한다. 여기서는 요인이 2개를 넘어서는 지점에서 고유값이 급격하게 작아지면서 평준화되고 있다. 따라서 본 스크리 도표에 근거하여 요인의 수를 2개로 결정할 수 있다.

[표 14-7] 스크리 도표

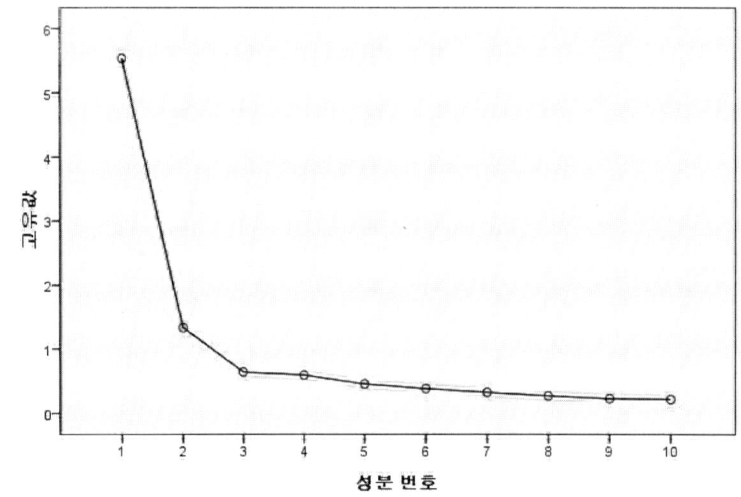

[표 14-8]의 성분행렬(component matrix)은 회전시키기 이전의 요인부하량 행렬을 나타낸다. 그러나 이 행렬은 해석이 쉽지 않다. 따라서 요인구조를 더 단순하고 해석이 쉽도록 배리맥스 회전방법을 이용하여 직각회전시킨 결과인 [표 14-9]의 회전된 성분행렬(rotated component matrix)을 살펴보도록 하자. 앞에서 이미 설명했듯이, 요인부하량 기준으로는 일반적으로 .3이 많이 사용되나, 이보다 보수적인 기준으로 0.4나 0.5를 사용하기도 한다. 본 분석에서는 요인부하량 기준으로 0.4를 사용하기로 하겠다.

[표 14-8] 성분행렬

	성분	
	1	2
직무만족1	.784	.276
직무만족2	.693	.287
직무만족3	.758	.408
직무만족4	.759	.469
직무만족5	.681	.325
조직몰입1	.771	-.401
조직몰입2	.807	-.372
조직몰입3	.662	-.050
조직몰입4	.770	-.449
조직몰입5	.742	-.422

요인추출 방법: 주성분 분석.
a. 추출된 2 성분

[표 14-9]의 요인부하량 행렬을 보면, '직무만족1'에서 '직무만족5'까지의 5개 측정변수(문항)들은 모두 0.7 이상의 높은 값으로 요인1에 부하되어 있는 반면, 요인2에 대해서는 모두 0.4 미만의 낮은 값을 보이고 있다. 한편 '조직몰입3'을 제외한 4개의 조직몰입 측정변수(문항)들은 모두 0.8 이상의 높은 값으로 요인2에 부하되는 반면, 요인 1에 대해서는 모두 0.4 미만의 낮은 값으로 부하되고 있다. 그러나 '조직몰입3'은 0.4 이상의 값으로 요인1과 요인2에 동시에 부하되고 있어 타당도가 부족하다. 따라서 이 문항은 제거해 주는 것이 좋다.

이상의 결과는 '직무만족1'에서 '직무만족5'까지의 5개 문항으로 구성된 직무만족 척도와 '조직몰입3'을 제외한 4개의 문항으로 구성된 조직몰입 척도는 적절한 수렴 및 판별타당도를 지니고 있다는 것을 가리킨다.

[표 14-9] 회전된 성분행렬

	성분	
	1	2
직무만족1	.753	.351
직무만족2	.696	.280
직무만족3	.827	.239
직무만족4	.870	.195
직무만족5	.714	.245
조직몰입1	.270	.827
조직몰입2	.316	.830
조직몰입3	.438	.499
조직몰입4	.236	.860
조직몰입5	.235	.820

요인추출 방법: 주성분 분석.
회전 방법: Kaiser 정규화가 있는 베리멕스.

a. 3 반복계산에서 요인회전이 수렴되었습니다.

14.3 신뢰도 분석

1 측정과 신뢰도

신뢰도는 측정의 일관성을 의미한다. 이를 통계적으로 표현하면 신뢰도는 참값(true score)의 분산과 측정값(observed score)의 분산의 비율을 가리킨다. 이를 이해하기 위해서 아래의 식을 검토해보자.

$$X = t + e$$

위의 식에서 X는 측정값, t는 참값, e는 무작위오차를 가리킨다. 이것은 측정대상에 측정도구를 적용하여 얻은 측정값 X는 참값 t와 무작위오차 e의 두 요소로 구성된다는 것을 의미한다. 위의 식에서 측정값 X의 분산 Var(X)를 계산하면 다음과 같이 된다.

$$\begin{aligned} Var(X) &= Var(t + e) \\ &= Var(t) + 2Cov(t, e) + Var(e) \end{aligned}$$

위의 식에서 t와 e의 공분산인 Cov(t, e)는 0가 되며, 따라서 아래의 식이 성립한다.

$$Var(X) = Var(t) + Var(e)$$

측정도구의 신뢰도 ρ_X 는 다음과 같이 계산된다.

$$\rho_X = Var(t)/Var(X)$$

ρ_X 는 0~1 사이의 값을 가지면 1의 값에 가까울수록 신뢰도가 높다는 것을 의미한다. 일반적으로 신뢰도 계수가 .6 이상이면 수용가능, .7 이상이면 만족, .8 이상이면 아주 만족스러운 신뢰도 수준을 가지는 것으로 본다.

[표 14-10] 신뢰도 수준에 따른 해석 비교

신뢰도 수준	해석
.6 이상	수용가능(acceptable)
.7 이상	만족(satisfactory)
.8 이상	아주 만족(very satisfactory)

2 신뢰도 추정방법

(1) 재조사법

재조사법(test-retest method)은 동일한 대상자들에게 시간적 간격을 두고 측정도구를 반복하여 적용한 후 두 번의 측정에서 얻은 값들간의 상관계수를 계산하여 신뢰도를 추정하는 방법이다. 첫 번째 측정값을 X_1, 두 번째 측정값을 X_2라 하면 신뢰도 ρ_X는 다음과 같이 계산된다.

$$\rho_X = \rho_{X_1 X_2}$$

재조사법을 사용하여 신뢰도를 추정할 때는 두가지 문제점에 유의해야 한다. 첫째로 두 번의 측정 사이에 측정대상의 속성이 실제로 변할 수 있다는 점이다. 둘째로, 첫 번째 측정은 조사대상이 된 사람들의 기억에 의해 두 번째 측정에 영향을 미칠 수 있다는 점이다. 시간적 간격을 늘려서 기억으로 야기되는 문제를 해결할 수 있지만, 그럴 경우 그 사이에 대상의 속성에 변화가 생길 수도 있다.

(2) 평행법

평행법(parallel forms)은 본질적으로 동일한 개념을 측정하는 두 개의 서로 다른 측정도구를 만들어서 동시에 또는 일정한 시간적 간격을 두고 동일한 대상자들에게 측정을 하고, 그 두 측정에서 얻은 값들간의 상관계수를 계산하여 신뢰도를 추정하는 방법이다. 첫번 째 측정도구를 사용하여 얻은 측정값을 X_1, 두 번째 측정도구를 사용하여 얻은 측정값을 X_2라 하면 신뢰도 ρ_X는 다음과 같이 계산된다.

$$\rho_X = \rho_{X_1 X_2}$$

이 방법의 장점은 시간적 간격과 기억으로 야기되는 문제점을 극복할 수 있다는 것이다. 그러나 동일한 내용을 측정하는 서로 다른 두 개의 측정도구를 만들기가 어렵다는 문제점이 있다. 설령 만들었다고 하더라도 두 측정도구가 과연 동일한 내용을 측정하고 있는가를 판단하기 어렵다.

(3) 반분법

위에서 설명한 재조사법이나 평행법은 신뢰도 추정을 위해서 동일한 대상들에게 두 번 조사를 해야 한다. 그러나 반분법(split-half method)은 한 번의 조사로 신뢰도 추정이 가능하다. 반분법은 측정문항들을 무작위로 반씩 나누어서 각각에서 얻어진 측정값들을 두 번의 조사에서 얻어진 것처럼 간주하여 둘 사이의 상관계수를 계산하여 신뢰도를 추정한다. 만일 둘 사이의 상관관계가 $\rho_{X_1 X_2}$라면 신뢰도 ρ_X는 아래의 스피어맨-브라운 공식(Spearman-Brown prophecy formula)을 사용하여 계산된다.

$$\rho_X = \frac{2\rho_{X_1X_2}}{1+\ \rho_{X_1X_2}}$$

반분법은 비교적 간단하게 신뢰도를 추정할 수 있으나, 어떻게 반분하느냐에 따라 신뢰도 계수가 달리 나올 수가 있다.

(4) 내적 일관성 방법

반분법은 전체 문항들을 어떻게 양분하느냐에 따라 신뢰도 계수가 달라질 수 있다. 이런 문제점을 극복한 것이 내적 일관성 방법(internal consistency method)이다. 내적 일관성 방법으로 신뢰도를 추정할 경우 보통 Cronbach's α(alpha)를 구한다. Cronbach's α는 어떤 개념이나 속성의 서로 다른 측면들을 측정하는 서로 다른 문항들이 얼마나 서로 잘 보완하여 전체적으로 그 개념이나 속성을 얼마나 일관성있게 측정하고 있는가를 나타내준다. 문항 수가 N개이고 문항들간의 상관계수의 평균을 $\bar{\rho}$라고 하면, Cronbach's α는 다음과 같이 계산된다.

$$\alpha = \frac{N\bar{\rho}}{1+\bar{\rho}\,(N-1)}$$

3 SPSS 실행 및 결과분석

(1) 실행방법

'근로자실태조사.sav' 파일에 있는 '조직몰입' 척도에 대해 신뢰도 계수인 Cronbach's α를 계산해보자.

① [PASW Statistics Data Editor]에 '근로자실태조사.sav' 파일을 가져온 후 주요 메뉴에서 다음과 같이 실행하여 [신뢰도검사(R)] 대화상자를 연다.

분석(A) → 척도(S) → 신뢰도검사(R)

② [그림 14-5]와 같이 [신뢰도분석] 대화상자가 열리면 왼쪽의 변수목록에서 '조직몰입1'~'조직몰입5'까지 5개의 변수(문항)를 선택하여 [항목(I)] 상자로 옮긴다. [신뢰도분석] 대화상자의 아래쪽에 있는 [척도설명] 상자에 "조직몰입"이라고 척도이름을 입력한다.

[모형(M)]에서 신뢰도 분석방법을 선택하는데, 가장 널리 사용되는 [알파](Cronbach's α)가 이미 기본설정으로 지정되어 있다.

③ [신뢰도분석] 대화상자의 오른 쪽 상단에 있는 [통계량(S)] 버튼을 누른다. [그림 14-6]과 같이 [신뢰도분석: 통계량] 대화상자가 열리면 [다음에 대한 기술통계량] 상자에서 [항목제거시척도(A)]를 선택하고, [항목내] 상자에서 [상관관계(R)]를 선택한다. [계속] 버튼에 이어서 [확인] 버튼을 누른다.

[그림 14-5] 신뢰도분석 대화상자

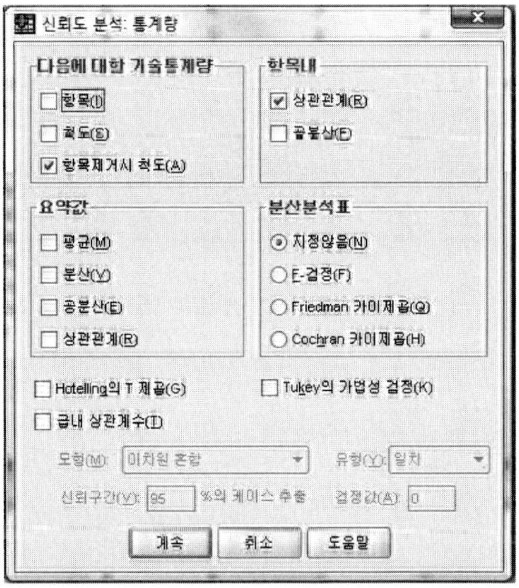

[그림 14-6] 신뢰도분석: 통계량 대화상자

(2) 분석결과 및 해석

[표 14-11]을 보면 분석에 포함된 '조직몰입1'에서 '조직몰입5'까지의 5개의 문항 모두를 고려했을 때, Cronbach's α는 .885로서 매우 만족스러운 신뢰도 수준을 보여주고 있다.

[표 14-11] 신뢰도 통계량

Cronbach의 알파	Cronbach's Alpha Based on Standardized Items	항목 수
.885	.885	5

[표 14-12]의 항목간 상관행렬을 보면, '조직몰입3' 문항과 다른 문항들과의 상관계수가 상대적으로 낮다. 이것은 '조직몰입3' 문항이 다른 문항들과의 내적 일관성이 상대적으로 부족하다는 것을 의미하며, 따라서 이 문항을 제거할 경우 신뢰도가 개선될 것이라는 점을 시사한다.

[표 14-12] 항목 간 상관행렬

	조직몰입1	조직몰입2	조직몰입3	조직몰입4	조직몰입5
조직몰입1	1.000	.767	.458	.686	.639
조직몰입2	.767	1.000	.462	.723	.671
조직몰입3	.458	.462	1.000	.507	.438
조직몰입4	.686	.723	.507	1.000	.712
조직몰입5	.639	.671	.438	.712	1.000

[표 14-13]에는 항목총계 통계량이 제시되어 있는데, 이 중에서 오른 쪽 끝에 있는 [항목이 삭제된 경우 Cronbach 알파]만 보면 된다. 이것은 해당 문항이 제거되었을 때 Cronbach's α값이 어떻게 변화하는지를 보여준다. 본 분석결과는 '조직몰입3' 문항이 제거될 경우 Cronbach's α가 .885에서 .903으로 개선된다는 것을 보여주고 있다. 따라서 조직몰입 척도에서 '조직몰입3' 문항을 제거하여 신뢰도를 향상시킬 수 있다. 아니면 '조직몰입3' 문항을 제거하더라도 신뢰도 향상의 정도가 미미하므로 조직몰입 척도에 그대로 포함시킬

수도 있다.

그러나 앞 절에서 살펴보았듯이, 조직몰입 측정문항과 직무만족 측정문항들에 대한 요인분석결과는 '조직몰입3' 문항이 조직몰입 측정문항으로서 타당도가 부족하다는 것을 보여주고 있다. 따라서 조직몰입 척도에 대한 타당도와 신뢰도 분석결과를 종합적으로 고려했을 때, 조직몰입 척도의 타당도와 신뢰도를 높이기 위해서는 '조직몰입3' 문항을 제거하는 것이 바람직하다고 결론지을 수 있다.

[표 14-13] 항목총계 통계량

	항목이 삭제된 경우 척도 평균	항목이 삭제된 경우 척도 분산	수정된 항목-전체 상관관계	제곱 다중 상관관계	항목이 삭제된 경우 Cronbach 알파
조직몰입1	13.76	9.604	.768	.636	.850
조직몰입2	13.91	9.187	.794	.677	.843
조직몰입3	13.32	10.507	.530	.288	.903
조직몰입4	13.84	9.061	.797	.647	.842
조직몰입5	13.68	9.583	.736	.570	.857

[부표 1] 표준정규분포표

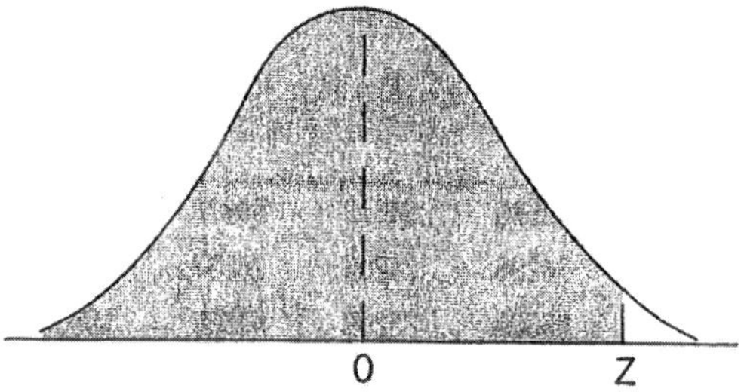

Z	.00	.01	.02	.03	.04	.05	.06	.07	.08	.09
0.0	0.5000	0.5040	0.5080	0.5120	0.5160	0.5199	0.5239	0.5279	0.5319	0.5359
0.1	0.5398	0.5438	0.5478	0.5517	0.5557	0.5596	0.5636	0.5675	0.5714	0.5753
0.2	0.5793	0.5832	0.5871	0.5910	0.5948	0.5987	0.6026	0.6064	0.6103	0.6141
0.3	0.6179	0.6217	0.6255	0.6293	0.6331	0.6368	0.6406	0.6443	0.6480	0.6517
0.4	0.6554	0.6591	0.6628	0.6664	0.6700	0.6736	0.6772	0.6808	0.6844	0.6879
0.5	0.6915	0.6959	0.6985	0.7019	0.7054	0.7088	0.7123	0.7157	0.7190	0.7224
0.6	0.7257	0.7291	0.7324	0.7357	0.7389	0.7422	0.7454	0.7486	0.7517	0.7549
0.7	0.7580	0.7611	0.7642	0.7673	0.7703	0.7734	0.7764	0.7794	0.7823	0.7852
0.8	0.7881	0.7910	0.7939	0.7967	0.7995	0.8023	0.8051	0.8078	0.8106	0.8133
0.9	0.8159	0.8186	0.8212	0.8238	0.8264	0.8289	0.8315	0.8340	0.8365	0.8389
1.0	0.8413	0.8438	0.8461	0.8485	0.8508	0.8531	0.8554	0.8577	0.8599	0.8621
1.1	0.8643	0.8665	0.8686	0.8708	0.8729	0.8749	0.8770	0.8790	0.8810	0.8830
1.2	0.8849	0.8869	0.8888	0.8907	0.8925	0.8944	0.8962	0.8980	0.8997	0.9015
1.3	0.9032	0.9049	0.9066	0.9082	0.9099	0.9115	0.9131	0.9147	0.9162	0.9177
1.4	0.9192	0.9207	0.9222	0.9236	0.9251	0.9265	0.9279	0.9292	0.9306	0.9319
1.5	0.9332	0.9345	0.9357	0.9370	0.9382	0.9394	0.9406	0.9418	0.9429	0.9441
1.6	0.9452	0.9463	0.9474	0.9484	0.9495	0.9505	0.9515	0.9525	0.9535	0.9545
1.7	0.9554	0.9564	0.9573	0.9582	0.9591	0.9599	0.9608	0.9616	0.9625	0.9633
1.8	0.9641	0.9649	0.9656	0.9664	0.9671	0.9678	0.9686	0.9693	0.9699	0.9706
1.9	0.9713	0.9719	0.9726	0.9732	0.9738	0.9744	0.9750	0.9756	0.9761	0.9767
2.0	0.9772	0.9778	0.9783	0.9788	0.9793	0.9798	0.9803	0.9808	0.9812	0.9817
2.1	0.9861	0.9826	0.9830	0.9834	0.9838	0.9842	0.9846	0.9850	0.9854	0.9857
2.2	0.9861	0.9864	0.9868	0.9871	0.9875	0.9878	0.9881	0.9884	0.9887	0.9890
2.3	0.9893	0.9896	0.9898	0.9901	0.9904	0.9906	0.9909	0.9911	0.9913	0.9916
2.4	0.9918	0.9920	0.9922	0.9925	0.9927	0.9929	0.9931	0.9932	0.9934	0.9936
2.5	0.9939	0.9940	0.9941	0.9943	0.9945	0.9946	0.9948	0.9949	0.9951	0.9952
2.6	0.9953	0.9955	0.9956	0.9957	0.9959	0.9960	0.9961	0.9962	0.9963	0.9964
2.7	0.9965	0.9966	0.9967	0.9968	0.9969	0.9970	0.9971	0.9972	0.9973	0.9974
2.8	0.9974	0.9975	0.9976	0.9977	0.9977	0.9978	0.9979	0.9979	0.9980	0.9981
2.9	0.9981	0.9982	0.9982	0.9983	0.9984	0.9984	0.9985	0.9985	0.9986	0.9986
3.0	0.9987	0.9987	0.9987	0.9988	0.9988	0.9989	0.9989	0.9989	0.9990	0.9990

[부표 2] χ^2 분포표

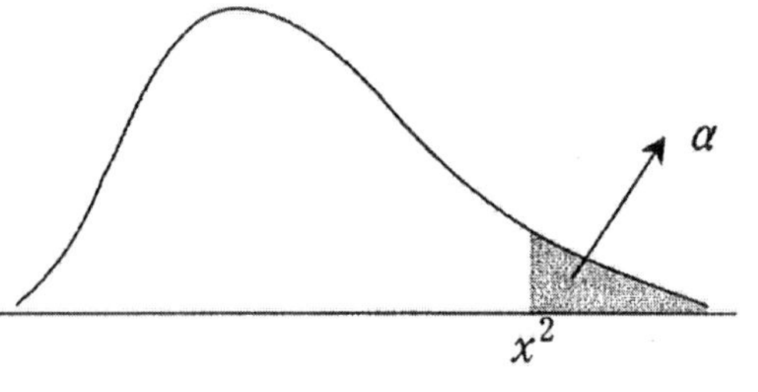

자유도	.100	0.050	0.025	0.010	0.005	0.001
1	2.7055	3.84146	5.02389	6.63490	7.87944	10.282
2	4.6051	5.99147	7.37776	9.21034	10.5966	13.816
3	6.2513	7.81473	9.34840	11.3446	12.8381	16.266
4	7.7794	9.48773	11.1433	13.2767	14.8602	18.467
5	9.2363	11.0705	12.8325	15.0863	16.7496	20.515
6	10.6446	12.5916	14.4494	16.8119	18.5476	22.458
7	12.0170	14.0671	16.0128	18.4753	20.2777	24.322
8	13.3616	15.5073	17.5346	20.0902	21.9550	26.125
9	14.6837	16.9190	19.0228	21.6660	23.5893	27.877
10	15.9871	18.3070	20.4831	23.2093	25.1882	29.588
11	17.2750	19.6751	21.9200	24.7250	26.7579	31.264
12	18.5494	21.0261	23.3367	26.2170	28.2995	32.909
13	19.8119	22.3621	24.7356	27.6883	29.8197	34.528
14	21.0642	23.6848	26.1190	29.1413	31.3193	36.123
15	22.3072	24.9958	27.4884	30.5779	32.8013	37.697
16	23.5418	26.2962	28.8454	31.9999	34.2672	39.252
17	24.7690	27.5871	30.1910	33.4087	35.7185	40.790
18	25.9894	28.8693	31.5264	34.8053	37.1564	42.312
19	27.2036	30.1435	32.8523	36.1908	38.5822	43.820
20	28.4120	31.4104	34.1696	37.5662	39.9968	45.315
21	29.6151	32.6705	35.4789	38.9321	41.4010	46.797
22	30.8133	33.9244	36.7807	40.2894	42.7956	48.268
23	32.0069	35.1725	38.0757	41.6384	44.1813	49.728
24	33.1963	36.4151	39.3641	42.9798	45.5585	51.179
25	34.3816	37.6525	40.6465	44.3141	46.9278	52.620
26	35.5631	38.8852	41.9232	45.6417	48.2899	54.052
27	36.7412	40.1133	43.1944	46.9630	49.6449	55.476
28	37.9159	41.3372	44.4607	48.2782	50.9933	56.892
29	39.0875	42.5569	45.7222	49.5871	52.3356	58.302
30	40.2560	43.7729	46.9792	50.8922	53.6720	59.703

(예 : 자유도가 18이고 카이제곱의 값이 28.9인 경우 오른쪽부분의 면적은 0.05이다.)

[부표 3] t 분포표

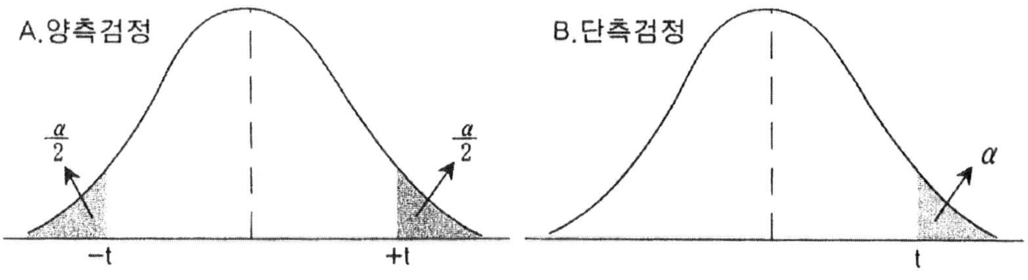

d.f.	양측검정	0.50	0.20	0.10	0.05	0.025	0.01
	단측검정	0.25	0.10	0.05	0.025	0.01	0.005
	1	1.000	3.078	6.314	12.706	31.821	63.657
	2	0.816	1.886	2.920	4.303	6.965	9.925
	3	0.765	1.638	2.353	3.182	4.541	5.841
	4	0.741	1.533	2.132	2.776	3.747	4.604
	5	0.727	1.476	2.015	2.571	3.365	4.032
	6	0.718	1.440	1.943	2.447	3.134	3.707
	7	0.711	1.415	1.895	2.365	2.998	3.499
	8	0.706	1.397	1.860	2.306	2.896	3.355
	9	0.703	1.383	1.833	2.262	2.821	3.250
	10	0.700	1.372	1.812	2.223	2.764	3.169
	11	0.697	1.363	1.796	2.201	2.718	3.106
	12	0.695	1.356	1.782	2.179	2.681	3.055
	13	0.694	1.350	1.771	2.160	2.650	3.012
	14	0.692	1.345	1.761	2.145	2.624	2.977
	15	0.691	1.341	1.753	2.131	2.602	2.947
	16	0.690	1.337	1.746	2.120	2.583	2.921
	17	0.689	1.333	1.740	2.110	2.567	2.898
	18	0.688	1.330	1.734	2.101	2.552	2.878
	19	0.688	1.328	1.729	2.093	2.539	2.861
	20	0.687	1.325	1.725	2.086	2.528	2.845
	21	0.686	1.323	1.721	2.080	2.518	2.831
	22	0.686	1.321	1.717	2.074	2.508	2.819
	23	0.685	1.319	1.714	2.069	2.500	2.807
	24	0.685	1.318	1.711	2.064	2.492	2.797
	25	0.684	1.316	1.708	2.060	2.485	2.787
	26	0.684	1.315	1.706	2.056	2.479	2.779
	27	0.684	1.314	1.703	2.052	2.473	2.771
	28	0.683	1.313	1.701	2.048	2.467	2.763
	29	0.683	1.311	1.699	2.045	2.462	2.756
	30	0.683	1.310	1.697	2.042	2457	2.750
	40	0.679	1.303	1.684	2.021	2.423	2.704
	60	0.677	1.296	1.671	2.000	2.390	2.660
	120	0.677	1.289	1.658	1.980	2.358	2.617
	∞	0.674	1.282	1.645	1.960	2.326	2.576

(예 : 자유도가 20이고 t값이 2.530이면 오른쪽 부분의 면적은 0.01이다.)

[부표 4] F 분포표

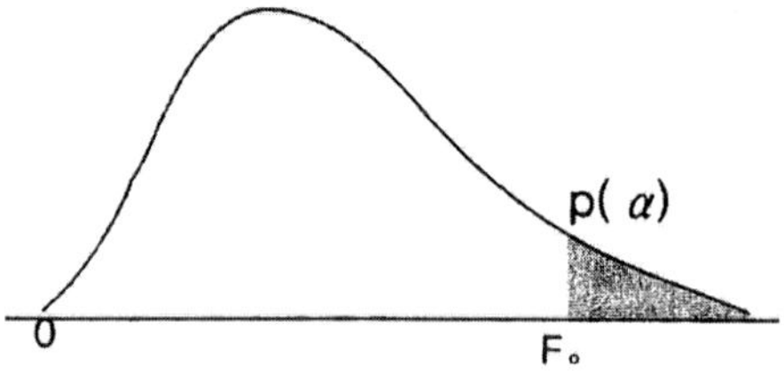

α =.05

ν_2 \ ν_1	1	2	3	4	5	6	7	8	9	10	12	15	20	24	30	40	60	120	∞
1	161.4	199.5	215.7	224.6	230.2	234.0	236.8	238.9	240.5	241.9	243.9	245.9	248.0	249..1	250.1	251.1	252.2	253.3	254.3
2	18.51	19.00	19.16	19.25	19.30	19.33	19.35	19.37	19.38	19.40	19.41	19.43	19.45	19.45	19.46	19.47	19.48	19.49	19.50
3	10.13	9.55	9.28	9.12	9.01	8.94	8.89	8.85	8.81	8.79	8.74	8.70	8.66	8.64	8.62	5.59	8.57	8.55	8.53
4	7.71	6.94	6.59	6.39	6.25	6.16	6.09	6.04	6.00	5.96	5.91	5.86	5.80	5.77	5.75	5.72	5.69	5.66	5.63
5	6.61	5.79	5.41	5.19	5.05	4.95	4.88	4.82	4.77	4.74	4.68	4.62	4.56	4.53	4.50	4.46	4.43	4.40	4.36
6	5.99	5.14	4.76	4.53	4.39	4.28	4.21	4.15	4.10	4.06	4.00	3.94	3.87	3.84	3.81	3.77	3.74	3.70	3.67
7	5.59	4.74	4.35	4.12	3.97	3.87	3.79	3.73	3.68	3.64	3.57	3.31	3.44	3.41	3.38	3.34	3.30	3.27	3.23
8	5.32	4.46	4.07	3.84	3.69	3.56	3.50	3.44	3.39	3.35	3.28	3.22	3.15	3.12	3.08	3.04	3.01	2.97	2.93
9	5.12	4.26	3.86	3.63	3.48	3.37	3.29	3.23	3.18	3.14	3.07	3.01	2.94	2.90	2.86	2.83	2.79	2.75	2.71
10	4.96	4.10	3.71	3.48	3.33	3.22	3.14	3.07	3.02	2.98	2.91	2.85	2.77	2.74	2.70	2.66	2.62	2.58	2.54
11	4.84	3.98	3.59	3.36	3.20	3.09	3.01	2.95	2.90	2.85	2.79	2.72	2.65	2.61	2.57	2.53	2.49	2.45	2.40
12	4.75	3.89	3.49	3.26	3.11	3.00	2.91	2.85	2.80	2.75	2.69	2.62	2.54	2.51	2.47	2.43	2.38	2.34	2.30
13	4.67	3.81	3.41	3.18	3.00	2.92	2.83	2.77	2.71	2.67	2.60	2.53	2.46	2.42	2.38	2.34	2.30	2.25	2.21
14	4.60	3.74	3.34	3.11	2.96	2.85	2.75	2.70	2.65	2.60	2.53	2.46	2.39	2.35	2.31	2.27	2.22	2.18	2.13
15	4.54	3.68	3.29	3.06	2.90	2.79	2.71	2.64	2.59	2.54	2.48	2.40	2.33	2.29	2.25	2.20	2.16	2.11	2.07
16	4.49	3.63	3.24	3.01	2.85	2.74	2.66	2.59	2.54	2.49	2.42	2.35	2.28	2.24	2.19	2.15	2.11	2.06	2.01
17	4.45	3.59	3.20	2.96	2.81	2.70	2.61	2.55	2.49	2.45	2.38	2.31	2.23	2.19	2.15	2.10	2.06	2.01	1.96
18	4.41	3.55	3.16	2.93	2.77	2.66	2.58	2.51	2.46	2.41	2.34	2.27	2.19	2.15	2.11	2.06	2.02	1.97	1.92
19	4.38	3.52	3.13	2.90	2.74	2.83	2.54	2.48	2.42	2.38	2.31	2.23	2.16	2.11	2.07	2.03	1.98	1.93	1.88
20	4.35	3.49	3.10	2.87	2.71	2.60	2.51	2.45	2.39	2.35	2.28	2.20	2.12	2.08	2.04	1.99	1.95	1.90	1.84
21	4.32	3.47	3.07	2.84	2.68	2057	2.49	2.42	2.37	2.32	2.25	2.18	2.10	2.05	2.01	1.96	1.92	1.87	1.81
22	4.30	3.44	3.05	2.82	2.66	2.55	2.48	2.40	2.34	2.30	2.23	2.15	2.07	2.03	1.98	1.94	1.89	1.84	1.78
23	4.28	3.42	3.03	2.80	2.64	2.53	2.44	2.37	2.32	2.27	2.20	2.13	2.05	2.01	1.96	1.91	1.86	1.81	1.76
24	4.26	3.40	3.01	2.78	2.62	2.51	2.42	2.36	2.30	2.25	2.18	2.11	2.03	1.98	1.94	1.89	1.84	1.79	1.73
25	4.24	3.39	2.99	2.76	2.60	2.49	2.40	2.34	2.28	2.24	2.16	2.09	2.01	1.96	1.92	1.87	1.82	1.77	1.71
26	4.23	3.37	2.98	2.74	2.59	2.47	2.39	2.32	2.27	2.22	2.15	2.07	1.99	1.95	1.90	1.85	1.80	1.75	1.69
27	4.21	3.35	2.96	2.73	2.57	2.46	2.37	2.31	2.25	2.20	2.13	2.06	1.97	1.93	1.88	1.84	1.79	1.73	1.67
28	4.20	3.34	2.95	2.71	2.56	2.45	2.36	2.29	2.24	2.19	2.12	2.04	1.96	1.91	1.87	1.82	1.77	1.71	1.65
29	4.18	3.33	2.93	2.70	2.55	2.43	2.35	2.28	2.22	2.18	2.10	2.03	1.94	1.90	1.85	1.81	1.75	1.70	1.64
30	4.17	3.32	2.92	2.69	2.53	2.42	2.33	2.27	2.21	2.16	2.09	2.01	1.93	1.89	1.84	1.79	1.74	1.68	1.62
40	4.08	3.23	2.84	2.61	2.45	2.34	2.25	2.18	2.12	2.08	2.00	1.92	1.84	1.79	1.74	1.69	1.64	1.58	1.51
60	4.00	3.15	2.76	2.53	2.37	2.25	2.17	2.10	2.04	1.99	1.92	1.84	1.75	1.70	1.65	1.59	1.53	1.48	1.39
120	3.92	3.07	2.68	2.45	2.29	2.17	2.09	2.02	1.96	1.91	1.83	1.75	1.66	1.61	1.55	1.50	1.43	1.35	1.25
∞	3.84	3.00	2.60	2.37	2.21	2.10	2.01	1.94	1.88	1.83	1.75	1.67	1.57	1.52	1.46	1.39	1.32	1.22	1.00

[부표 4] F 분포표 (계속)

α = .01

ν_2 \ ν_1	1	2	3	4	5	6	7	8	9	10	11	12	15	20	30
1	4052	4999	5403	5625	5764	5859	5928	5981	6022	6056	6083	6106	6157	6209	6261
2	98.50	99.00	99.17	99.25	99.30	99.33	99.36	99.37	99.39	99.40	99.41	99.42	99.43	99.45	99.47
3	34.12	30.82	29.46	28.71	28.24	27.91	27.67	27.49	27.35	27.23	27.13	27.05	26.87	26.69	26.50
4	21.20	18.00	16.69	15.98	15.52	15.21	14.98	14.80	14.66	14.55	14.45	14.37	14.20	14.02	13.84
5	16.26	13.27	12.06	11.39	10.97	10.67	10.46	10.29	10.16	10.05	9.96	9.89	9.72	9.55	9.38
6	13.75	10.92	9.78	9.15	8.75	8.47	8.26	8.10	7.98	7.87	7.79	7.72	7.56	7.40	7.23
7	12.25	9.55	8.45	7.85	7.46	7.19	6.99	6.84	6.72	6.62	6.54	6.47	6.31	6.16	5.99
8	11.26	8.65	7.59	7.01	6.63	6.37	6.18	6.03	5.91	5.81	5.73	5.67	5.52	5.36	5.20
9	10.56	8.02	6.99	6.42	6.06	5.80	5.61	5.47	5.35	5.26	5.18	5.11	4.96	4.81	4.65
10	10.04	7.56	6.55	5.99	5.64	5.39	5.20	5.06	4.94	4.85	4.77	4.71	4.56	4.41	4.25
11	9.65	7.21	6.22	5.67	5.32	5.07	4.89	4.74	4.63	4.54	4.46	4.40	4.25	4.10	3.94
12	9.33	6.93	5.95	5.41	5.06	4.82	4.64	4.50	4.39	4.30	4.22	4.16	4.01	3.86	3.70
13	9.07	6.70	5.74	5.21	4.86	4.62	4.44	4.30	4.19	4.10	4.02	3.96	3.82	3.66	3.51
14	8.86	6.51	5.56	5.04	4.69	4.46	4.28	4.14	4.03	3.94	3.86	3.80	3.66	3.51	3.35
15	8.68	6.36	5.42	4.89	4.56	4.32	4.14	4.00	3.89	3.80	3.73	3.67	3.52	3.37	3.21
16	8.53	6.23	5.29	4.77	4.44	4.20	4.03	3.89	3.78	3.69	3.62	3.55	3.41	3.26	3.10
17	8.40	6.11	5.18	4.67	4.34	4.10	3.93	3.79	3.68	3.59	3.52	3.46	3.31	3.16	3.00
18	8.29	6.01	5.09	4.58	4.25	4.01	3.84	3.71	3.60	3.51	3.43	3.37	3.23	3.08	2.92
19	8.18	5.93	5.01	4.50	4.17	3.94	3.77	3.63	3.52	3.43	3.36	3.30	3.15	3.00	2.84
20	8.10	5.85	4.94	4.43	4.10	3.87	3.70	3.56	3.46	3.37	3.29	3.23	3.09	2.94	2.78
21	8.02	5.78	4.87	4.37	4.04	3.81	3.64	3.51	3.40	3.31	3.24	3.17	3.03	2.88	2.72
22	7.95	5.72	4.82	4.31	3.99	3.76	3.59	3.45	3.35	3.26	3.18	3.12	2.98	2.83	2.67
23	7.88	5.66	4.76	4.26	3.94	3.71	3.54	3.41	3.30	3.21	3.14	3.07	2.93	2.78	2.62
24	7.82	5.61	4.72	4.22	3.90	3.67	3.50	3.36	3.26	3.17	3.09	3.03	2.89	2.74	2.58
25	7.77	5.57	4.68	4.18	3.85	3.63	3.46	3.32	3.22	3.13	3.06	2.99	2.85	2.70	2.54
26	7.72	5.53	4.64	4.14	3.82	3.59	3.42	3.29	3.18	3.09	3.02	2.96	2.81	2.66	2.50
27	7.68	5.49	4.60	4.11	3.78	3.56	3.39	3.26	3.15	3.06	2.99	2.93	2.78	2.63	2.47
28	7.64	5.45	4.57	4.07	3.75	3.53	3.36	3.23	3.12	3.03	2.96	2.90	2.75	2.60	2.44
29	7.60	5.42	4.54	4.04	3.73	3.50	3.33	3.20	3.09	3.00	2.93	2.87	2.73	2.57	2.41
30	7.56	5.39	4.51	4.02	3.70	3.47	3.30	3.17	3.07	2.98	2.91	2.84	2.70	2.55	2.39
40	7.31	5.18	4.31	3.83	3.51	3.29	3.12	2.99	2.89	2.80	2.73	2.66	2.52	2.37	2.20
60	7.08	4.98	4.13	3.65	3.34	3.12	2.95	2.82	2.72	2.63	2.56	2.50	2.35	2.20	2.03
120	6.85	4.79	3.95	3.48	3.17	2.96	2.79	2.66	2.56	2.47	2.40	2.34	2.19	2.03	1.86
∞	6.63	4.61	3.78	3.32	3.02	2.80	2.64	2.51	2.41	2.32	2.25	2.18	2.04	1.88	1.70

[부표 5] Mann-Whitney의 U 분포표

$\alpha = .01$ (단측검정)　　$\alpha = .02$ (양측검정)

N_1 \ N_2	9	10	11	12	13	14	15	16	17	18	19	20
1												
2					0	0	0	0	0	0	1	1
3	1	1	1	2	2	2	3	3	4	4	4	5
4	3	3	4	5	5	6	7	7	8	9	9	10
5	5	6	7	8	9	10	11	12	13	14	15	16
6	7	8	9	11	12	13	15	16	18	19	20	22
7	9	11	12	14	16	17	19	21	23	24	26	28
8	11	13	15	17	20	22	24	26	28	30	32	34
9	14	16	18	21	23	26	28	31	33	36	38	40
10	16	19	22	24	27	30	33	36	38	41	44	47
11	18	22	25	28	31	34	37	41	44	47	50	53
12	21	24	28	31	35	38	42	46	49	53	56	60
13	23	27	31	35	39	43	47	51	55	59	63	67
14	26	30	34	38	43	47	51	56	60	65	69	73
15	28	33	37	42	47	51	56	61	66	70	75	80
16	31	36	41	46	51	56	61	66	71	76	82	87
17	33	38	44	49	55	60	66	71	77	82	88	93
18	36	41	47	53	59	65	70	76	82	88	94	100
19	38	44	50	56	63	69	75	82	88	94	101	107
20	40	47	53	60	67	73	80	87	93	100	107	114

$\alpha = .025$ (단측검정)　　$\alpha = .05$ (양측검정)

N_1 \ N_2	9	10	11	12	13	14	15	16	17	18	19	20
1												
2	0	0	0	1	1	1	1	1	2	2	2	2
3	2	3	3	4	4	5	5	6	6	7	7	8
4	4	5	6	7	8	9	10	11	11	12	13	13
5	7	8	9	11	12	13	14	15	17	18	19	20
6	10	11	13	14	16	17	19	21	22	24	25	27
7	12	14	16	18	20	22	24	26	28	30	32	34
8	15	17	19	22	24	26	29	31	34	36	38	41
9	17	20	23	26	28	31	34	37	39	42	45	48
10	20	23	26	29	33	36	39	42	45	48	52	55
11	23	26	30	33	37	40	44	47	51	55	58	62
12	26	29	33	37	41	45	49	53	57	61	65	69
13	28	33	37	41	45	50	54	59	63	67	72	76
14	31	36	40	45	50	55	59	64	67	74	78	83
15	34	39	44	49	54	59	64	70	75	80	85	90
16	37	42	47	53	59	64	70	75	81	86	92	98
17	39	45	51	57	63	67	75	81	87	93	99	105
18	42	48	55	61	67	74	80	86	93	99	106	112
19	45	52	58	65	72	78	85	92	99	106	113	119
20	48	55	62	69	76	83	90	98	105	112	119	127

[부표 5] Mann-Whitney의 U 분포표 (계속)

$\alpha = .05$ (단측검정) $\alpha = .10$ (양측검정)

N_1 \ N_2	9	10	11	12	13	14	15	16	17	18	19	20
1											0	0
2	1	1	1	2	2	2	3	3	3	4	4	4
3	3	4	5	5	6	7	7	8	9	9	10	11
4	6	7	8	9	10	11	12	14	15	16	17	18
5	9	11	12	13	15	16	18	19	20	22	23	25
6	12	14	16	17	19	21	23	25	26	28	30	32
7	15	17	19	21	24	26	28	30	33	35	37	39
8	18	20	23	26	28	31	33	36	39	41	44	47
9	21	24	27	30	33	36	39	42	45	48	51	54
10	24	27	31	34	37	41	44	48	51	55	58	62
11	27	31	34	38	42	46	50	54	57	61	65	69
12	30	34	38	42	47	51	55	60	64	68	72	77
13	33	37	42	47	51	56	61	65	70	75	80	84
14	36	41	46	51	56	61	66	71	77	82	87	92
15	39	44	50	55	61	66	72	77	83	88	94	100
16	42	48	54	60	65	71	77	83	89	95	101	107
17	45	51	57	64	70	77	83	89	96	102	109	115
18	48	55	61	68	75	82	88	95	102	109	116	123
19	51	58	65	72	80	87	94	101	109	116	123	130
20	54	62	69	77	84	92	100	107	115	123	130	138

[부표 6] Wilcoxon의 T 분포표

N	단측 검정의 유의 수준 0.05 / 양측 검정의 유의 수준 0.10	0.025 / 0.05	0.01 / 0.02	0.005 / 0.01	N	단측 검정의 유의 수준 0.05 / 양측 검정의 유의 수준 0.10	0.025 / 0.05	0.01 / 0.02	0.005 / 0.01
5	0	-	-	-	28	130	116	101	91
6	2	0	-	-	29	140	126	110	100
7	3	2	0	-	30	151	137	120	109
8	5	3	1	0	31	163	147	130	118
9	8	5	3	1	32	175	159	140	128
10	10	8	5	3	33	187	170	151	138
11	13	10	7	5	34	200	182	162	148
12	17	13	9	7	35	213	195	173	159
13	21	17	12	9	36	227	208	185	171
14	25	21	15	12	37	241	221	198	182
15	30	25	19	15	38	256	235	211	194
16	35	29	23	19	39	271	249	224	207
17	41	34	27	23	40	286	264	238	220
18	47	40	32	27	41	302	279	252	233
19	53	46	37	32	42	319	294	266	247
20	60	52	43	37	43	336	310	281	261
21	67	58	49	42	44	353	327	296	276
22	75	65	55	48	45	371	343	312	291
23	83	73	62	54	46	389	361	328	307
24	91	81	69	61	47	407	378	345	322
25	100	89	76	68	48	426	396	362	339
26	110	98	84	75	49	446	415	379	355
27	119	107	92	83	50	466	434	397	373

찾아보기

ㅇ

ㅎ

〈저　자〉

고 종 욱

주요학력
- 서울대학교 사회과학대학 사회학과
  동 대학원 사회학 석사
  University of Iowa 사회학 박사 (사회조직론 및 방법론 전공)
- 현재 안양대학교 도시행정학과 교수

주요 역저서
- 조사방법과 SPSS 12.0(공저)
- 현대조직론 외 다수

주요 논문
- 질문지를 이용한 측정에서 방법분산의 원천으로서 감성적 성향
- 인터넷사용이 직무특성의 변화와 직무성과에 미치는 영향
- 조직에 대한 정감적, 지속적 및 규범적 몰입의 결정요인에 대한 비교연구
- 분배 및 절차공정성이 지방공무원의 직무태도에 미치는 영향.
- The Determinants of Job Satisfaction among Hospital Nurses: A Model Estimation in Korea
- The Impact of Positive and Negative Affectivity on Job Satisfaction 외 다수

류　　철

주요학력
- 세종대학교 경영대학 경영학과
  동 대학원 경영학 석사 및 경영학 박사(기업경영분석 전공)
- 현재 중부대학교 호텔경영학과 교수

주요 저서
- 현대 회계원리
- 조사방법과 SPSS 12.0
- 호텔회계의 이해 외 다수

주요 논문
- 조리용 와인의 선택 속성과 인구통계학적 특성 사이의 관계에 대한 연구
- 호텔레스토랑 관계의 깊이와 고객화 수준이 서비스 회복과 고객만족의 관계에 미치는 조절 효과
- 분배, 공시절차 및 상호작용 공정성이 호텔종사자의 직무만족, 조직몰입 및 상사 신뢰에 미치는 영향
- 노동보상이 호텔종사원들의 직무만족에 미치는 영향과 보상가치의 조절효과
- 호텔기업 조직분권화, 신뢰, 조직몰입의 관계
- 지역사회 애착심에 따른 호텔건립 평가와 관광자원개발 선호도 연구 외 다수

도서출판
그 린

사회과학 통계분석 - SPSS(PASW)를 활용한

초판 인쇄일 ▶	2011년 7월 20일
초판 발행일 ▶	2011년 7월 25일
저자 ▶	고 종 욱, 류 철
발행처 ▶	도서출판 그린
발행인 ▶	윤 덕 우
출판등록 ▶	제8-161호(1995. 5. 3.)
주소 ▶	서울시 서대문구 연희동 219-20 (우)120-828
전화 ▶	02) 333-2574, 2575
Fax ▶	02) 333-2561
E-mail ▶	greenpress@greenpress.co.kr
Homepage ▶	http://www.greenpress.co.kr

Green Pub.

정가 : 16,000 원

ISBN : 978-89-5727-148-3